高等学校新工科电子信息类专业系列书

电路与电子技术基础实验教程

主 编 李建新   曹新亮
副主编 杨延宁   张水利   李项军
         董宇欣   张 雄

WUHAN UNIVERSITY PRESS
武汉大学出版社

图书在版编目（CIP）数据

电路与电子技术基础实验教程/李建新,曹新亮主编.—武汉:武汉大学出版社,2021.7
高等学校新工科电子信息类专业系列教材
ISBN 978-7-307-21738-6

Ⅰ.电… Ⅱ.①李… ②曹… Ⅲ.①电路—实验—高等学校—教材
②电子技术—实验—高等学校—教材 Ⅳ.①TM13-33 ②TN-33

中国版本图书馆 CIP 数据核字(2020)第 156273 号

责任编辑:郭 芳 责任校对:刘紫娟 装帧设计:吴 极

出版发行: 武汉大学出版社 (430072 武昌 珞珈山)
（电子邮箱:whu_publish@163.com 网址:www.stmpress.cn）
印刷:广东虎彩云印刷有限公司
开本:787×1092 1/16 印张:21.75 字数:529 千字
版次:2021 年 7 月第 1 版 2021 年 7 月第 1 次印刷
ISBN 978-7-307-21738-6 定价:65.00 元

前　　言

　　《电路与电子技术基础实验教程》是高等学校新工科电子信息类专业系列教材之一。为了适应国家新工科人才培养需求和教育部"双万计划"发展战略,总结过去,开拓未来,进一步改革电路与电子技术实验课教学内容,提高实验教学质量,我们编写了本书。

　　电路与电子技术基础实验是高等院校电子信息类及相关专业学生培养的重要实践性环节,对培养和提高学生的创新能力、解决复杂工程问题的能力起着十分重要的作用。随着电子技术的发展,许多新技术、新器件不断涌现,特别是美国国家仪器有限公司(NI)推出的以Windows为基础的仿真工具NI Multisim,它可以进行电路原理图的图形输入、电路硬件描述语言输入,具有较高的仿真分析能力。基于NI Multisim的计算机仿真与虚拟仪器技术可以很好地解决理论教学与实际动手实验脱节这一问题,为复杂电子电路的设计、调试提供了更加方便、高效的方法和手段。电路与电子技术基础实验是一门以全面提高学生的动手能力从而培养电子信息工程师的课程。本书对基本元件的认识与识别、常用电子仪器的使用、基本的单元电路实验与设计及仿真技术的应用都进行了系统介绍,在实验内容的安排、测试平台与电子仪器的使用及实验技能的培养等方面有独立的教学体系和要求,实践性教学环节的设置比较齐全,是培养电子工程师必不可少的实验教科书。

　　本书分为6篇,共11章。第1篇为电子仪器基础,介绍了常用电子仪器的使用方法与技巧;第2篇为电路分析基础实验,包括10个实验项目;第3篇为模拟电子技术实验,包括14个实验项目,其中实验1~实验10为基础实验,实验11~实验14为设计性实验;第4篇为数字电子技术实验,包括12个实验项目,其中实验1~实验8为基础实验,实验9~实验12为设计性实验;第5篇为高频电子线路实验,包括12个实验项目,其中实验1~实验10为基础实验,实验11~实验12为综合设计性实验;第6篇为电路与电子技术仿真实验,包括10个实验项目,其中实验1~实验4为电路分析基础仿真实验,实验5~实验8为模拟电子技术仿真实验,实验9~实验10为数字电子技术仿真实验。除此之外,每篇在实验项目之前还介绍了与实验相关的知识及实验平台。

　　本书由延安大学物理与电子信息学院电子与通信工程系相关教师编写。具体编写分工为:李建新编写第2章、第4章、第8章、第9章,杨延宁编写第6章和第7章,张水利编写第3章,李项军编写第10章和第11章,董宇欣编写第5章,张雄编写第1章。李建新和曹新亮负责对本书的结构、内容进行审定和统稿,并撰写前言。在本书编写中,编者参考了一些仪器厂家的使用手册和部分相关的实验指导书。在此,对所有参考资料的著作者致以崇高的敬意和真挚的感谢! 对参与本书图表制作的同志表示由衷的谢意!

本书可作为电子信息类及相关专业的电路与电子技术基础实验教材,各专业可根据教学要求对实验内容进行筛选。由于各高等学校在实验室和仪器设备条件方面存在差异,在本课程实验环节上强求一致是困难的,也是不必要的。但愿本书的出版能为电子信息类及相关专业教师和学生提供参考,并对电路与电子技术基础课程实践环节的教学有所促进。

由于时间仓促,加之水平有限,书中必定存在许多不足与错误,恳请大家提出宝贵的意见和建议。

编　者
2020 年 9 月

目　录

第 3 篇 模拟电子技术实验

第 4 篇 数字电子技术实验

第 5 篇　高频电子线路实验

第 6 篇　电路与电子技术仿真实验

第 1 篇　电子仪器基础

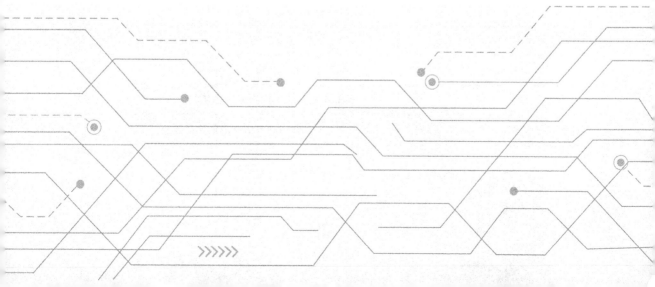

第1章 常用电子仪器的使用

在电子电路实验中,经常使用的电子仪器有示波器、函数信号发生器、直流稳压电源、交流毫伏表、万用电表及频率计等。实验中要使用的各种电子仪器,可按照信号流向,以连线简捷、调节顺手、观察与读数方便等原则进行合理布局,各仪器与被测实验装置之间的布局与连接可参考图 1-1。接线时应注意,为防止外界干扰,各仪器的公共接地端应连接在一起。信号源和交流毫伏表的引线通常用屏蔽线或专用电缆线,示波器的接线使用专用电缆线,直流稳压电源的接线应根据负载大小选择不同规格线束。仪器常用标记如图 1-2 所示。仪器常用术语如表 1-1 所示。

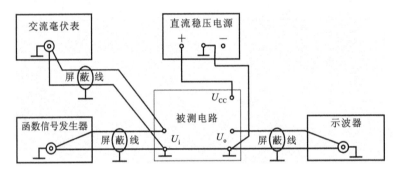

图 1-1　电子电路实验中常用电子仪器布局图

图 1-2　仪器常用标记

(a)警告高压;(b)保护性终端;(c)小心;(d)测量接地端;(e)电源开关

表 1-1　　　　　　　　　　　　　　　　　　仪器常用术语

术语	含义
DANGER	标记附近有直接伤害危险存在
WARNING	标记附近有潜在的伤害危险存在
CAUTION	对本产品及其他财产有潜在的危险存在

第 1 节 SDG6022X-E 双通道函数/任意波形发生器

SDG6022X-E 双通道函数/任意波形发生器双通道最大带宽 200MHz,最大输出幅度 20V$_{pp}$,具备 2.4GSa/s 采样率和 16bit 垂直分辨率的优异采样系统指标,具备 AM、DSB-AM、FM、PM、FSK、ASK、PSK 和 PWM 的模拟和数字调制功能。它在传统的 DDS 技术基础上采用了创新的 TrueArb 和 EasyPulse 技术,克服了 DDS 技术在输出任意波和脉冲时的先天缺陷,能够为用户提供高保真、低抖动的信号。它还具备噪声发生、I/Q 信号发生、PRBS 码型发生和各种复杂信号生成的能力,能满足更广泛的应用需求。它搭载标配 USB Host,USB Device(USBTMC),LAN(VXI-11,Socket Telnet)等通信方式和 4.3 英寸 TFT-LCD 触摸屏。

一、面板简介

SDG6022X-E 双通道函数/任意波形发生器前、后面板示意图如图 1-3 所示。

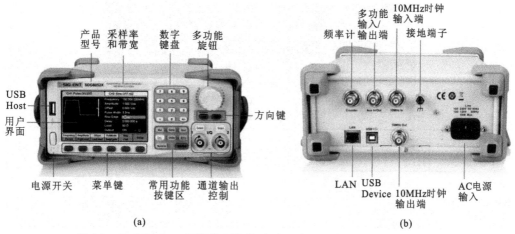

图 1-3 SDG6022X-E 双通道函数/任意波形发生器前面板、后面板示意图

(a)前面板;(b)后面板

二、功能设置

1. 波形设置

如图 1-4 所示,Waveforms 操作界面下的一系列按键代表了常用的 9 种波形,分别为正弦波、方波、三角波、脉冲波、高斯白噪声、DC、任意波形、I/Q 信号和伪随机码。方波、DC、I/Q信号此处不展开介绍。

选择 Waveforms→Sine,通道输出配置栏显示"Sine"字样,可点击屏幕或旋转功能旋钮设置频率/周期/幅值/高电平、偏移量/低电平、相位、谐波/关闭,得到不同参数的正弦波。同理,选择 Waveforms→Square,选择 Waveforms→Ramp,选择 Waveforms→Pulse,选择 Waveforms→Noise,选择 Waveforms→当前页 1/2→DC,选择 Waveforms→Arb,选择 Waveforms→当前页 1/2→I/Q,选择 Waveforms→当前页 1/2→PRBS,可设置各类波形参数。

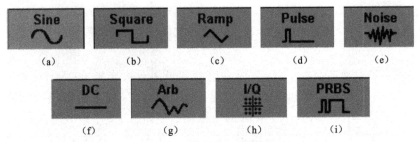

图 1-4 常用的 9 种波形

(a)正弦波;(b)方波;(c)三角波;(d)脉冲波;(e)高斯白噪声;(f)DC;(g)任意波形;(h)I/Q 信号;(i)伪随机码

正弦波设置界面和操作菜单说明分别如图 1-5 和表 1-2 所示。

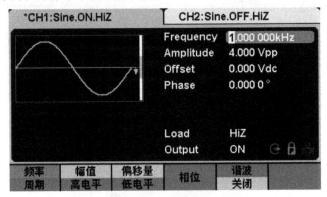

图 1-5 正弦波设置界面

表 1-2 　　　　　　　　　　　　　　**正弦波操作菜单说明**

操作菜单	说明
频率/周期	设置波形频率/周期,按下相应的功能按键,可上下切换
幅值/高电平	设置波形幅值/高电平,按下相应的功能按键,可上下切换
偏移量/低电平	设置波形偏移量/低电平,按下相应的功能按键,可上下切换
相位	设置波形相位
谐波/关闭	设置波形谐波/关闭谐波,按下相应的功能按键,可上下切换

三角波设置界面和操作菜单说明分别如图 1-6 和表 1-3 所示。

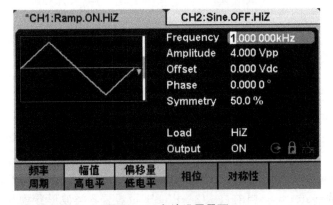

图 1-6 三角波设置界面

表 1-3　　　　　　　　　　　　　三角波操作菜单说明

操作菜单	说明
频率/周期	设置波形频率/周期,按下相应的功能按键,可上下切换
幅值/高电平	设置波形幅值/高电平,按下相应的功能按键,可上下切换
偏移量/低电平	设置波形偏移量/低电平,按下相应的功能按键,可上下切换
相位	设置波形相位
对称性	设置三角波的对称性

脉冲波设置界面和操作菜单说明分别如图 1-7 和表 1-4 所示。

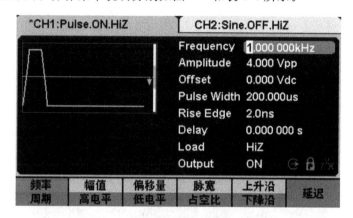

图 1-7　脉冲波设置界面

表 1-4　　　　　　　　　　　　　脉冲波操作菜单说明

操作菜单	说明
频率/周期	设置波形频率/周期,按下相应的功能按键,可上下切换
幅值/高电平	设置波形幅值/高电平,按下相应的功能按键,可上下切换
偏移量/低电平	设置波形偏移量/低电平,按下相应的功能按键,可上下切换
脉宽/占空比	设置波形脉宽/占空比,按下相应的功能按键,可上下切换
上升沿/下降沿	设置波形上升沿/下降沿,按下相应的功能按键,可上下切换
延迟	设置波形延迟时间

高斯白噪声设置界面和操作菜单说明分别如图 1-8 和表 1-5 所示。

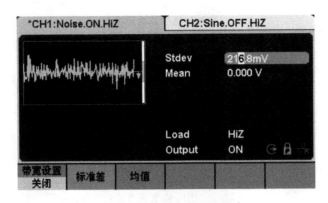

图1-8 高斯白噪声设置界面

表1-5   高斯白噪声操作菜单说明

操作菜单	说明
带宽设置/关闭	设置噪声带宽
标准差	设置噪声的标准差
均值	设置噪声的均值

任意波形设置界面和操作菜单说明分别如图1-9和表1-6所示。

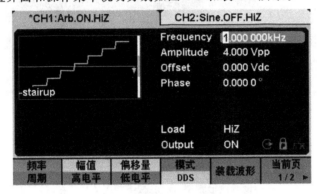

图1-9 任意波形设置界面

表1-6   任意波形操作菜单说明

操作菜单	说明
频率/周期	设置波形频率/周期,按下相应的功能按键,可上下切换
幅值/高电平	设置波形幅值/高电平,按下相应的功能按键,可上下切换
偏移量/低电平	设置波形偏移量/低电平,按下相应的功能按键,可上下切换
模式/DDS	设置波形输出模式为逐点输出/DDS,按下相应的功能键,可进行切换
装载波形	查看已存波形或内建波形,设置当前输出波形
当前页1/2	进入下一页
相位	设置波形相位
插值方式	设置波形内插模式为0阶保持或线性插值,按下相应的功能键,可进行切换
当前页2/2	返回上一页

伪随机码设置界面和操作菜单说明分别如图 1-10 和表 1-7 所示。

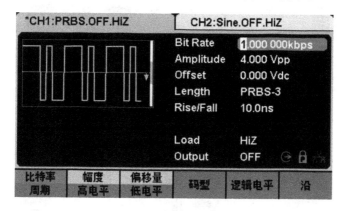

图 1-10　伪随机码设置界面

表 1-7
伪随机码操作菜单说明

操作菜单	说明
比特率/周期	设置波形比特率/周期,按下相应的功能按键,可上下切换
幅度/高电平	设置波形幅度/高电平,按下相应的功能按键,可上下切换
偏移量/低电平	设置波形偏移量/低电平,按下相应的功能按键,可上下切换
码型	设置伪随机码的码型
逻辑电平	快捷设置伪随机码的逻辑电平
沿	设置伪随机码的上升、下降时间

2.调制、扫频、脉冲串设置

如图 1-11 所示,前面板有三个按键,分别为调制(Mod)、扫频(Sweep)、脉冲串(Burst)设置功能按键。

图 1-11　调制、扫频、脉冲串设置功能按键

使用"Mod"键,可使用 AM、DSB-AM、FM、PM、FSK、ASK、PSK 和 PWM 调制类型,可调制正弦波、方波、三角波、脉冲波和任意波。通过改变调制类型、信源选择、调制频率、调制波形和其他参数,可改变调制输出波形。调制界面如图 1-12 所示。

使用"Sweep"键,可输出正弦波、方波、三角波和任意波的扫频波形,在扫频模式中,可在指定的扫描时间内扫描设置的频率范围。扫描时间可设定为 1ms～500s,触发方式可设置为内部、外部和手动。扫频界面如图 1-13 所示。

使用"Burst"键,可产生正弦波、方波、三角波、脉冲波和任意波的脉冲串输出,可设定起始相位为 0°～360°,内部周期为 1μs～1000s。脉冲串界面如图 1-14 所示。

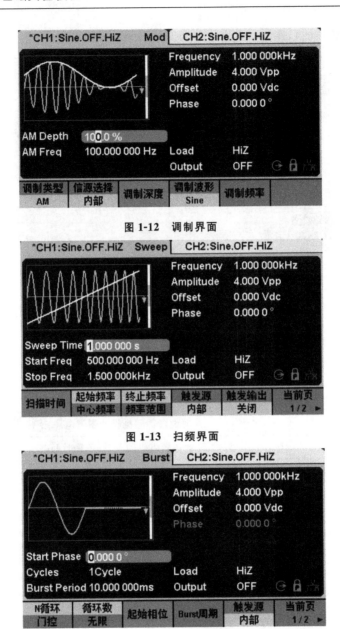

图 1-12 调制界面

图 1-13 扫频界面

图 1-14 脉冲串界面

第 2 节 SDM3055X-E 数字万用表

一、主要性能

SDM3055X-E 是一款 $5\frac{1}{2}$ 位数字万用表,它是针对高精度、多功能、自动测量的用户需求而设计的产品,集基本测量,多种数学运算,电容、温度测量等功能于一体。

$5\frac{1}{2}$ SDM3055X-E 数字万用表具体功能如下:

①可测量 ACV、ACI、DCV、DCI、电阻、电容、频率、周期、温度等多种参数。

②支持二极管测试以及电路连通性测试。

以图形方式展示缓存里的已采集数据,让使用者更直观地观察测量值参数变化。

③支持条形图、趋势图、直方图显示。

根据已采集数据提供数据统计以便使用者分析。

④数学运算功能可显示测量数据的最大值、最小值、平均值、标准差、相对测量、dB/dBm、通过/失败等。

⑤采集到的数据可以存储到外部存储器,可长时间存储数据以及处理数据。

SDM3055X-E 数字万用表主要指标如下:

①直流电压量程:200mV~1000V。

②直流电流量程:200μA~10A。

③交流电压量程:True-RMS,200mV~750V。

④交流电流量程:True-RMS,20mA~10A。

⑤电阻量程,2、4 线电阻测量:200Ω~100MΩ。

⑥电容量程:2nF~10000μF。

⑦频率测量范围:20Hz~1MHz。

二、面板简介

SDM3055X-E 数字万用表前面板示意图和说明分别如图 1-15 和表 1-8 所示,后面板示意图和说明分别如图 1-16 和表 1-9 所示。

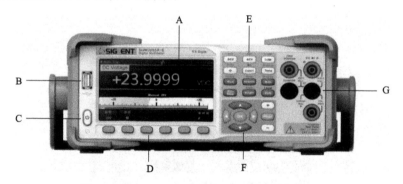

图 1-15　SDM3055X-E 数字万用表前面板示意图

表 1-8　　　　　　　　**SDM3055X-E 数字万用表前面板说明**

编号	说明	编号	说明
A	LCD 显示屏	E	测量及辅助功能键
B	USB Host	F	挡位选择及方向键
C	电源键	G	信号输入端
D	菜单操作键		

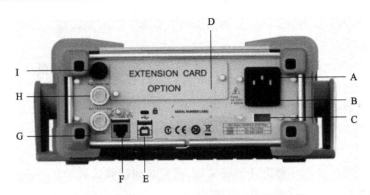

图 1-16　SDM3055X-E 数字万用表后面板示意图

表 1-9　　　　　　　　　　　　　**SDM3055X-E 数字万用表后面板说明**

编号	说明	编号	说明
A	电源插口	F	LAN
B	电力保险丝	G	VMC 输出
C	交流电压选择器	H	外触发接口
D	巡检卡接口	I	电流输入保险丝
E	USB Device		

三、用户界面及操作界面说明

SDM3055X-E 数字万用表用户界面及界面按键说明分别如图 1-17 和表 1-10 所示。

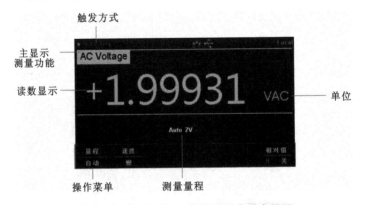

图 1-17　SDM3055X-E 数字万用表用户界面

表 1-10　　　　　　　　　　　**SDM3055X-E 数字万用表操作界面按键说明**

图标	含义	图标	含义
DCI **DCV**	测量直流电压或直流电流	ACI **ACV**	测量交流电压或交流电流
Ω 4W **Ω 2W**	测量二线或四线电阻	Freq ┤├	测量电容或频率

图标	含义	图标	含义
Cont	测试连通性或检测二极管	Scanner Temp	测量温度或扫描卡
Utility Dual	双显示功能或辅助系统功能	Help Acquire	采样设置或帮助系统
Display Math	数学运算功能或显示功能	Run Stop	自动触发/停止
Hold Single	单次触发或 hold 测量功能	Local Shift	切换功能/从遥控状态返回
+ Range −	选择量程		

四、基本功能

1. 测量直流电压

SDM3055X-E 数字万用表最大可测量 1000V 的直流电压,每次开机后仪器会自动选择直流电压测量功能。按前面板"DCV"键,进入直流电压测量界面,如图 1-18 所示。

按图 1-19 连接测试引线和被测电路,灰色测试引线接 Input-HI 端,黑色测试引线接 Input-LO 端。

图 1-18　直流电压测量界面

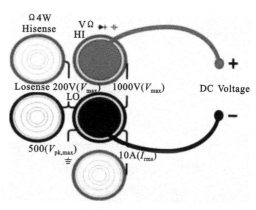

图 1-19　直流电压测量示意图

直流电压测量特性如表 1-11 所示。

表 1-11　　　　　　　　　　　　　　直流电压测量特性

特性	说明
量程	200mV、2V、20V、200V、1000V
输入保护	所有量程上均为 1000V(HI 端)
可配置参数	量程、直流输入阻抗、相对运算设定值

2. 测量直流电流

SDM3055X-E 数字万用表最大可测量 10A 的直流电流。按前面板"Shift"键,再按"DCV"键,进入直流电流测量界面,如图 1-20 所示。

按图 1-21 连接测试引线和被测电路,灰色测试引线接 Input-HI 端,黑色测试引线接 Input-LO 端。

图 1-20　直流电流测量界面

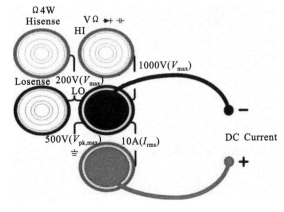

图 1-21　直流电流测量示意图

直流电流测量特性如表 1-12 所示。

表 1-12　　　　　　　　　　　　　　直流电流测量特性

特性	说明
量程	200μA、2mA、20mA、200mA、2A、10A
输入保护	后面板 10A、机内 12A
可配置参数	量程、相对运算设定值

3. 测量交流电压

SDM3055X-E 数字万用表最大可测量 750V 的交流电压。按前面板的"ACV"键,进入交流电压测量界面,如图 1-22 所示。

按图 1-23 连接测试引线和被测电路,灰色测试引线接 Input-HI 端,黑色测试引线接 Input-LO 端。

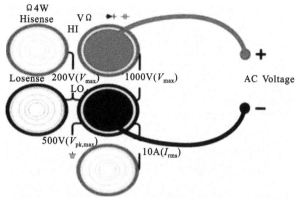

图 1-22　交流电压测量界面

图 1-23　交流电压测量示意图

交流电压测量特性如表 1-13 所示。

表 1-13　　　　　　　　　　　　　交流电压测量特性

特性	说明
量程	200mV、2V、20V、200V、750V
输入保护	所有量程上的有效值均为 750V（HI 端）
可配置参数	量程、相对运算设定值

4. 测量交流电流

SDM3055X-E 数字万用表最大可测量 10A 的交流电流。按前面板的"Shift"键，再按"ACV"键，进入交流电流测量界面，如图 1-24 所示。

按图 1-25 连接测试引线和被测电路，灰色测试引线接 Input-HI 端，黑色测试引线接 Input-LO 端。

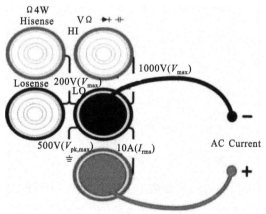

图 1-24　交流电流测量界面

图 1-25　交流电流测量示意图

交流电流测量特性如表 1-14 所示。

表 1-14   交流电流测量特性

特性	说明
量程	20mA、200mA、2A、10A
输入保护	后面板 10A、250V 保险丝，机内 12A
可配置参数	量程、相对运算设定值

5. 测量电阻

按前面板的"Ω2W"键，进入电阻测量界面，如图 1-26 所示。

按图 1-27 连接测试引线和被测电阻，灰色测试引线接 Input-HI 端，黑色测试引线接 Input-LO 端。

图 1-26 电阻测量界面   图 1-27 电阻测量示意图

电阻测量特性如表 1-15 所示。

表 1-15   电阻测量特性

特性	说明
量程	200Ω、2kΩ、20kΩ、200kΩ、2MΩ、10MΩ、100MΩ
开路电压	<8V
输入保护	所有量程上均为 1000V（HI 端）
可配置参数	量程、相对运算设定值

6. 测量电容

SDM3055X-E 数字万用表最大可测量 $10000\mu F$ 的电容。按前面板的 ⊣⊢ 键，进入电容测量界面，如图 1-28 所示。

按图 1-29 将测试引线接到被测电容两端，灰色测试引线接 Input-HI 端和电容的正极，黑色测试引线接 Input-LO 端和电容的负极。

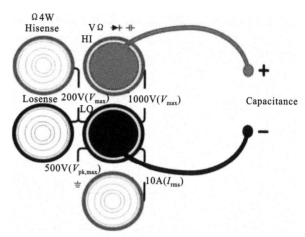

图 1-29　电容测量示意图

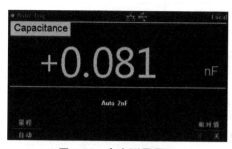

图 1-28　电容测量界面

电容测量特性如表 1-16 所示。

表 1-16　　　　　　　　　　　　**电容测量特性**

特性	说明
量程	2nF、20nF、200nF、2μF、20μF、200μF、10000μF
输入保护	所有量程上均为 1000V(HI 端)
可配置参数	量程、相对运算设定值

7. 测量频率或周期

被测信号的频率或周期可以在测量该信号的电压时直接使用频率或周期测量功能键进行测量。按前面板的"Shift"键,再按 ⊣⊢ 键,选中"频率"(或"周期")进入频率测量界面(或周期测量界面),此时显示屏右下角显示频率的单位"Hz"(或周期的单位"ms")。频率测量界面如图 1-30 所示。

测量频率时按图 1-31 连接测试引线,灰色测试引线接 Input-HI 端,黑色测试引线接 Input-LO 端。

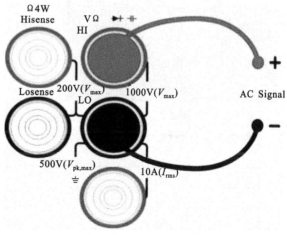

图 1-31　频率测量示意图

图 1-30　频率测量界面

频率测量特性和周期测量特性分别如表 1-17、表 1-18 所示。

表 1-17　　　　　　　　　　　　**频率测量特性**

特性	说明
量程	200mV、2V、20V、200V、750V
测量范围	20Hz～1MHz
输入保护	所有量程上的有效值均为 750V(HI 端)
可配置参数	相对运算设定值

表 1-18　　　　　　　　　　　　**周期测量特性**

特性	说明
量程	200mV、2V、20V、200V、750V
测量范围	1μs～0.05s
输入保护	所有量程上的有效值均为 750V(HI 端)
可配置参数	相对运算设定值

8. 测试连通性

测试连通性是以大约 0.5mA 的电流用双线方法测量所测试电路的电阻,并确定电路是否连通。当短路测试电路测量的电阻值低于设定的短路电阻时,可判断电路是连通的,蜂鸣器发出连续的蜂鸣声。按前面板的 Cont⦁ 键,进入图 1-32 所示界面,按图 1-33 连接测试引线,测试电路的连通性。

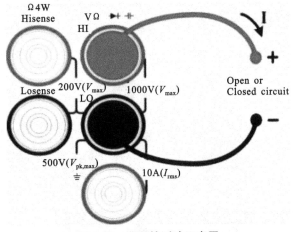

图 1-32　连通性测试界面　　　　　　图 1-33　连通性测试示意图

连通性测试特性如表 1-19 所示。

表 1-19　　　　　　　　　　　　**连通性测试特性**

特性	说明
测试电流	1mA
量程	量程固定在 2kΩ

续表

特性	说明
开路电压	$<8V$
输入保护	1000V(HI 端)
蜂鸣条件	$0 \leqslant R_{testing} \leqslant$ 短路电阻

9.检测二极管

如果测量电压低于设定的阈值,万用表会持续发出蜂鸣声。按前面板的"Shift"键,再按 Cont 键,进入二极管检测界面,如图 1-34 所示。

按图 1-35 连接测试引线和被测二极管,灰色测试引线接 Input-HI 端和二极管正极,黑色测试引线接 Input-LO 端和二极管负极。

图 1-34　二极管检测界面

二极管检测特性如表 1-20 所示。

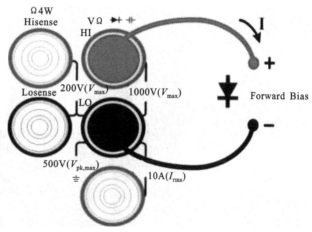

图 1-35　二极管检测示意图

表 1-20　　　　　　　　　　　二极管检测特性

特性	说明
测试电流	1mA
量程	$0 \sim 4V$
开路电压	$<8V$
输入保护	1000V(HI 端)
蜂鸣条件	$V_{measured} \leqslant$ 导通电压

第 3 节　SDS1102X-E 示波器

一、主要性能

SDS1102X-E 示波器,拥有 2 通道,采用 1 片 1GSa/s ADC 芯片。通道全部开启时,每通道采样率 500MSa/s,存储深度 7Mpts;通道交织时,采样率 1GSa/s,存储深度达 14Mpts。仪器最常用功能都采用人性化的一键式设计;采用 SPO 技术,具有很高的信号保真度;底噪低于业内同类产品,最小量程可达 500μV/div;采用创新的数字触发系统,触发灵敏度高,触发抖动小;波形捕获频率高达 400000 帧/秒(顺序模式),具有 256 级辉度等级及色温显示;支持丰富的智能触发、串行总线触发功能;具有标配解码功能,支持 IIC、SPI、UART、CAN、LIN 解码;支持历史模式(History)、顺序模式(Sequence)和增强分辨率模式(Eres);具备丰富的测量和数学运算功能;1M 点 FFT 可以得到非常细致的频率分辨率;14M 全采样点的测量保证了测量精度和采样精度相同,毫无失真。该仪器是一款高性能、经济型通用示波器。

二、面板简介

SDS1102X-E 示波器前面板示意图及说明分别如图 1-36 和表 1-21 所示。

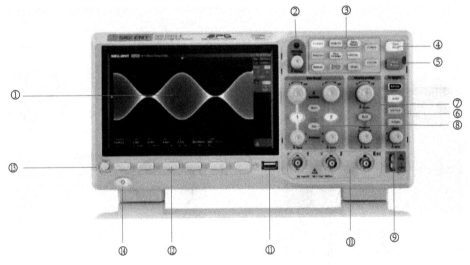

图 1-36　SDS1102X-E 示波器前面板示意图

表 1-21　　　　　　　　　SDS1102X-E 示波器前面板说明

编号	说明	编号	说明
①	屏幕显示区	⑧	垂直通道控制区
②	多功能旋钮	⑨	补偿信号输出端/接地端
③	常用功能区	⑩	模拟通道和外触发输入端
④	停止/运行	⑪	USB Host 端口
⑤	自动设置	⑫	菜单软键
⑥	触发系统	⑬	Menu on/off 软键
⑦	水平控制系统	⑭	电源软开关

水平控制界面如图 1-37 所示。

Roll :按下该键进入滚动模式。滚动模式的时基范围为 50ms/div~100s/div。

水平 Position :修改触发位移。旋转该旋钮时触发点相对于屏幕中心左右移动。调整过程中,所有通道的波形同时左右移动,屏幕上方的触发位移信息也会相应变化。按下该旋钮可使触发位移恢复为 0。

水平挡位 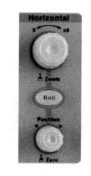:修改水平时基挡位。顺时针旋转减小时基,逆时针旋转增大时基。调整过程中,所有通道的波形同时被扩展或压缩,同时屏幕上方的时基信息相应变化。按下该旋钮可快速开启 Zoom 功能。

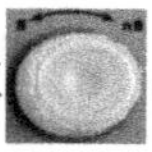

图 1-37　水平控制界面

垂直控制界面如图 1-38 所示。

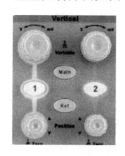

图 1-38　垂直控制界面

垂直 Position :修改对应通道波形的垂直位移。修改过程中波形会上下移动,同时屏幕中下方弹出的位移信息会相应变化。按下该旋钮可使垂直位移恢复为 0。

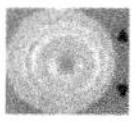

垂直电压挡位 :修改当前通道的垂直挡位。顺时针旋转减小挡位,逆时针旋转增大挡位。修改过程中波形幅度会增大或减小,同时屏幕右方的挡位信息会相应变化。按下该旋钮可快速切换垂直挡位,调节方式为"粗调"或"细调"。

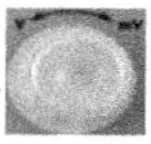

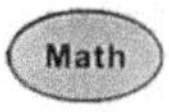

Math :按下该键打开波形运算菜单。可进行加、减、乘、除、FFT、积分、微分、平方根等运算。

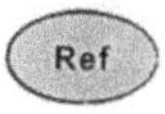

Ref :按下该键打开波形参考功能。可将实测波形与参考波形相比较,以判断电路故障。

触发控制界面如图 1-39 所示。

Setup :按下该键打开触发功能菜单。本示波器提供边沿、斜率、脉宽、视频、窗口、间隔、超时、欠幅、码型和串行总线(I2C/SPI/URAT/RS232/CAN/LIN)等触发类型。

Auto :按下该键切换触发模式为 Auto(自动)模式。

Normal :按下该键切换触发模式为 Normal(正常)模式。

Single :按下该键切换触发模式为 Single(单次)模式。

图 1-39　触发控制界面

触发电平 Level :设置触发电平。顺时针旋转增大触发电平,逆时针旋转减小触发电平。修改过程中,触发电平线上下移动,同时屏幕右上方的触发电平值相应变化。按下该旋钮可快速使触发电平恢复至对应通道波形中心位置。

界面按钮如图 1-40 所示。

图 1-40　界面按钮

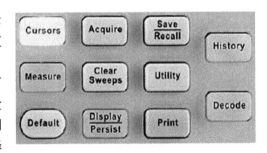：按下该按钮开启波形自动显示功能。示波器将根据输入信号自动调整垂直挡位、水平时基及触发方式，使波形以最佳方式显示。

：按下该按钮可将示波器的运行状态设置为"运行"或"停止"。"运行"状态下，该按钮黄灯亮；"停止"状态下，该按钮红灯亮。

：菜单操作时，按下某个菜单按键后，若旋钮上方指示灯亮，此时转动该旋钮可选择该菜单下的子菜单，按下该旋钮可选中当前选择的子菜单，同时指示灯也会熄灭。另外，该旋钮还可用于修改 MATH、REF 波形挡位和位移、参数值、输入文件名等。

常用功能菜单如图 1-41 所示。

Cursors：按下该键直接开启光标功能。示波器提供手动和追踪两种光标模式，还有垂直和水平两个方向的两种光标测量类型。

Measure：按下该键快速进入测量系统，可设置测量参数、统计功能、全部测量、Gate 测量等。测量时可选择并同时显示最多四种任意测量参数，统计功能则统计当前显示的所有选择参数的当前值、平均值、最小值、最大值、标准差和统计次数。

图 1-41　常用功能菜单

Default：按下该键快速恢复至用户自定义状态。

Acquire：按下该键进入采样设置菜单。可设置示波器的获取方式（普通/峰值检测/平均值/增强分辨率）、内插方式、分段采集和存储深度（7kpts/70kpts/700kpts/7Mpts/14kpts/140kpts/1.4Mpts/14Mpts）。

Clear Sweeps：按下该键快速清除余辉或测量统计，然后重新采集或计数。

Display/Persist：按下该键快速开启余辉功能。可设置波形显示类型、色温、余辉、清除显示、网格类型、波形亮度、网格亮度、透明度等。选择波形亮度/网格亮度/透明度后，使用者可通过多功能旋钮调节相应亮度。透明度设置可调节屏幕弹出信息框的透明程度。

Save/Recall：按下该键进入文件存储/调用界面。可存储/调用的文件类型包括设置文件、二进制数据、参考波形文件、图像文件、CSV 文件、Matlab 文件和 Default 键预设。

Utility：按下该键进入系统辅助功能设置菜单，设置系统相关功能和参数，如接口、声音、语言等。此外，仪器还支持一些高级功能，如 Pass/Fail 测试、自校正和升级固件等。

Print：按下该键可将界面图像保存到 U 盘中。

History：按下该键快速进入历史波形菜单。历史波形模式最多可录制 80000 帧波形。

Decode：解码功能按键。按下该键打开解码功能菜单。

三、用户界面及其说明

SDS1102X-E 示波器用户界面及其说明分别如图 1-42 和表 1-22 所示。

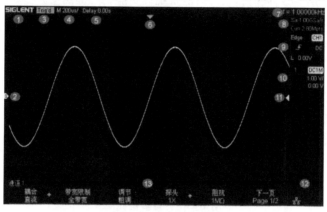

图 1-42　SDS1102X-E 示波器用户界面

表 1-22   **SDS1102X-E 示波器用户界面说明**

序号	说明	序号	说明
1	SIGLENT 公司注册商标	8	采样率/存储深度：显示示波器当前使用的采样率及存储深度。使用水平挡位旋钮可以修改此值
2	通道标记/波形：不同通道用不同的颜色表示，通道标记和波形颜色一致	9	触发设置：显示触发源、触发耦合、触发电平、触发类型
3	运行状态：可能的状态包括 Arm（采集预触发数据）、Ready（等待触发）、Trig'd（已触发）、Stop（停止采集）、Auto（自动）	10	通道设置：显示探头衰减系数、通道耦合、电压挡位、带宽限制、输入阻抗
4	水平时基：表示屏幕水平轴上每格所代表的时间长度。使用水平挡位旋钮可以修改该参数，可设置范围为 1ns/div ~ 100s/div	11	触发电平设置：显示当前触发通道的触发电平在屏幕上的位置。按下按钮使电平自动回到屏幕中心
5	触发位移：使用水平 Position 旋钮可以修改该参数。向右旋转旋钮使得箭头（初始位置为屏幕正中央）向右移动，触发位移（初始值为 0）相应减小；向左旋转旋钮使得箭头向左移动，触发位移相应增大。按下按钮参数自动被设为 0，且箭头回到屏幕正中央	12	接口状态：显示 USB Host、网口设备、Wi-Fi 设备连接状态
6	触发位置：显示屏幕中波形的触发位置	13	显示示波器当前所选功能模块对应菜单。按下对应菜单软键即可进行相关设置
7	频率/频率值：显示当前触发通道波形的硬件频率值		

四、基本功能

1. 一键测量

在一键测量中,仪器会根据当前触发源来选择当前测量的信源,按下"Measure"键即可快速测量峰-峰值和周期参数,同时自动开启测量统计功能。一键测量界面如图 1-43 所示。

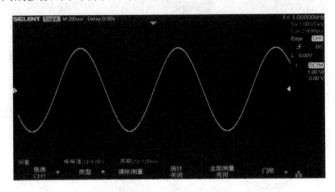

图 1-43　一键测量界面

2. 电压测量

电压测量参数示意图如图 1-44 所示。

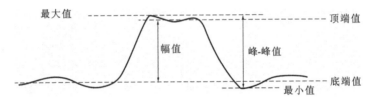

图 1-44　电压测量参数示意图

①峰-峰值:电压最大值和最小值之间的差值。

②最大值:波形最高点至 GND(地)的电压值。

③最小值:波形最低点至 GND(地)的电压值。

④幅值:顶端值和底端值之间的差值。

⑤顶端值:波形平顶至 GND(地)的电压值。

⑥底端值:波形平底至 GND(地)的电压值。

⑦周期平均值:一个周期内波形的算术平均值。

⑧平均值:整个波形或选通区域上波形的算术平均值。

⑨标准差:所有波形点电压的方差的算术平方根。

⑩周期标准差:第一个周期内所有波形点的标准差。

⑪均方根:整个波形或选通区域上波形的均方根值。

⑫周期均方根:一个周期内波形的均方根值。

3. 时间测量

时间测量参数示意图如图 1-45 所示。

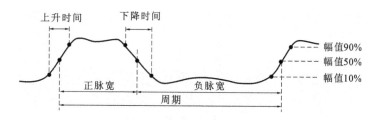

图 1-45　时间测量参数示意图

①周期：两个连续、同极性边沿的中阈值交叉点之间的时间。

②频率：周期的倒数。

③正脉宽：过第一个上升沿 50％幅值点与过其后相邻的下降沿 50％幅值点间的时间。

④负脉宽：过第一个下降沿 50％幅值点与过其后相邻的上升沿 50％幅值点间的时间。

⑤上升时间：过第一个上升沿 10％幅值点与过第一个上升沿 90％幅值点间的时间。

⑥下降时间：过第一个下降沿 90％幅值点与过第一个下降沿 10％幅值点间的时间。

⑦脉宽：过第一个上升沿 50％幅值点或者第一个下降沿 50％幅值点与过最后一个下降沿 50％幅值点或者最后一个上升沿 50％幅值点间的时间。

⑧正占空比：正脉宽与周期的比值。

⑨负占空比：负脉宽与周期的比值。

⑩延迟：过第一个触发电平的点到触发位置的时间。

4. 延迟测量

延迟测量在任意两个模拟通道上进行，包含 10 种延迟参数的测量。延迟信源为"CH1-CH2"。10 种延迟参数的具体定义如下：

①Phase：通道 1 和通道 2 的第一个上升沿的 50％幅值点间的距离。

②FRR：通道 1 的第一个上升沿 50％幅值点和通道 2 的第一个上升沿 50％幅值点间的距离。

③FRF：通道 1 的第一个上升沿 50％幅值点和通道 2 的第一个下降沿 50％幅值点间的距离。

④FFR：通道 1 的第一个下降沿 50％幅值点和通道 2 的第一个上升沿 50％幅值点间的距离。

⑤FFF：通道 1 的第一个下降沿 50％幅值点和通道 2 的第一个下降沿 50％幅值点间的距离。

⑥LRR：通道 1 的最后一个上升沿 50％幅值点和通道 2 的最后一个上升沿 50％幅值点间的距离。

⑦LRF：通道 1 的最后一个上升沿 50％幅值点和通道 2 的最后一个下降沿 50％幅值点间的距离。

⑧LFR：通道 1 的最后一个下降沿 50％幅值点和通道 2 的最后一个上升沿 50％幅值点间的距离。

⑨LFF：通道 1 的最后一个下降沿 50％幅值点和通道 2 的最后一个下降沿 50％幅值点间的距离。

⑩Skew：通道1的第一个上升沿/下降沿50％幅值点和通道2的最近一个上升沿/下降沿50％幅值点间的时间。

5.自动测量

按以下方法在"类型"菜单下选择电压或时间参数进行自动测量。

①按下"Measure"键打开自动测量菜单，自动测量界面如图1-46所示。

②按下"信源"软键，旋转多功能旋钮选择要测量的波形通道。可选择信源包括模拟通道1、模拟通道2、模拟通道3、模拟通道4。当前通道只有在开启状态下才能被选择。

③选择要测量的参数并显示。按下"类型"软键，旋转多功能旋钮选择测量参数。按下多功能旋钮后，该参数值显示在屏幕底部。

④若要测量多个参数值，可继续选择以显示参数值。屏幕底部最多可同时显示4个参数值，并按照选择的先后次序依次排列。若要继续添加下一参数，则当前显示的第一个参数值自动被删除，剩余4个参数仍然按照同样的次序排列在屏幕底部。

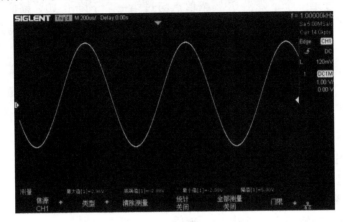

图1-46 自动测量界面

6.测量统计

测量统计功能用于统计并显示最后打开的最多5项测量结果的当前值、平均值、最小值、最大值、标准差以及统计计数（进行测量的次数）。执行"进行自动测量"后，按统计键打开"统计功能"，屏幕上显示所有参数的统计测量值，如图1-47所示。

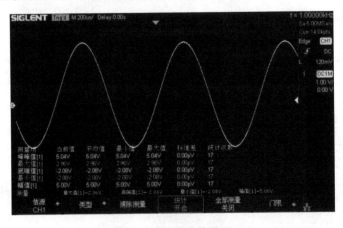

图1-47 测量统计界面

7.全部测量

全部测量功能可同时对所有电压测量参数和时间测量参数进行测量,并将其全部显示在屏幕上方的信息显示框中,如图1-48所示。

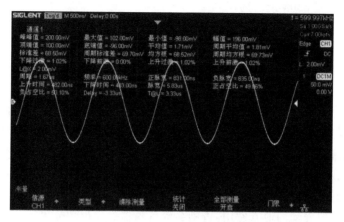

图1-48 全部测量界面

按以下方法执行全部测量:按"Measure"键,打开"全部测量"菜单,连续按"信源"键以选择电压测量和时间测量的波形源。

第4节 YB2172 交流毫伏表

一、主要性能

①测量电压范围:$100\mu V \sim 300V$。

②仪器共分十二挡量程:$1mV$、$3mV$、$10mV$、$30mV$、$100mV$、$300mV$、$1V$、$3V$、$10V$、$30V$、$100V$、$300V$。

③dB 量程分为十二挡:$-60dB$、$-50dB$、$-40dB$、$-30dB$、$-20dB$、$-10dB$、$0dB$、$+10dB$、$+20dB$、$+30dB$、$+40dB$、$+50dB$。

④本仪器采用两种 dB 电压刻度值:正弦波有效值 $1V=0dB$;$1mW=0dBm$。

⑤基准条件下电压的固有误差:≤满刻度的$\pm 3\%$(以 1kHz 为基准)。

⑥测量电压的频率范围:$10Hz \sim 2MHz$。

⑦基准条件下频率影响误差(以 1kHz 为基准):

a.频率为 $20Hz \sim 200kHz$ 时,误差≤$\pm 3\%$。

b.频率为 $10Hz \sim 20Hz$ 和 $200kHz \sim 2MHz$ 时,误差≤$\pm 10\%$。

⑧输入阻抗:输入电阻≥$10M\Omega$。

⑨输入电容:输入电容≤$45pF$。

⑩最大输入电压(DC+AC_{P-P}):$300V$($1mV \sim 1V$ 量程),$500V$($3 \sim 300V$ 量程)。

⑪噪声:输入短路时小于 2%(满刻度)。

⑫输出电压(以 1kHz 为基准,无负载):输出电压有效值为 1V 时的误差为$\pm 10\%$(在

每一个量程上,当指针指示满度"1.0V"位置时)。

⑬输出电压频响:频率为 10Hz～200kHz 时,误差≤±10%(以 1kHz 为基准,无负载)。

⑭输出电阻:600Ω,允差±20%。

⑮电源电压:AC 220V±10%,50Hz±4%。

二、使用环境

①避免过冷或过热。不可将交流毫伏表长期暴露在日光下或靠近热源的地方,如火炉旁。

②不可在寒冷天气时放在室外使用,仪器工作温度应为 0～40℃。

③避免炎热与寒冷环境的交替。不可将交流毫伏表从炎热的环境突然转到寒冷的环境或按相反顺序进行,这将导致仪器内部形成凝结。

④避免湿度、水分和灰尘。将交流毫伏表放在湿度大或灰尘多的地方,可能导致仪器操作出现故障,最佳使用相对湿度范围是 35%～90%。

⑤应避免在强烈震动的地方使用,否则会导致仪器操作出现故障。

⑥注意避开磁性物体和存在强磁场的地方。交流毫伏表对电磁场较为敏感,不可在有强烈磁场作用的地方操作毫伏表,不可让磁性物体靠近毫伏表表头,应避免阳光或紫外线直接照射仪器。

三、面板简介

YB2172 交流毫伏表前面板示意图如图 1-49 所示。

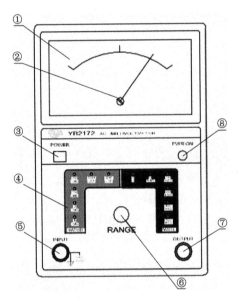

图 1-49　YB2172 交流毫伏表前面板

①显示窗口。表头指示输入信号的幅度。

②机械零点调节。开机前,如表头指针不在机械零点处,应用小一字起子调节机械零点调节螺丝,使指针位于零点。

③电源开关。电源开关按键弹出即为"关"位置,接入电源线,按电源开关接通电源。

④量程指示。指示灯显示仪器所处的量程和状态。

⑤输入(INPUT)端口。输入信号由此端口输入。

⑥量程旋钮。开机后,在输入信号前,应将量程调至最大处,即"300V"量程指示灯应亮;输入信号送至输入端口后,调节量程旋钮,使表头指针正确显示输入信号的电压值。

⑦输出(OUTPUT)端口。输出信号由此端口输出。

⑧电源指示灯。当电源开关被按入即电源被接通时,此指示灯应当亮。

四、基本操作方法及说明

①打开电源开关前,首先检查输入的电源电压,然后将电源线插入后面板上的交流插孔。

②电源线接入后,按电源开关接通电源,并预热 5min。

③输入信号前,将量程旋钮调至最大量程处(调至最大量程时,"300V"量程指示灯应亮)。

④将输入信号由输入(INPUT)端口送入交流毫伏表。

⑤调节量程旋钮,在表头指针位置大于或等于满刻度值的 30% 且小于满刻度值时读出示值。

⑥交流毫伏表的输出(OUTPUT)端口通过探头连接至示波器的输入端,当表头指示满刻度"1.0"位置时,其输出应满足指标。

⑦本仪器给出的指示与输入波形的平均值相符合,按正弦波的有效值校准,因此输入电压波形的失真会引起读数的不准确。

⑧当被测量的电压很小,或者被测量电压源阻抗很高时,仪器不正常的指示可以归结为外部噪声感应。如果发生这个现象,可利用屏蔽电缆减少或消除噪声干扰。

第 5 节 SPD3303X 程控电源

一、主要性能

SPD3303X 程控电源是将交流电转换为直流电的设备,一般市电电压为 220V,该程控电源可以使用四种交流电源,即 100V、120V、220V、230V。

SPD3303X 程控电源输出的直流电源电压是两组可调电压和一组固定电压,其中固定电压可选择的电压值为 2.5V、3.3V 和 5V。

二、面板简介

SPD3303X 程控电源前面板示意图如图 1-50 所示。

SPD3303X 程控电源前面板说明及系统参数配置按键说明、通道控制按键说明、其他按键说明分别如表 1-23～表 1-26 所示。

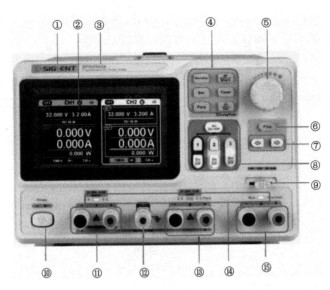

图 1-50　SPD3303X 程控电源前面板示意图

表 1-23
SPD3303X 程控电源前面板说明

序号	说明	序号	说明
①	品牌 LOGO	⑨	CH3 挡位拨码开关
②	显示界面	⑩	电源开关
③	产品型号	⑪	通道 1 输出端
④	系统参数配置按键	⑫	公共接地端
⑤	多功能旋钮	⑬	通道 2 输出端
⑥	细调功能按键	⑭	CV/CC 指示灯
⑦	左右方向按键	⑮	通道 3 输出端
⑧	通道控制按键		

表 1-24
系统参数配置按键说明

按键	说明
Wavedisp	打开/关闭波形显示界面
Ser	设置 CH1/CH2 串联模式,界面同时显示串联标识
Para	设置 CH1/CH2 并联模式,界面同时显示并联标识
IP/Store	进入存储系统
Timer	进入定时系统状态
/Vera	长按该键,开启锁键功能;短按该键,进入系统信息界面

表 1-25	通道控制按键说明
按键	说明
$\dfrac{\text{All}}{\text{On/Off}}$	开启/关闭所有通道
1	选择 CH1 为当前操作通道
2	选择 CH2 为当前操作通道
$\dfrac{\text{On}}{\text{Off}}$	开启/关闭当前通道输出
$\dfrac{3}{\dfrac{\text{On}}{\text{Off}}}$	开启/关闭 CH3 输出

表 1-26	其他按键说明
按键	说明
Fine	移动光标,选择数值的数位
←　→	左右方向键,移动光标

SPD3303X 程控电源输出旋钮操作界面如图 1-51 所示。

图 1-51　输出旋钮操作界面

SPD3303X 程控电源前面板上,有通道 1、通道 2、通道 3 的＋/－连接端,以及通道 1 和通道 2 的公共接地端,各自有明显的丝印标识。

三、用户界面及其说明

SPD3303X 程控电源前面板用户界面及其说明分别如图 1-52 和表 1-27 所示。

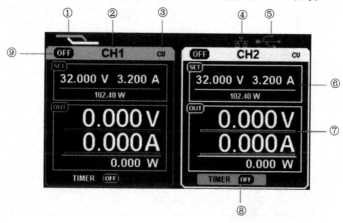

图 1-52　SPD3303X 程控电源前面板用户界面

表 1-27   **SPD3303X 程控电源前面板用户界面说明**

序号	说明	序号	说明
①	串并联标识:打开串并联时,显示该标识	⑥	设定值
②	通道标识	⑦	读值
③	工作模式标识:工作在恒压(CV)或恒流(CC)时,显示相应标识	⑧	定时器标识:定时器状态标识
④	LAN 口连接标识:检测到后端有 LAN 口连接时,显示该标识	⑨	通道开/关标识
⑤	USB 连接标识:检测到后端有 USB 连接时,显示该标识		

SPD3303X 程控电源后面板示意图及其说明分别如图 1-53 和表 1-28 所示。

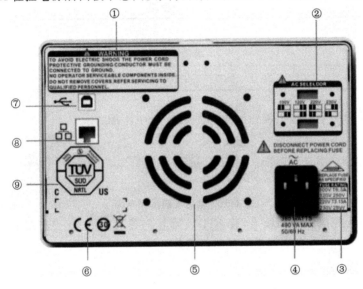

图 1-53 SPD3303X 程控电源后面板示意图

表 1-28   **SPD3303X 程控电源后面板说明**

序号	说明	序号	说明
①	警告信息	⑥	CE 认证标识
②	交流电源输入拨码开关及其标识	⑦	USB 接口及标识
③	交流输入电压说明	⑧	LAN 口及标识
④	电源接口	⑨	TüV 认证标识
⑤	风扇通风口		

四、基本功能

1. CH1、CH2 独立输出模式

CH1 和 CH2 输出可在独立控制状态下工作,同时 CH1 与 CH2 均与地隔离。CH1/

CH2独立输出接线示意图如图1-54所示。

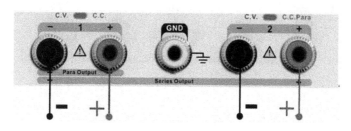

图 1-54　CH1/CH2 独立输出接线示意图

输出额定值：0～32V,0～3.2A。

操作步骤：

①确定"并联"和"串联"键关闭,按键灯不亮,界面没有串并联标识。

②连接负载到前面板 CH1 ＋/－端子或 CH2 ＋/－端子。

③设置 CH1/CH2 输出电压和电流：

a.按"1"/"2"键,选择设置通道；

b.通过方向键移动光标,选择需要修改的参数(电压、电流)；

c.按"Fine"键选择数位,再旋转多功能旋钮改变相应参数值。

④打开输出。按下"On/Off"键相应通道指示灯亮,输出显示 CC 或 CV 模式。

2.CH3 独立输出模式

CH3 独立于 CH1/CH2,其独立输出接线示意图如图 1-55 所示。

输出额定值：0～2.5V/0～3.3V/0～5V,0～3A。

操作步骤：

①连接负载到前面板 CH3 ＋/－ 端子。

②使用 CH3 拨码开关,选择所需挡位：2.5V、3.3V、5V。

③打开输出。按下"On/Off"键打开输出,同时按键灯点亮。

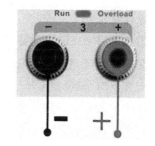

图 1-55　CH3 独立输出接线示意图

当输出电流超过 3A 时,过载指示灯显示红灯,CH3 操作模式从恒压转变为恒流模式,注意"Overload"这种状态不表示存在异常操作。

3.CH1、CH2 串联模式

串联模式下,输出电压为单通道的两倍,CH1 与 CH2 在内部连接成一个通道,CH1 为控制通道。CH1、CH2 串联模式接线示意图如图 1-56 所示。

输出额定值：0～64V,0～3.2A。

操作步骤：

①按下"Ser"键启动串联模式,按键灯亮,界面上方出现串联标识 。

②连接负载到前面板 CH1－端子和 CH2＋端子。

③按下"1"键设置 CH1 为当前操作通道,使用左右方向键移动光标,使用"Fine"键和多功能旋钮来设置输出电压和电流值。

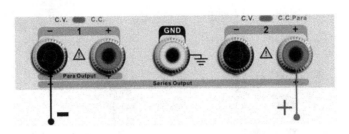

图 1-56 CH1、CH2 串联模式接线示意图

④打开输出,按下 CH1 对应的"On/Off"键。

4. CH1、CH2 并联模式

并联模式下,输出电流为单通道的两倍,CH1 与 CH2 在内部进行了并联连接,CH1 为控制通道。CH1、CH2 并联模式接线示意图如图 1-57 所示。

图 1-57 CH1、CH2 并联模式接线示意图

输出额定值:0～32V,0～6.4A。

操作步骤:

①按下"Para"键启动并联模式,按键灯亮,界面上方出现并联标识▭▭▭。

②连接负载到前面板 CH1＋/－端子。

③按下"1"键设置 CH1 为当前操作通道,使用左右方向键移动光标,使用"Fine"键和多功能旋钮来设置输出电压和电流值。

④打开输出,按下 CH1 对应的"On/Off"键。

第 6 节　SP3060 扫频仪

SP3060 扫频仪是一台集网络分析、扫频测量、点频信号源等多种测量模式于一体的高性能测试仪器,能测量射频组成各部件的线性及非线性器件,适用于诸如窄带滤波器、声表面波器件、放大器、衰减器等需要测量传输特性的器件和部件。

一、主要性能

1. 信号源

①输出波形:正弦波。波形幅度分辨率:12bits。

②采样速率:200MSa/s。

③谐波失真：－50dBc（f≤5MHz）；－45dBc（f≤10MHz）；－40dBc（f≤20MHz）；－30dBc（f＞20MHz）。

④波形失真：≤0.5％（f≤100kHz）。

注：正弦波谐波失真、正弦波失真度测试条件为输出幅度4dBm，环境温度25℃±5℃。

⑤输出频率特性：20Hz～60MHz。

⑥分辨率：1μHz。

⑦频率误差：≤±5×10⁻⁶。

⑧频率稳定度：优于±1×10⁻⁶。

⑨输出电平特性：－80dBm～＋13dBm。

⑩电平误差：≤±0.5dBm（≥－50dBm）、≤±1dBm（＜－50dBm）。

⑪电平平坦度：≤±0.5dBm。

⑫幅度单位：mV、μV、dBm。

⑬输出阻抗：50Ω/75Ω。

⑭扫描时间：自动/人工设置。人工设置时间范围为50ms～10s。

⑮扫描模式：连续/单次。

⑯触发方式：内部/外部。

⑰外部触发脉冲电平：TTL。

2.显示特性

①对数刻度：每格1dB、2dB、5dB、10dB。

②线性刻度：10mV、20mV、50mV、100mV、200mV、500mV、1V、2V。

③频率标记：5个，频率可任意设置。

④显示范围：80dB。

⑤相位测量范围：－180°～＋180°。

⑥相位误差：≤±1°。

二、面 板 简 介

SP3060扫频仪前面板功能示意图如图1-58所示。

①电源开关按钮。

仪器的电源开关，按下该键接通工作电源，仪器开始工作。

②LCD显示屏。

仪器用于显示波形曲线和设置参数的装置。TFT6.4英寸，640像素×480像素彩色液晶显示屏。

③辅助电源输出端口。

仪器提供的辅助电源输出选件，能够提供3～15V的可变输出电源。

④扫描信号源输出端口。

此端口可以根据设置的扫描范围输出连续的扫描射频信号，也可以输出某一固定频率的点频射频信号。输出信号的最大幅度是＋13dBm，最小幅度是－80dBm。此端口输出阻抗可在50Ω与75Ω间互换。

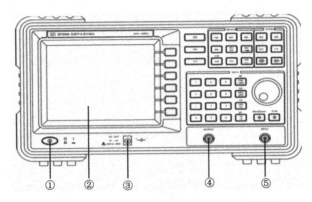

图 1-58 SP3060 扫频仪前面板功能示意图

⑤输入通道端口。

仪器扫频信号源的输出信号经过被测网络或被测器件后,进入此端口,然后由仪器处理并在显示器上显示测量的波形和参数。

SP3060 扫频仪前面板按键示意图如图 1-59 所示。

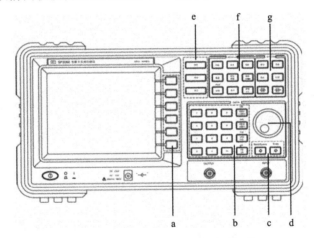

图 1-59 SP3060 扫频仪前面板按键示意图

a. 复用键区。

本区有 6 个按键,对应每个功能菜单里的相应子功能项。

b. 数字输入区。

数字输入区各按键功能如表 1-29 所示。

表 1-29　　　　　　　　　　　　　　　　**数字按键功能**

键名	功能	键名	功能
0	输入数字 0	8	输入数字 8
1	输入数字 1	9	输入数字 9
2	输入数字 2	·	输入小数点
3	输入数字 3	—	输入负号
4	输入数字 4	GHz/dBm	单位 GHz/dBm/dB
5	输入数字 5	MHz/−dBm	单位 MHz/−dBm/s
6	输入数字 6	kHz/mV	单位 kHz/mV/ms
7	输入数字 7	Hz/μV	单位 Hz/μV/μs

这些键用于在设置和修改参数的时候输入相应的数值、单位。在数据输入状态下,按这些键即可输入所需要的数值。

c. 光标移动键区。

光标移动键功能如表 1-30 所示。

表 1-30　　　　　　　　　　　　　　　　**光标移动键功能**

键名	功能	第二功能	键名	功能	第二功能
◀	光标左移	退格键	▶	光标右移	确认键

光标左移/退格键,当选中某一项参数时,按此键使光标向左移动。另外,还可以作为退格键使用,当输入数字错误,在输入单位之前,按此键删除输入的数字。

光标右移/确认键,当选中某一项参数时,按此键使光标向右移动。另外,还可以作为确认键使用,有些数据没有输入单位,按此键使数据输入有效,作为不确定单位的量使用。

d. 旋钮。

使用旋钮也可以连续输入或改变相应选中的数据。

e. 信号源设置区。

频率:频率参数设置键,按此键进入信号源的频率设置菜单,设置信号源扫描的起始频率、终止频率、中心频率、点频输出频率等的频率参数值。

带宽:扫描宽度参数设置键,按此键进入信号源的扫描带宽操作菜单,设置以中心频率为中心的扫描范围。

电平:输出电平、阻抗参数设置键,按此键进入信号源输出电平的调节、输出阻抗的设置、辅助电源电压的调节菜单。

f. 测量功能区。

扫描:扫描参数设置键,在测量时,按此键可以对仪器的扫描时间、扫描方式、触发方式、平均次数等参数进行选择和设置。

通道:输入通道参数设置键,按此键可以设置输入通道的阻抗、电平输入范围。

显示:显示参数设置键,按此键进入显示参数设置菜单,选择和修改显示的方式、显示的刻度、参考电平和参考位置,以及对选择显示的相对值或绝对值进行设置和修改。

注：绝对测量方式(ABS)下仪器显示的是扫频源输出信号通过被测器件后到输入端口的电平值，以 dBm(或 dBmV)为单位。相对测量方式(REL)下仪器显示的是以输出电平为参考，扫描曲线每一点相对于输出电平的增益或衰减数值，以 dB 为单位。

频标：频率标记参数设置键，按此键可以进入频标参数设置菜单，任意设置你所需要查看的频率点的频率值，查看该频率点的增益数值。

相位测量：相位测量参数键，按此键进入相位测量参数设置菜单，设置相位测量参数。

频标功能键：按此键进入频标功能设置菜单。该菜单为了使用户用起来更便捷，提供了峰值搜寻、标记的自动移动、参考线的自动搜寻和设置、－3dB 带宽和谐振电路的 Q 值的测量等功能。

Shift/Local 键：该键在遥控状态时，作为 Local 键使用，按此键退出遥控状态。该键也为了以后扩展功能使用。

单次：当扫描信号是内部触发或单次扫描时，按此键触发一次扫描和测量。

射频开/关键：此键用于打开和关闭信号的输出。

g. 系统设置区。

复位键：按此键使仪器工作状态恢复到出厂设置的缺省状态，在复位菜单中，还可以调用上次工作状态或开机工作状态。

系统：系统参数设置键，按此键进入系统参数设置菜单，查看和修改接口参数、开机状态、打印机设置、时钟设置等系统参数。

校正：系统性能校正键，按此键进入系统校正菜单。在该菜单中可以校正系统的频率响应误差、幅度响应误差，还可以自动校正仪器输出电平的平坦度。

三、基本功能

1.基本测量

第一步：输入测量参数。操作者可使用仪器面板按键或旋钮输入自己需要的扫描信号源输入通道及显示参数等具体测量参数。

第二步：校准扫频仪。在开始使用仪器时，建议最好进行仪器的频率校准(校准是对当前设置的参数进行校准)，校准后的仪器即可提供高度精确的测量结果。

第三步：连接设备。按图 1-60 所示连接方式连接被测设备。

第四步：观察测量结果。连接完成后，调整仪器的信号输出、显示参数，利用仪器提供的频标功能，以及－3dB 带宽、Q 值测量等功能，来观察和测量所需要的参数。

2.幅频特性测量

测量一个带宽为 30MHz 左右的放大器的增益和带宽的示意图如图 1-61 所示。

操作步骤：

①按"频率"键，进入频率参考设置菜单，起始频率设置为 1 MHz，终止频率设置为 40MHz。

②按"显示"键，进入显示参数设置菜单，显示方式置 log，显示刻度 10dB/div，参考电平置－30dBm，参考位置 4，显示格式为绝对测量方式(ABS)。

③按"电平"键，进入电平参数设置菜单，输出电平置－30dBm，输出阻抗 50Ω/75Ω 视负

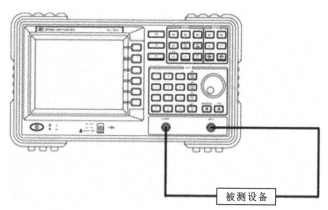

图1-60 SP3060扫频仪外接被测设备示意图

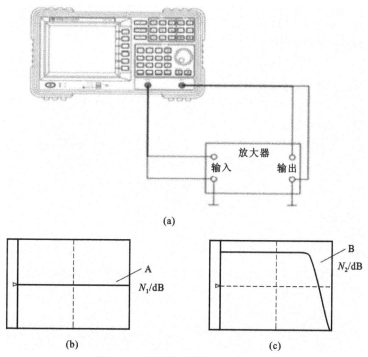

图1-61 测量放大器的增益和带宽

载选择。

④用射频电缆连接射频输出与输入。

⑤按"校正"键,进入校正设置菜单,进行频率自动校准,校准后,扫描曲线如图1-61(b)所示,这时A的位置如图所示。

⑥按图1-61(a)连接被测网络,此时增益线由A到B的变化如图1-61(c)所示。

⑦进入"频标"菜单,使用旋钮或数字输入,设置需要读数的频率点,显示格式选择REL模式,然后在屏幕的右上角读出相应频率点的增益数。用旋钮调整频率标记的频率点,可以测量放大器的带宽。也可以直接打开一3dB带宽测量。

3. —3dB带宽测量和Q值测量

—3dB带宽测量和Q值测量示意图如图1-62所示。

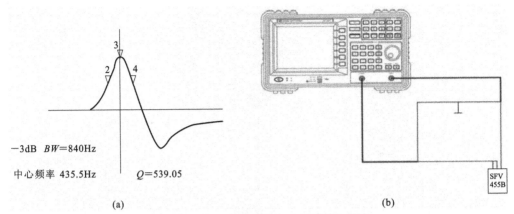

-3dB $BW=840\text{Hz}$

中心频率 435.5Hz $Q=539.05$

(a)   (b)

图 1-62   -3dB 带宽测量和 Q 值测量示意图

①用 BNC 连接输出和输入端口。按"频率"键,进入频率设置参数菜单,起始频率设置为 440kHz,终止频率设置为 460kHz。

②按"显示"键,进入显示设置菜单,显示方式置 log,显示刻度 10dB/div。

③按"电平"键,进入电平设置菜单,输出电平置-10dBm。

④按"校正"键,进入校正设置,按"频率校正"键,进行频率校正。

⑤按图 1-62(b)连接被测件。

⑥按"频标"键,进入频标功能设置菜单,后按"峰值搜寻"复用键搜寻最大值和最小值。

⑦按"自动居中"复用键,把最大值移动到中心位置。

⑧按"Q 值测量"键,打开 Q 值测量功能,仪器自动测量器件的 Q 值,并在屏幕的下方显示数值。

4. 高频阻抗测量

①按图 1-63(a)连接被测网络,R_{P1} 和 R_{P2} 为无感电阻,测量时先使 R_{P1} 短路,R_{P2} 断开,调节扫频仪面板的有关按键使屏幕显示的幅频特性曲线的高度为 A 格,如图 1-63(b)所示,撤去 R_{P1} 上的短路线,调节 R_{P1} 直至荧光屏显示的曲线高度为 A/2 格,则 R_{P1} 的电阻即为被测电路的输入电阻。

②使 R_{P1} 重新短路,曲线高度仍为 A 格,接通 R_{P2},调节其值至曲线高度为 A/2 格,则 R_{P2} 的电阻值即为被测电路的输出阻抗。

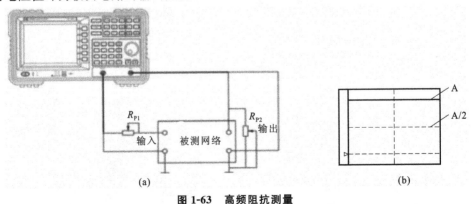

(a)   (b)

图 1-63   高频阻抗测量

第 2 篇　电路分析基础实验

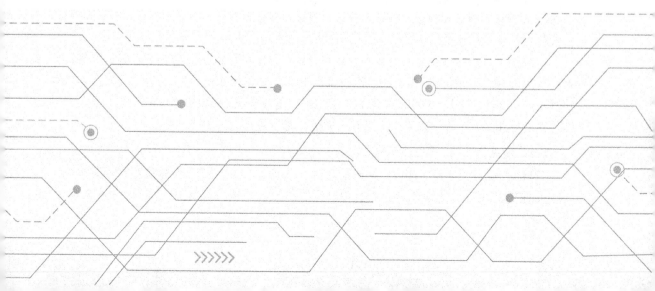

第2章　电路分析实验基础知识

第1节　实验平台简介

一、概　述

DGJ-1高性能电工技术实验装置是根据我国目前"电路分析""电工技术""电工学"教学大纲和实验大纲的要求,广泛听取各高等院校相关课程教师的建议,并综合国内各类实验装置的特点而设计的,全套设备能满足各类学校"电路分析""电工技术""电工学"等课程的实验要求。

本装置由实验屏、实验桌、若干实验组件挂箱等组成。

二、实验屏操作、使用说明

实验屏为铁质喷塑结构,铝质面板。实验屏上固定着交流电源的启动控制装置,三相电源电压指示切换装置,低压直流稳压、恒流电源,数字式真有效值交流毫伏表,智能交流电压、电流表,智能直流电压表、毫安表,定时器兼报警记录仪,多功能数控智能函数信号发生器,日光灯等。

1. 交流电源的启动控制装置

(1)实验屏的左后侧有一根三相四芯电源线(并已接好三相四芯插头),接好机壳的接地线,然后用三相四芯插头接通三相380V交流市电。

(2)将置于左侧面的三相自耦调压器的旋转手柄按逆时针方向旋至零位。

(3)将三相电压表指示切换开关置于左侧(三相电源输入电压)。

(4)开启钥匙式三相电源总开关,停止按钮灯亮(红色),三只电压表(0~450V)指示出输入的三相电源线电压之值。

(5)按下启动按钮(绿色),红色按钮灯灭,绿色按钮灯亮,同时可听到实验屏内交流接触器的瞬间吸合声,面板上与U1、V1、W1对应的黄、绿、红三个LED指示灯亮。至此,实验屏启动完毕。此时,实验屏左侧面的单相二芯220V电源插座、三相四芯380V电源插座以及右侧面的单相220V电源插座处均有相应的交流电压输出。

2. 三相电源电压指示切换装置

(1)将三相"电压指示切换"开关拨至右侧(三相调压输出),三只电压表指针回到零位。

(2)按顺时针方向缓缓旋转三相自耦调压器的旋转手柄,三只电压表指针将随之偏转,即指示出实验屏上三相可调电压输出端 U、V、W 两两之间的线电压之值,直至调节到某实验内容所需的电压值。实验完毕,将旋转手柄调回零位,并将"电压指示切换"开关拨至左侧。

3. 低压直流稳压、恒流电源

开启直流稳压电源开关,两路即有输出。

(1)调节"输出粗调"波段开关和"输出细调"多圈电位器旋钮,可平滑地调节输出电压,其调节范围为 0～30V(分三挡量程切换),额定电流为 1A。

(2)两路输出均设有软截止保护功能。

(3)恒流电源的输出与调节。

将负载接至"恒流输出"两端,开启恒流电源开关,数字式表头即指示输出恒电流之值,恒流电源有 3 个量程段,调节"输出粗调"波段开关和"输出细调"多圈电位器旋钮,可在 3 个量程段(满度为 2mA、20mA 和 200mA)获得连续可调的输出。

本恒流电源虽有开路保护功能,但输出端不应长期处于开路状态。

4. 数字式真有效值交流毫伏表

(1)数字式真有效值交流毫伏表能对正弦波、三角波、方波等信号的有效值进行精确测量。

(2)主要技术指标。

测压范围:$100\mu V$～600V(有效值),分五个量程。

a. 第一量程:$100\mu V$～200mV。

b. 第二量程:200mV～2V。

c. 第三量程:2～20V。

d. 第四量程:20～200V。

e. 第五量程:200～600V。

测频范围:10Hz～600kHz。

测量误差(以 1kHz 为基准):±0.5%,读数值±2 个字符。

分辨率:0.1mV。

噪声:输入端短路时不大于 1 个字符。

输入阻抗:$100k\Omega\pm10\%$。

工作环境:温度,0～40℃;湿度,小于 90%RH。

电源/频率:AC198～242V,48～52Hz。

功耗:小于 8W。

(3)使用方法。

先将量程开关置于 600V 量程上,然后接通电源,数秒后即有稳定的数字显示,预热 10min 即可开始测试。

5. 智能交流电压、电流表

(1)智能交流电压、电流表具有量程自动切换和自动贮存测量数据等特点。它将被测电压和电流瞬时值的取样信号送入 A/D 转换器,经单片机的"均方"值运算和信号处理后,再将测得的有效值分别显示于两组 LED 数码显示器上。

(2)主要技术指标。

①功能:测量交流的电压和电流的有效值,通过操作面板上的按键可记录、贮存、查询15组测量数据。

②测量精度:<5‰。

③量程范围:

a.电压:5～450V(量程分八挡自动切换)。

b.电流:5mA～5A(量程分八挡自动切换)。

④输入电阻:电压表,4MΩ;电流表,0.1Ω。

⑤工作条件:供电电源,AC220V±5%;频率,50Hz。

(3)使用方法。

接法:电流表与电路串接,电压表则并接至被测对象的两端。

接通电源并按"复位"键后,显示器各位将依次循环显示"P"→"8",表示测试系统已准备就绪,进入初始状态。

仪表有五个按键,在实际测试过程中只用到"复位""功能""数据"与"确认"四个键。"数位"键只在出厂调试时用到。

①"复位"键:在任何状态下,只要按下此键,系统便恢复到初始状态。

②"功能"键:仪表测试功能的选择键。若连续按动该键,则上下两组显示器将依次显示不同的功能符。

③"数据"键:当数据被锁定时,按一下此键,仪器便进入测量状态。

④"确认"键:在选定上述前三个功能键之后,按下"确认"键,该组显示器将切换显示功能下的测试结果数据。

(4)操作步骤。

①开机(或按"复位"键)→接好线→选定功能1→按"确认"键,读取被测数据(上显示器指示为电压,单位为V;下显示器指示为电流,单位为A)。

②选定功能2,重复按"确认"键,依次显示的是1、2、3、4、5、6、7、8、9、A、C、D、E、F、I,表示共储存了15组数据。15组数据都是数码管显示的,9个阿拉伯数字表示9组数据,另取6个大写英文字母表示6组数据,但数码管显示的B易与8混淆,所以取了A、C、D、E、F、I。

③选定功能3→按"确认"键→显示储存的最后一组数据"I"→再按"确认"键,显示储存的倒数第二组数据(显示顺序为F……1)。闪动位表示当前的组别。

④在操作①之后,按住"确认"键2～3s,则当前数据被锁定(不随外来信号改变),若要回到测量状态,按一下"数据"键即可。按一下"数据"键后若死机,请按"复位"键,若仍死机则关掉电源重新开机。

⑤测量过程中显示"COU"表示要继续按"功能"键。

⑥必须在测试一组数据之后,才能用"DACO"项做记录。

6.智能直流电压表、毫安表

(1)主要技术指标。

①测量精度。

a.直流电压表:0.5%。

b. 直流毫安表:0~10mA,1.0％;10~500mA,0.5％。

②量程(各挡之间能自动切换):

a. 直流电压表。

Ⅰ. 第一挡:0~3.999V。

Ⅱ. 第二挡:4.000~39.99V。

Ⅲ. 第三挡:40.00~300.0V。

b. 直流毫安表。

Ⅰ. 第一挡:0~5.999mA。

Ⅱ. 第二挡:6.000~59.99mA。

Ⅲ. 第三挡:60.00~500.0mA。

③供电电源:AC 220V、50Hz。

(2)显示器。

各显示器采用五位 LED 数码管显示,以电压显示器为例,设被测电压为 9.110V,则第 5 位(最左边一位)表示测定对象和正负符号(为负时显示"—";为正时,直流电压表显示"U",直流毫安表显示"H",直流安培表显示"A"),其余 4 位为数据显示位。

直流毫安表显示器下面有一只锁紧式调零电位器,用于校准毫安表第一挡的零点。具体操作如下:使两输入端短路,按后面介绍的"校准"操作步骤,选取第一挡量程,缓慢调节电位器,先松开电位器的锁紧螺母,使显示值为零,然后锁紧螺母,按"复位"键,操作完毕。

(3)键盘说明。

a. "复位"键:在任何状态下按此键,均将使该表返回正常测量状态。

b. "确认"键:确认操作。

c. "数据"键:键入数字。该键在设定报警点、校准量程、输入密码时使用,一般要和"数位"键配合使用。

d. "数位"键:选择数据位。选中的位,其小数点将被点亮,然后操作"数据"键就可以改变该位上的数值。本按键在设定报警点、校准量程、输入密码时使用。

e. "功能"键:选择所需的功能。

(4)组合键。

a. "复位"键+"确认"键:修改密码。

b. "复位"键+"数据"键:校准。

c. "复位"键+"数位"键:初始化。

d. "复位"键+"功能"键:查看报警点和设定报警点。

(5)使用方法。

因为两只表使用方法大同小异,下面就以电压表为例进行说明,如有例外,则会另行说明。

①"测量"功能。

打开电源后,各表直接进入测量状态。加入被测信号,显示器显示当前的被测信号值。假定被测电压为 9.110V,则被测电压显示为 U9.110(伏)。

②"存储"功能。

a.连续存储。

从 U00～U31 依次连续存储 32 个数据,此后便依次覆盖并刷新已存的 3 组数据。连续存储有两种方法:

方法 1:在测量状态下,按"确认"键,显示"SAVE",再按一下"确认"键,则保存当前信号的电压值,并进行正常的测量值刷新,若继续按"确认"键,则将数据台次存储为第 0 个、第 1 个、第 2 个、……、第 31 个测量数据,总共可保存 32 个数据记录。

方法 2:在测量状态下,按一下"功能"键,显示"dAC0",再按一下"确认"键,则进入保存测量结果的状态。电压表仍显示当前信号的测量值,并进行正常的测量值刷新。其余操作同方法 1。

b.指定存储。

如果想将当前测量数据保存至指定的某个记录中,如第 10 个记录,在测量状态下按"确认"键,当显示器显示"SAVE"时,按"数据"键,每按一次"数据"键,仪器将指向下一个记录(即 U×× 将加 1,比如,U22 将变成 U23),同时将该记录显示出来;按"数位"键则相反,每按一次"数位"键,则指向上一个记录。如果想把当前的测量值记录在 U10,则使 U×× 显示为 U9。按"确认"键对刚才的操作进行确认,在指定的 U×× 存储当前的测量值,其余的操作同连续存储。

③"查询"功能。

在初始测量状态下,连续按两下"功能"键,显示器显示"DISP",表示当前的状态为"记录查询"状态。在此状态下连续按"确认"键,则会依次显示下一个记录,并显示所保存的值;在此状态下连续按"数位"键,则会依次显示上一个记录,并显示所保存记录的值。

④"超量程报警"功能。

在测量状态下连续按三下"功能"键,显示器显示"OVER",表示当前的状态为"超量程报警"状态;按"确认"键,或者同时按下"复位"键和"功能"键,先松开"复位键",再松开"功能键",则显示器显示"b",表示报警设置状态。这时用"数据"键和"数位"键就可以设定报警点了。按"数位"键进行数位选择(按一下"数位"键,则小数点位置移动一次,小数点所在数位就表示所选择的数位),这时就可以按"数据"键改变该位的数值了。例如:想设定报警点为 300V 时,就把第四位设置为 3、第三位设置为 0、第二位设置为 0、第一位设置为 0(从右边数),小数点放在第二位,最后按"确认"键对操作进行确认,显示器显示"SURE"询问是否确定,若确定,则按"确认"键确认,否则按"复位"键。当前测量值若超过设定的报警点,本智能表自动报警,并有控制信号输出,用于自动控制其他电路。

⑤"清除"功能。

在测量状态时,连续按"功能"键四次,则显示器显示"CLEAR",按"确认"键,则存储的测量数据会全部被清除掉。

⑥"密码"功能。

仪表出厂时已经设定调试与锁定,确保仪表的测量精度。为防止用户的不当操作而改变设定值,特设仪表密码。只有掌握密码的人才能对仪表的设定值进行修改或调试。

a.输入密码。在校准、初始化时(其操作方法请看"校准"功能、"初始化"功能),显示器显示"PASS",表示需要输入密码,按"确认"键,显示"00000"。该表的密码有 5 位,默认密码为 00000。"数位"键和"数据"键配合使用输入密码("数位"键用来选择数位,"数据"键用来改变数值,操作类似于报警值的设定),最后按"确认"键进行确定,显示器显示"SURE",询问所输入密码是否正确,若正确,则按"确认"键,若错误则按"复位"键重新进行设定,操作完毕。

b.修改密码。同时按下"复位"键和"确认"键,先松开"复位"键,再松开"确认"键,显示器显示"CPASS",再按"确认"键,显示"oldPS",表示需要输入旧的密码。再按"确认"键,输入旧的密码,按"确认"键,显示"SURE",询问输入是否正确,按"确认"键,予以确认。显示器显示"NE-PS",表示下面将输入新的密码。按"确认"键,输入新的密码,按"确认"键,显示"SURE",最后再按一次"确认"键,修改密码完毕。

⑦"初始化"功能。

当需要清除存储的所有数据——测量记录和校准数据时,用此功能比较方便。

同时按下"复位"键和"数位"键,先松开"复位"键,再松开"数位"键,显示器显示"RE-SET",表示复位,按"确认"键,再输入密码,按两下"确认"键,显示器显示"CLr--",等待一会儿,仪器自动回到测量状态,操作完毕。

⑧"校准"功能。

在校准时,用一只精度比本智能表更高的表作为校准表。校电压时,校准表和电压表并联;校电流时,校准表和毫安表或安培表串联。在校准时须加入较稳定的信号,以使两表有较稳定的读数。

建议最佳校准信号大小如下:

a.直流电压表。

Ⅰ.第一挡:3~3.5V。

Ⅱ.第二挡:35~36V。

Ⅲ.第三挡:280~290V。

b.直流毫安表。

Ⅰ.第一挡:5~5.5mA。

Ⅱ.第二挡:55~56mA。

Ⅲ.第三挡:490~495mA。

同时按下"复位"键和"确认"键(先按下"复位"键不放,再按下"数据"键;或先按下"数据"键不放,再按下"复位"键),先松开"复位"键,再松开"数据"键,显示器显示"AdJ",表示现在处于校准状态。按"确认"键,显示器显示"PASS",输入密码。假如输入密码正确,按"确认"键,这时就可以校准了。"数位"键用来选择挡位,小数点在第五位,表示校准第一挡;小数点在第四位,表示校准第二挡;小数点在第三位,表示校准第三挡。选择好挡位后,按一下"数据"键或"功能"键,蜂鸣器会鸣叫一声,继续按,显示器的数值会逐渐变大或变小。按"数据"键,数值增大;按"功能"键,数值减小。这时"数位"键可以用于调整步幅。连续按"数位"键,则显示器依次显示"SP-01""SP-04""SP-32""SP-128",调节步幅依次增大,在这种状态下,可以直接按"数据"键或"功能"键进行校准,使显示器的数值和校准表的数值相等。最后按"确认"键,校准完毕。

⑨"量程自动切换"功能。

该功能能自动切换量程,无须手工切换挡位。

7. 定时器兼报警记录仪

(1)定时器兼报警记录仪是专门为学生的实验考核而设置的。可以设定实验时间、累计误操作次数等,以考查学生的实验质量。

(2)报警器的报警功能包括电流、电压表的超量程报警,内电路漏电报警,过流、过压报警。

(3)操作步骤。

①打开钥匙开关,定时器兼报警记录仪开始计时 00、01、02、03 等。

②设置密码:按"功能"键,显示器最后一位显示"6"时,按"数位"键并按住不动,待小数点出现闪烁后放开,再按"数位"键,选定后三位输入所需的密码数字,末位必须是"9",输好后,按"确认"键,显示器第一位会显示"6"。

③输入密码:按"功能"键,使显示器最后一位显示"1"。按"数位"键,待小数点连续闪烁后,再松开"数位"键,选定显示器的最后三位,输入预设的密码,按"确认"键后显示"1"。

④设置定时:按"功能"键,使显示器最后一位显示"2",按同样的操作方法在前四位数输入所设的时间,在最后一位输入"1",按"确认"键后,显示器最后一位会显示"C",时间设置结束。

⑤清除报警:按"功能"键,使显示器最后计报警次数位显示"3",按"确认"键,即清除累计报警次数。

⑥询问定时时间:按"功能"键,使显示器最后一位显示"4",按"确认"键后,显示定时时刻。

⑦询问报警(累计次数):按"功能"键,使显示器最后一位显示"5",按"确认"键,显示累计的报警次数。

⑧显示当前时间:按"功能"键,使显示器最后一位显示"7",按"确认"键,显示当前时钟的时刻,至此所有操作结束。

(4)定时时间终了,蜂鸣器鸣叫 1min,再过 4min,仪器将自动断开电源,结束实验。若需继续实验,必须按"复位"键后重新启动控制屏,以追加 5min 实验时间。

8. 多功能数控智能函数信号发生器

多功能数控智能函数信号发生器是一种新型的以单片机为核心的数控式函数信号发生器,可输出正弦波、三角波、锯齿波、矩形波、四脉方列、八脉方列等六种信号波形。通过面板键盘操作,可连续调节输出信号的频率,并由 LED 数码管显示输出频率、矩形波的占空比及内部基准幅值。

(1)主要技术参数。

①输出频率范围:正弦波为 1Hz～150kHz,矩形波为 1Hz～150kHz,三角波和锯齿波为 1Hz～10kHz,四脉方列和八脉方列固定为 1kHz。频率调整步幅:1Hz～1kHz 为 1Hz,1～10kHz 为 10Hz,10～150kHz 为 100Hz。

②输出脉宽调节:占空比固定为 1∶1、1∶3、1∶5 和 1∶7 四挡,输出脉冲前后沿时间小于 50ns。

③输出幅度调节范围:A 口 15mV～17.0V_{PP},B 口 0～4.0V_{PP}。

④输出阻抗:大于 50Ω。

⑤频率测量范围:1Hz～150kHz。

(2)使用操作说明。

①操作键盘和显示屏示意图(略)。

②输入、输出接口:模拟信号(包括正弦波、三角波和锯齿波)从 A 口输出,脉冲信号(包括矩形波、四脉方列和八脉方列)从 B 口输出。

③开机后的初始状态:选定为正弦波形,相应的红色 LED 指示灯亮;输出频率显示为1kHz;内部基准幅度显示为 5V。

④键操作:包括输出信号的选择、频率的调节、脉冲宽度的调节、测频功能的切换等操作。

⑤按“A 口”“B 口/B↑”(或“B 口/B↓”)键,选择波形输出,六个 LED 指示灯将分别指示当前输出信号的类型。

⑥在选定矩形波后,按“脉宽”键,可改变矩形波的占空比。此时,占空比将依次显示为1∶1、1∶3、1∶5、1∶7。

⑦按“测频/取消”键,可将显示器转换为频率计。显示器的六只数码管将显示接在面板“信号输入口”处的被测信号(外接)的频率值(“信号输出口”仍保持原来信号的正常输出)。此时除“测频/取消”键外,按其他键均无效。只有再按“测频/取消”键,撤销测频功能后,才可恢复整个键盘对输出信号的控制操作功能。

⑧按“粗↑”键或“粗↓”键,可单步改变(调高或调低)输出信号频率值的最高位。

⑨按“中↑”键或“中↓”键,可连续改变(调高或调低)输出信号频率值的次高位。

⑩按“细↑”键或“细↓”键,可连续改变(调高或调低)输出信号频率值的第二次高位。

(3)输出幅度调节。

①A 口幅度调节:沿顺时针调节幅度调节电位器,可连续增大输出幅度;沿逆时针调节幅度调节电位器,可连续减小输出幅度。幅度调节精度为 1mV。

②B 口幅度调节:按“B 口/B↑”键将连续增大输出幅度,按“B 口/B↓”键将连续减小输出幅度。

9. 日光灯

本实验屏上有两只 30W 日光灯管,分别供照明和实验使用。照明用的日光灯管通过三刀手动开关进行切换,当开关拨至上方时,照明日光灯管亮;当开关拨至下方时,照明日光灯管灭。实验用的日光灯管的四个管脚引出至屏上,供实验中的灯管元件使用。

三、装置的安全保护系统

(1)三相四线制(或三相五线制)电源输入,总电源由三相钥匙开关控制,设有三相带灯熔断器保护短路和指示断相。

(2)控制屏电源由接触器通过启、停按钮进行控制。

(3)控制屏上装有电压型漏电保护装置,控制屏内若有漏电现象或强电输出,即告警并切断总电源,确保实验安全。

(4)各种电源及仪表均有一定的保护功能。

第 2 节　减小仪表测量误差的方法

一、概述

为了准确地测量电路中实际的电压和电流,必须保证仪表接入电路后不会改变被测电路的工作状态。这就要求电压表的内阻为无穷大,电流表的内阻为零。而实际使用的指针式电工仪表都不能满足上述要求。因此,测量仪表一旦接入电路,就会改变电路原有的工作状态,导致仪表的读数值与电路原有的实际值之间出现误差。误差的大小与仪表本身内阻的大小密切相关。只要测出仪表的内阻,即可计算出由其产生的测量误差。

二、测量仪表内阻的方法

以下介绍两种测量指针式电工仪表内阻的方法。

(1)用分流法测量电流表的内阻。

如图 2-1 所示,A 为被测内阻(R_A)的直流电流表。测量时先断开开关 S,调节电流源的输出电流 I 使 A 表指针满偏转。然后合上开关 S,并保持 I 值不变,调节电阻箱 R_B 的阻值,使电流表的指针指在 1/2 满偏转位置。

此时有

$$I_A = I_S = \frac{I}{2}$$

$$R_A = R_B /\!/ R_1$$

式中,R_1 为固定电阻器之值,R_B 可由电阻箱的刻度盘读得。

(2)用分压法测量电压表的内阻。

如图 2-2 所示,V 为被测内阻(R_V)的电压表。测量时先将开关 S 闭合,调节直流稳压电源的输出电压,使电压表 V 的指针满偏转。然后断开开关 S,调节 R_B 的阻值,使电压表 V 的指示值减半。

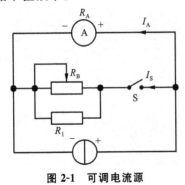

图 2-1　可调电流源

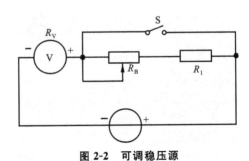

图 2-2　可调稳压源

此时有

$$R_V = R_B + R_1$$

电压表的灵敏度为

$$S = \frac{R_V}{U}$$

式中, U 为电压表满偏时的电压值。

三、仪表内阻引起的测量误差

仪表内阻引起的测量误差,通常称为方法误差。而仪表本身结构引起的误差称为仪表基本误差。

(1)测量误差分析计算。

以图 2-3 所示电路为例。

R_1 上的电压为

$$U_{R_1} = \frac{R_1}{R_1 + R_2} U$$

因 $R_1 = R_2$, 则

$$U_{R_1} = \frac{1}{2} U$$

现用一内阻为 R_V 的电压表来测量 U_{R_1} 值,当 R_V 与 R_1 并联后,

$$R_{AB} = \frac{R_V R_1}{R_V + R_1}$$

以此来替代上式中的 R_1,则得

$$U_{R_1}' = \frac{\dfrac{R_V R_1}{R_V + R_1}}{\dfrac{R_V R_1}{R_V + R_1} + R_2} U$$

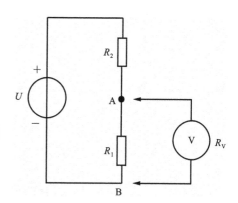

图 2-3 测量误差电路分析图

绝对误差为

$$\Delta U = U_{R_1}' - U_{R_1} = \left| \frac{\dfrac{R_V R_1}{R_V + R_1}}{\dfrac{R_V R_1}{R_V + R_1} + R_2} - \frac{R_1}{R_1 + R_2} \right| U$$

化简后得

$$\Delta U = \frac{-R_1^2 R_2 U}{R_V(R_1^2 + 2R_1 R_2 + R_2^2) + R_1 R_2(R_1 + R_2)}$$

若 $R_1 = R_2 = R_V$,则得 $\Delta U = -\dfrac{U}{6}$

相对误差

$$\Delta U' = \frac{U_{R_1}' - U_{R_1}}{U_{R_1}} \times 100\% = \frac{-\dfrac{U}{6}}{\dfrac{1}{2} U} \times 100\% = -33.3\%$$

由此可见,当电压表的内阻与被测电路的电阻相近时,测量误差是非常大的。

(2)伏安法测量电阻的原理。

测出流过被测电阻 R_X 的电流 I_R 及其两端的电压 U_R,则其阻值 $R_X = U_R/I_R$。实际测量时,相对于电源而言,有两种测量线路,即:①电流表 A(内阻为 R_A)接在电压表 V(内阻为 R_V)的内侧;②电流表 A 接在电压表 V 的外侧。两种线路见图 2-4。

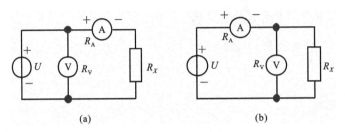

图 2-4 伏安法测量电阻

(a)内接法;(b)外接法

由图 2-4(a)可知,只有当 $R_X \gg R_A$ 时,R_A 的分压作用才可忽略不计,V 的读数接近 R_X 两端的电压值。图 2-4(a)的接法称为电流表的内接法。

由图 2-4(b)可知,只有当 $R_X \ll R_V$ 时,R_V 的分流作用才可忽略不计,A 的读数接近实际流过 R_X 的电流值。图 2-4(b)的接法称为电流表的外接法。

实际应用时,应根据不同情况选用合适的测量线路,才能获得较准确的测量结果。以下举一实例。

在图 2-4 中,设:$U = 20V$,$R_A = 100\Omega$,$R_V = 20k\Omega$。假定 R_X 的实际值为 $10k\Omega$。如果采用图 2-4(a)所示线路测量,经计算,电流表 A、电压表 V 的读数分别为 1.98mA 和 20V,故

$$R_X = \frac{20}{1.98}k\Omega = 10.1k\Omega$$

$$\Delta U' = \frac{10.1 - 10}{10} \times 100\% = 1\%$$

如果采用图 2-4(b)所示线路测量,经计算,电流表 A、电压表 V 的读数分别为 2.95mA 和 19.70V,故

$$R_X = \frac{19.70}{2.95}k\Omega = 6.678k\Omega$$

$$\Delta U' = \frac{6.678 - 10}{10} \times 100\% = -33.2\%$$

可见,在这种情况下,采用内接法测量误差要比采用外接法测量误差小很多。

第 3 章　电路分析基础实验项目

实验 1　基尔霍夫定律与叠加原理的验证

一、实验目的

(1)验证基尔霍夫定律的正确性,加深对基尔霍夫定律的理解。

(2)学会用电流插头、插座测量各支路电流。

(3)验证线性电路叠加原理的正确性,加深对线性电路的叠加性和齐次性的认识和理解。

二、实验仪器及器材

(1)可调直流稳压电源。

(2)直流数字电压表。

(3)直流数字电流表。

(4)万用表。

(5)基尔霍夫定律实验线路板。

(6)叠加原理实验线路板。

三、预习要求

(1)根据图 3-1 的电路参数,计算出待测的电流 I_1、I_2、I_3 和各电阻上的电压值,记入"基尔霍夫定律实验数据表"中,以便实验测量时正确地选定毫安表和电压表的量程。

(2)实验中,若用指针式万用表直流毫安挡测各支路电流,在什么情况下可能出现指针反偏? 应如何处理? 在记录数据时应注意什么? 若用直流数字毫安表进行测量,则仪器会显示什么?

(3)在叠加原理实验中,要令 U_{s_1}、U_{s_2} 分别单独作用,应如何操作? 可否直接将不作用的电源(U_{s_1} 或 U_{s_2})短接置零?

(4)实验电路中,若将一个电阻器改为二极管,试问叠加原理的叠加性与齐次性还成立吗? 为什么?

四、实验原理

(1)基尔霍夫定律是电路理论中最基本也是最重要的定律之一,它概括了集总电路中电流和电压分别应遵循的基本规律。

基尔霍夫电流定律(KCL):在集总电路中,任何时刻,对于任一节点,所有支路的电流代数和恒等于零,即 $\sum i = 0$。

基尔霍夫电压定律(KVL):在集总电路中,任何时刻,沿任一回路,所有支路的电压代数和恒等于零,即 $\sum u = 0$。

电路中各个支路的电流和支路的电压必然受到两类约束,一类是元件本身造成的约束,另一类是元件相互连接关系造成的约束,基尔霍夫定律表述的是第二类约束。

参考方向:在电路理论中,参考方向是一个重要的概念,它具有重要的意义。电路中,我们往往不知道某一个元件两端电压的真实极性或流过电流的真实流向,只能预先假定一个方向,这个方向就是参考方向。在测量或计算中,如果得出的某个元件两端电压的极性或电流的流向与参考方向相同,则把该电压值或电流值取为正值,否则把该电压值或电流值取为负值,以表示电压的极性或电流的流向与参考方向相反。

(2)叠加原理是分析线性电路时非常有用的网络定理,它反映了线性电路的一个重要规律。

叠加原理:在含有多个独立电源的线性电路中,任意支路的电流或电压等于各个独立电源分别单独激励时,在该支路所产生的电流或电压的代数和。电路中某一电源单独激励时,其余不激励的理想电压源用短路线来代替,不激励的电流源用开路线来代替。对含有受控源的电路应用叠加原理时,在各独立电源单独激励的过程中,一定要保留所有的受控源。

线性电路的齐次性是指当激励信号(某独立源的值)增加或减小 K 倍时,电路的响应(即在电路其他各电阻元件上建立的电流值或电压值)也将增加或减小 K 倍。

叠加原理只适用于线性电路,但即使在线性电路中,功率与电压、电流也不是线性关系,所以计算功率时不能应用叠加原理。

五、实验电路

基尔霍夫定律实验电路和叠加原理实验电路分别如图 3-1 和图 3-2 所示。

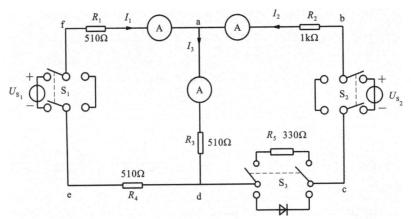

图 3-1 基尔霍夫定律实验电路

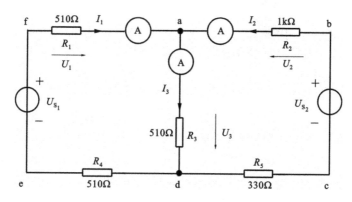

图 3-2　叠加原理实验电路

六、实验内容及步骤

1.基尔霍夫定律实验验证

(1)实验前先任意设定三条支路的电流参考方向,如图 3-1 中的 I_1、I_2、I_3 所示。

(2)分别将两路直流稳压电源接入电路,令 $U_{S_1}=6V$,$U_{S_2}=12V$。

(3)将电流插头分别插入三条支路的三个电流插座中,电流插头的红接线端接电流表"＋"极,电流插头的黑接线端接电流表"－"极。选择合适的电流表挡位,记录电流值。

(4)用直流数字电压表分别测量两路电源输出电压及电阻元件上的电压值,并做记录。

(5)将测得的各电流、电压值(表 3-1)分别代入 $\sum i=0$ 和 $\sum u=0$,计算并验证基尔霍夫定律,做必要的误差分析。

表 3-1　　　　　　　　　　　　　　基尔霍夫定律实验数据

被测量	I_1	I_2	I_3	U_{S_1}	U_{S_2}	U_{fa}	U_{ab}	U_{ad}	U_{de}
计算值									
测量值									
相对误差									

2.叠加原理实验验证

(1)按图 3-1 所示线路接线,取 $U_{S_1}=12V$,$U_{S_2}=10V$。

(2)令 U_{S_1} 电源单独作用(将开关 S_1 投向 U_{S_1} 侧,开关 S_2 投向短路侧),用直流数字电压表和毫安表(使用电流插头)测量各支路电流及各电阻元件两端电压。将数据记入表 3-2 中。

表 3-2　　　　　　　　　　　　　　线性电路测量数据

测量项目	U_{S_1}	U_{S_2}	I_1	I_2	I_3	U_{ab}	U_{cd}	U_{ad}	U_{de}	U_{fa}
U_{S_1} 单独作用										
U_{S_2} 单独作用										
U_{S_1}、U_{S_2} 共同作用										
$2U_{S_2}$ 单独作用										

(3)令 U_{S_2} 电源单独作用(将开关 S_2 投向 U_{S_2} 侧,开关 S_1 投向短路侧),用直流数字电压表和毫安表(使用电流插头)测量各支路及各电阻元件两端电压。将数据记入表 3-2 中。

(4)令 U_{S_1} 和 U_{S_2} 共同作用(将开关 S_1 和 S_2 分别投向 U_{S_1} 和 U_{S_2} 侧),重复实验步骤(2)。将数据记入表 3-2 中。

(5)将 U_{S_2} 调至 20V,即 $2U_{S_2}$ 电源单独作用(将开关 S_2 投向 U_{S_2} 侧,开关 S_1 投向短路侧),重复实验步骤(3)。将数据记入表 3-2 中。

(6)将图 3-1 所示电路中的 R_5 换为二极管 1N4007(将开关 S_3 投向二极管侧),其余同上述实验步骤,验证非线性电路不满足叠加原理。将数据记入表 3-3 中。

表 3-3 非线性电路测量数据

测量项目	U_{S_1}	U_{S_2}	I_1	I_2	I_3	U_{ab}	U_{cd}	U_{ad}	U_{de}	U_{fa}
U_{S_1} 单独作用										
U_{S_2} 单独作用										
U_{S_1}、U_{S_2} 共同作用										
$2U_{S_2}$ 单独作用										

七、实验报告要求

(1)根据实验数据,选定实验电路中的任意一个节点,验证 KCL 的正确性。

(2)根据实验数据,选定实验电路中的任意一个闭合回路,验证 KVL 的正确性。

(3)根据实验数据,验证线性电路的叠加性与齐次性。

(4)比较理论值与实测值,分析误差产生的原因。

八、实验注意事项

(1)验证 KCL、KVL 时,对电流源的电流及电压源两端的电压都要进行测量,实验中给定的已知量仅作参考。

(2)防止电源两端碰线短路。

(3)使用电流测试线时,电流插头的红接线端接电流表"+"极,电流插头的黑接线端接电流表"一"极。

(4)使用数字直流电压表测量电压时,红表笔接入被测电压参考方向的正(+)端,黑表笔接入被测电压参考方向的负(一)端。若显示正值,表明电压参考方向与实际方向一致;若显示负值,表明电压参考方向与实际方向相反。

(5)用指针式电流表进行测量时,要识别电流插头所接电流表的"+""一"极性。倘若不换接极性,则电表指针可能反偏(电流为负值),此时必须调换电流表的极性;重新测量,此时指针正偏,但读得的电流值必须冠以负号。

(6)注意及时更换仪表量程。

实验 2　电压源和电流源的等效变换

一、实验目的

(1)掌握电源外特性的测试方法。

(2)验证电压源与电流源等效变换的条件。

二、实验仪器及器材

(1)可调直流稳压电源。

(2)直流数字电压表。

(3)直流数字电流表。

(4)电压等效变换实验线路板。

三、预习要求

(1)通常直流稳压电源的输出端不允许短路,直流恒流源的输出端不允许开路,为什么?

(2)电压源与电流源的外特性为什么呈下降变化趋势,稳压源和恒流源的输出在任何负载下是否都保持恒值?

四、实验原理

(1)一个直流稳压电源在一定的电流范围内内阻很小。故在实际应用中,常将它视为一个理想的电压源,即其输出电压不随负载电流而变。其外特性曲线,即其伏安特性曲线 $U=f(I)$ 是一条平行于 I 轴的直线。同样,一个实际的恒流源在一定的电压范围内,可视为一个理想的电流源。

(2)一个实际的电压源(或电流源),其端电压(或输出电流)不可能不随负载电流而变,因为它具有一定的内阻值。故在实验中,可用一个小阻值的电阻(或大阻值的电阻)与稳压源(或恒流源)相串联(或并联)来模拟一个实际的电压源(或电流源)。

(3)一个实际的电源,就其外部特性而言,可以看成一个电压源,也可以看成一个电流源。由于实际电压源存在一定的内电阻 R_s,在正常(或称线性)工作区域内,随着输出电流的增加,输出电压大致按线性规律下降。当电流增大超过额定值后,电压可能会急剧下降直至零,此时电压源工作在非正常区。在正常工作区域内,其端口特性方程为 $U=U_s-R_s I$,此时电路可以等效为戴维南电路,如图 3-3(a)所示。

同理,实际电流源存在一定的内电导 G_s,在正常工作区域内,随着输出电压的增加,输出电流大致按线性规律下降。当电压增大超过额定值后,电流可能会急剧下降直至零,此时电流源工作在非正常区。在正常工作区域内,其端口特征方程为 $I=I_s-G_s U$,此时电路可以等效为诺顿电路,如图 3-3(b)所示。

设有一个电压源和一个电流源分别与相同的外电阻连接,只要满足以下关系: $I_s=U_s/R_0$,$g_0=1/R_0$ 或 $U_s=I_s R_0$,$R_0=1/g_0$,两种电源形式对于外电路就是完全等效的,因此

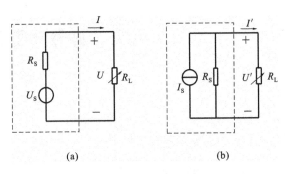

图 3-3 电源的模型

(a)电压源形式；(b)电流源形式

两种电源可以互相替换而对外电路没有任何影响。利用电源等效变换条件，可以很方便地把一个串联内阻为 R_S 的电压源 U_S 变换成一个并联内阻为 R_S 的电流源 U_S/R_S；反之，也可以很容易地把一个电流源变换成一个等效的电压源，如图 3-4 所示。

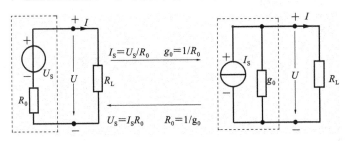

图 3-4 电压源和电流源的等效变换

电压源和电流源对外电路而言，是等效的；对电源内部而言，是不等效的。但是理想电压源和理想电流源本身之间没有等效的关系。因为对理想电压源（$R_S=0$）来讲，其短路电流 I_S 为无穷大；对理想电流源（$R_0=\infty$）来讲，其开路电压 U_0 为无穷大，都不能得到有限的数值，故两者之间不存在等效变换的条件。

五、实验电路

测定电压源的外特性电路如图 3-5 所示。

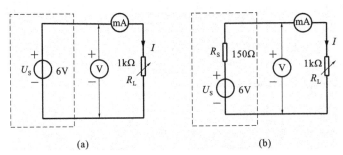

图 3-5 测定电压源的外特性

六、实验内容及步骤

1. 测定理想电压源、实际电压源外特性

按图 3-5(a)所示线路接线,U_S 为 6V 直流稳压电源,视为理想电压源,R_L 为可调电阻,调节 R_L 电阻值,记录电压表和电流表读数,填入表 3-4 中。按图 3-5(b)所示线路接线,虚线框可模拟为一个实际的电压源,$U_S = 6V$,$R_S = 150\Omega$,$R_L = 1k\Omega$,调节 R_L 值,记录两表读数,填入表 3-5 中。

表 3-4　　　　　　　　　　　　　　　理想电压源外特性实验数据

R_L/Ω	200	300	400	500	800	1000	∞
U/V							
I/mA							

表 3-5　　　　　　　　　　　　　　　实际电压源外特性实验数据

R_L/Ω	200	300	400	500	800	1000	∞
U/V							
I/mA							

2. 测定理想电流源、实际电流源外特性

按图 3-6 所示线路接线,I_S 为直流电流源,视为理想电流源,调节其输出为 $I_S = 5mA$,$G_S = 1/R_S$,令 R_S 分别为 ∞ 和 150Ω,$R_L = 1k\Omega$,调节 R_L 值(电阻箱作为负载),记录这两种情况下的电压表和电流表的读数,填入表 3-6 和表 3-7 中。

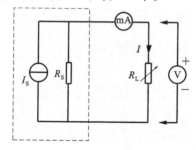

图 3-6　测定电流源的外特性

表 3-6　　　　　　　　　　　　理想电流源外特性实验数据($R_S = \infty$)

R_L/Ω	0	200	400	500	600	800	1000
U/V							
I/mA							

表 3-7　　　　　　　　　　　　实际电流源外特性实验数据($R_S = 150\Omega$)

R_L/Ω	0	200	400	500	600	800	1000
U/V							
I/mA							

3. 测定电源等效变换条件

按图 3-7 所示线路接线,图 3-7(a)、图 3-7(b)所示线路负载电阻 R_L 阻值相同,首先读取图 3-7(a)线路两表的读数,然后调节图 3-7(b)所示线路中恒流源 I_S,令两表的读数与图 3-7(a)的读数相等,记录 I_S 之值。验证等效变换条件的正确性。

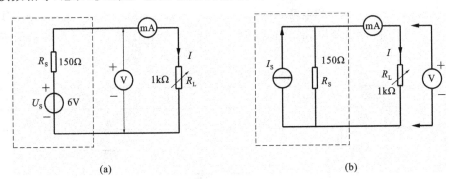

(a)   (b)

图 3-7   电源等效变换实验电路

七、实验报告要求

(1)根据实验数据绘制出电源的四条外特性曲线,并总结、归纳各电源的特性。
(2)根据实验结果验证电源等效变换条件。

八、实验注意事项

(1)在测试电压源外特性时,不要忘记测空载时的电压值;在改变负载时,不容许负载短路。在测试电流源外特性时,不要忘记测短路时的电流值;在改变负载时,不容许负载开路。
(2)换接线路时,必须先关闭电源开关。
(3)接入直流仪表时应注意极性与量程。

实验 3   戴维南定理与诺顿定理的验证

一、实验目的

(1)通过验证戴维南定理与诺顿定理,加深对等效概念的理解。
(2)学习测量有源二端网络的开路电压和等效电阻的方法。

二、实验仪器及器材

(1)可调直流稳压电源。
(2)可调直流恒流源。
(3)直流数字电压表。
(4)直流数字电流表。
(5)万用表。

(6)可调电阻箱。

(7)电位器。

(8)戴维南定理实验线路板。

三、预习要求

(1)在求戴维南或诺顿等效电路时,做短路试验,测 I_{sc} 的条件是什么?在本实验中可否直接做负载短路实验?在实验前对线路预先做好计算,以便调整实验线路及测量时可准确选取电表的量程。

(2)说明测有源二端网络开路电压及等效内阻的几种方法,并比较其优缺点。

(3)在求有源二端网络等效电阻时,如何理解"原网络中所有独立电源为零值"?

(4)若在稳压电源两端并入一个 $3k\Omega$ 的电阻,对本实验的测量结果有无影响?为什么?

四、实验原理

(1)任何一个线性有源网络,如果仅研究其中一条支路的电压和电流,则可将电路的其余部分看作一个有源二端网络(或称为含源一端口网络)。

戴维南定理指出:任何一个线性有源网络,总可以用一个电压源与一个电阻的串联来等效代替,此电压源的电动势 U_S 等于这个有源二端网络的开路电压 U_{oc},其等效内阻 R_0 等于该网络中所有独立源均置零(理想电压源视为短接,理想电流源视为开路)时的等效电阻。

诺顿定理指出:任何一个线性有源网络,总可以用一个电流源与一个电阻的并联来等效代替,此电流源的电流 I_S 等于这个有源二端网络的短路电流 I_{sc},其等效内阻 R_0 定义同戴维南定理。

注:$U_{oc}(U_S)$ 和 R_0 或者 $I_{sc}(I_S)$ 和 R_0 称为有源二端网络的等效参数。

(2)有源二端网络等效参数的测量方法。

①开路电压、短路电流法测 R_0。

在有源二端网络输出端开路时,用电压表直接测其输出端的开路电压 U_{oc},然后使其输出端短路,用电流表测其短路电流 I_{sc},则等效内阻为

$$R_0 = \frac{U_{oc}}{I_{sc}}$$

如果二端网络的内阻很小,使输出端口短路则易损坏其内部元件,因此不宜用此法。

②伏安法测 R_0。

用电压表、电流表测出有源二端网络的外特性曲线,如图 3-8 所示。

根据外特性曲线求出斜率 $\tan\varphi$,则内阻

$$R_0 = \tan\varphi = \frac{\Delta U}{\Delta I} = \frac{U_{oc}}{I_{sc}}$$

也可以先测量开路电压 U_{oc},再测量电流为额定值 I_N 时的输出端电压 U_N,则内阻

$$R_0 = \frac{U_{oc} - U_N}{I_N}$$

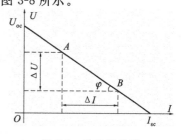

图 3-8　外特性曲线

③半电压法测 R_0。

如图 3-9 所示,当负载电压为被测网络开路电压的一半时,负载电阻(由电阻箱的读数确定)即为被测有源二端网络的等效内阻值。

④零示法测 U_{oc}。

在测量高内阻有源二端网络的开路电压时,用电压表直接测量会造成较大的误差。为了消除电压表内阻的影响,往往采用零示法测量,如图 3-10 所示。

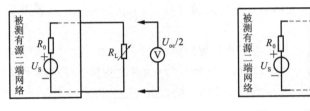

图 3-9　半电压法测 R_0　　　　　图 3-10　零示法测 U_{oc}

零示法测量原理是用一低内阻的稳压电源与被测有源二端网络进行比较,当稳压电源的输出电压与有源二端网络的开路电压相等时,电压表的读数为"0"。然后将电路断开,此时稳压电源的输出电压,即为被测有源二端网络的开路电压。

五、实验电路

戴维南定理实验电路如图 3-11 所示。

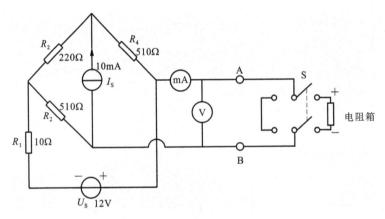

图 3-11　戴维南定理实验电路

六、实验内容及步骤

(1)利用戴维南定理估算开路电压 U_{oc}'、等效电阻 R_0'、短路电流 I_{sc}'。

按图 3-11 的实验电路接线,设 $U_S = 12V$,$I_S = 10mA$,利用戴维南定理估算开路电压 U_{oc}'、等效电阻 R_0'、短路电流 I_{sc}',将计算值填入表 3-8 中。使用仪表测量各量时,对合理选择量程做到心中有数。

表 3-8　　　　　　　　　　　　　　　　戴维南定理实验数据表一

U_{oc}'/V	R_0'/Ω	I_{sc}'/mA

（2）测量开路电压 U_{oc}。

将开关 S 投向可变电阻箱一侧，负载开路，用电压表测量 A、B 之间的电压，即为开路电压 U_{oc}，填入表 3-9 中。

（3）测量短路电流 I_{sc} 和等效电阻 R_0。

将开关 S 投向短路侧，测量短路电流 I_{sc}，利用 $R_0 = U_{oc}/I_{sc}$，可得等效电阻 R_0，填入表 3-9 中。

表 3-9　　　　　　　　　　　　　　　　戴维南定理实验数据表二

U_{oc}/V	I_{sc}/mA	R_0/Ω	
		U_{oc}/I_{sc}	实测值

（4）测量有源二端网络的外特性。

将可变电阻 R_L（可调电阻箱）接入电路 A、B 之间，将开关 S 投向可变电阻箱一侧，测量有源二端网络的外特性，按表 3-10 中所列电阻调 R_L，记录电压表、电流表读数。

表 3-10　　　　　　　　　　　　有源二端网络外特性测量数据

R_L/Ω	0	70	200	300	450	1000
U/V						
I/mA						

（5）测量等效电压源的外特性（验证戴维南定理）。

实验线路如图 3-12 所示，首先将直流稳压电源输出电压调为 $U_S = U_{oc}$，再串入等效内阻 R_0，按照步骤（4）测量，将测量结果填入表 3-11 中。

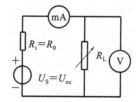

图 3-12　测量等效电压源的外特性

表 3-11   **等效电压源外特性测量数据**

R_L/Ω	0	70	200	300	450	1000
U/V						
I/mA						

(6)测量等效电流源的外特性(验证诺顿定理)。

实验线路如图 3-13 所示,首先将恒流源输出电流调为 $I_S = I_{sc}$,再并联等效电导 $G_0 = 1/R_0$,按照步骤(4)测量,将测量结果填入表 3-12 中。

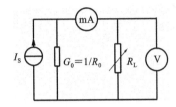

图 3-13   测量等效电流源的外特性

表 3-12   **等效电流源外特性测量数据**

R_L/Ω	0	70	200	300	450	1000
U/V						
I/mA						

(7)直接测定有源二端网络等效电阻(又称入端电阻)。

将被测有源二端网络内的所有独立源置零(将电流源 I_S 断开,去掉电压源,并用一根短路导线连接原电压源两端所接的两点),然后用伏安法或直接用万用表的欧姆挡测 A、B 两点之间的电阻,此即被测网络的等效内阻 R_0,又称网络的入端电阻 R_i。

七、实验报告要求

(1)根据测量数据,在同一坐标系中绘制等效前后 U-I 曲线。

(2)比较理论值与实验所测数据,分析误差产生的原因。

八、实验注意事项

(1)测量时应注意电流表量程的更换。

(2)用万用表直接测 R_0 时,网络内的独立源必须先置零,以免损坏万用表。而且,欧姆挡必须先调零才能进行测量。

(3)用零示法测量 U_{oc} 时,应先将稳压电源的输出调至接近 U_{oc},再按图 3-10 测量。

(4)改接线路时,要关掉电源。

(5)步骤(4)中,电压源置零时不可使稳压源短路。

实验 4　最 大 功 率 传 输 条 件 的 测 定

一、实 验 目 的

(1)验证最大功率传输定理。

(2)掌握直流电路中功率匹配条件。

二、实 验 仪 器 及 器 材

(1)直流电流表。

(2)直流电压表。

(3)直流稳压电源。

(4)最大功率传输定理实验线路板。

三、预 习 要 求

(1)电力系统进行电能传输时为什么不能在匹配状态工作?

(2)实际应用中,电源的内阻是否随负载而变?

(3)电源电压的变化对最大功率传输的条件有无影响?

四、实 验 原 理

(1)电源与负载功率的关系。

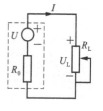

图 3-14 可视为一个由电源向负载输送电能的模型,R_0 可视为电源内阻和传输线路电阻的总和,R_L 为可变负载电阻。

负载 R_L 上消耗的功率 P 可由下式表示:

图 3-14　负载从给定电源获得功率电路

$$P = I^2 R_L = \left(\frac{U_L}{R_0 + R_L} \right)^2 R_L$$

当 $R_L = 0$ 或 $R_L = \infty$ 时,电源输送给负载的功率均为零。而将不同的 R_L 值代入上式可求得不同的 P 值,其中必有一个 R_L 值,使负载能从电源获得最大的功率。

(2)负载获得最大功率的条件。

令负载功率表达式中的 R_L 为自变量,P 为因变量,并使

$$\frac{\mathrm{d}P}{\mathrm{d}R_L} = \frac{[(R_0 + R_L)^2 - 2R_L(R_L + R_0)]U_L^2}{(R_0 + R_L)^4} = 0$$

即

$$(R_0 + R_L)^2 - 2R_L(R_L + R_0) = 0$$

解得

$$R_L = R_0$$

即为最大功率传输条件。

当满足 $R_L = R_0$ 时,负载从电源获得的最大功率为

$$P_{\max} = \left(\frac{U_L}{R_0 + R_L}\right)^2 R_L = \left(\frac{U_L}{2R_L}\right)^2 R_L = \frac{U_L^2}{4R_0}$$

这时,称此电路处于匹配状态。

(3)匹配电路的特点及应用。

在电路处于匹配状态时,电源本身要消耗一半的功率。此时电源的效率只有50%。显然,这在电力系统的能量传输过程中是绝对不允许的。发电机的内阻是很小的,电路传输的最主要目标是高效率送电,最好是100%的功率均传送给负载。为此负载电阻应远大于电源的内阻,即不允许电路在匹配状态下运行。而在电子技术领域里情况完全不同。一般信号源本身功率较小,且都有较大的内阻。而负载电阻(如扬声器等)往往是较小的定值,且希望能从电源获得最大的功率输出,而对电源的效率往往不予考虑。通常设法改变负载电阻,或者在信号源与负载之间加阻抗变换器(如音频功放的输出级与扬声器之间的输出变压器),使电路处于匹配状态,负载获得最大的输出功率。

五、实验电路

验证最大功率传输定理实验电路如图 3-15 所示。

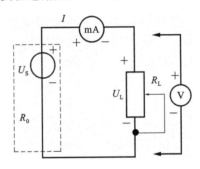

图 3-15　验证最大功率传输定理实验电路

六、实验内容及步骤

(1)按图 3-15 接线,负载 R_L 取自元件箱 DGJ-05 电阻箱。

(2)按表 3-13 所列内容,令 R_L 在 $0\sim1k\Omega$ 范围内变化,分别测出 U_o、U_L 及 I 的值,表 3-13 中 U_o、P_o 分别为稳压电源的输出电压和功率,U_L、P_L 分别为 R_L 两端的电压和功率,I 为电路的电流。在 P_L 最大值附近应多测几点。

表 3-13　　　　　　　　　　　　**最大功率传输条件测定实验数据**

条件	实验数据								
$U_s = 6V$ $R_0 = 51\Omega$	R_L/Ω	0							1000
	U_o/V								
	U_L/V								
	I/mA								
	P_o/W								
	P_L/W								

续表

条件	实验数据										
$U_s=12V$ $R_0=200\Omega$	R_L/Ω	0									1000
	U_o/V										
	U_L/V										
	I/mA										
	P_o/W										
	P_L/W										

七、实验报告要求

(1)整理实验数据,分别画出两种不同内阻下的下列各关系曲线:I-R_L、U_o-R_L、U_L-R_L、P_o-R_L、P_L-R_L。

(2)根据电路参数求出理论上的 P_{max},与实测值进行比较,计算相对误差。

(3)根据实验结果,说明负载获得最大功率的条件是什么。计算传输功率 P 最大时电路的效率。

八、实验注意事项

(1)测量时应注意电压源与电流表的正负极性。

(2)实验中,改变负载电阻 R_L,在电压源内阻 R_0 附近应多测几点。

(3)改变负载电阻 R_L 时,防止负载电阻短路,造成电压源短路。

实验 5　受控源的实验研究

一、实验目的

(1)测试受控源的外特性及转移参数,加深对受控源的理解。

(2)熟悉由运算放大器组成的受控源电路的分析方法,了解运算放大器的应用。

二、实验仪器及器材

(1)可调直流稳压源。

(2)可调恒流源。

(3)直流数字电压表。

(4)直流数字毫安表。

(5)可变电阻箱。

(6)受控源实验电路板。

三、预习要求

(1)受控源和独立电源相比有何异同点？比较四种受控源的代号、电路模型、控制量与被控量的关系。

(2)四种受控源中的 r_m、g_m、α 和 μ 的意义是什么？如何测得？

(3)若受控源控制量的极性反向，其输出极性是否发生变化？

(4)受控源的控制特性是否适合交流信号？

(5)如何由两个基本的 CCVS 和 VCCS 获得其他两个 CCCS 和 VCVS，它们的输入、输出如何连接？

四、实验原理

(1)电源有独立电源(如电池、发电机等)与非独立电源(受控源)之分。独立电源与受控源的区别：独立电源的电势或电流是某一个固定的值或是时间的某一函数，它与电路其余部分的状态无关，是独立的；而受控源的电势或电流的值是电路的另一支路电压或电流值的函数，是非独立的。

(2)受控源是双口元件，一个为控制端口，另一个为受控端口。受控端口的电流或电压受到控制端口的电流或电压的控制。根据控制变量与受控变量的不同组合，受控源可以分为四类(图 3-16)：电压控制电压源(VCVS)，其特性为 $U_2 = \mu U_1$，$I_1 = 0$；电压控制电流源(VCCS)，其特性为 $I_2 = g_m U_1$，$I_1 = 0$；电流控制电压源(CCVS)，其特性为 $U_2 = r_m I_1$，$U_1 = 0$；电流控制电流源(CCCS)，其特性为 $I_2 = \alpha I_1$，$U_1 = 0$。

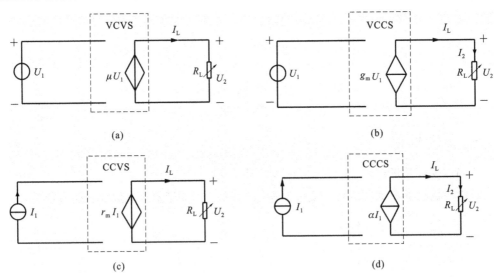

图 3-16 受控源电路符号

(3)用运算放大器与电阻元件组成不同的电路，可以做成上述四种类型的受控源。受控源的电压或电流受电路中其他电压或电流的控制，当这些控制电压或电流为零时，受控源的电压或电流也为零。因此，受控源反映的是电路中某处的电压或电流能控制另一处的电压或电流这一现象，它本身不直接起激励作用。

(4)运算放大器的"+"端和"-"端之间等电位,通常称为"虚短"。运算放大器的输入端电流等于零,通常称为"虚断"。运算放大器的理想电路模型为一受控源,在它的外部接入不同的电路元件,可以实现信号的模拟运算或模拟变换。电路的输入与输出有公共接地点,这种连接方式称为共地连接。电路的输入、输出无公共接地点,这种接地方式称为浮地连接。

(5)用运算放大器构成四种类型基本受控源的线路原理如下所述。

①电压控制电压源电路如图 3-17 所示。

由于运算放大器的虚短特性,有

$$U_p = U_n = U_1$$

故

$$I_2 = \frac{U_n}{R_2} = \frac{U_1}{R_2} = \frac{U_p}{R_2}$$

又因为

$$I_1 = I_2$$

所以

$$U_2 = I_1 R_1 + I_2 R_2 = I_2(R_1 + R_2) = \frac{U_1}{R_2}(R_1 + R_2) = \left(1 + \frac{R_1}{R_2}\right)U_1$$

即运算放大器的输出电压 U_2 只受输入电压的控制,与负载 R_L 的大小无关,电路模型如图 3-16(a)所示。

转移电压比

$$\mu = \frac{U_2}{U_1} = 1 + \frac{R_1}{R_2}$$

μ 为无量纲量,又称为电压放大系数。

这里的输入、输出有公共接地点,这种连接方式称为共地连接。

②电压控制电流源电路如图 3-18 所示。

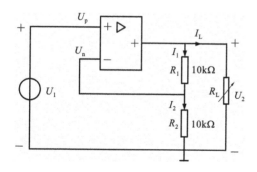

图 3-17　电压控制电压源(VCVS)

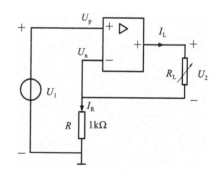

图 3-18　电压控制电流源(VCCS)

运算放大器的输出的电流

$$I_L = I_R = \frac{U_n}{R} = \frac{U_1}{R}$$

即运算放大器的输出电流 I_L 只受输入电压 U_1 的控制,与负载 R_L 的大小无关。电路模型如图 3-16(b)所示。

转移电导

$$g_\mathrm{m} = \frac{I_\mathrm{L}}{U_1} = \frac{1}{R}$$

这里的输入、输出无公共接地点，这种连接方式称为浮地连接。

③电流控制电压源电路如图 3-19 所示。

由于运算放大器的"＋"端接地，所以 $U_\mathrm{p}=0$，"－"端电压 U_n 也为 0，此时运算放大器的"－"端称为虚地点。显然，流过电阻 R 的电流 I_1 就等于电路的输入电流 I_S。

此时运算放大器的输出电压 $U_2=-I_1R=-I_\mathrm{S}R$，即输出电压 U_2 只受输入电流 I_S 的控制，与负载 R_L 的大小无关，电路模型如图 3-16(c)所示。

转移电阻

$$r_\mathrm{m} = \frac{U_2}{I_\mathrm{S}} = -R$$

④电流控制电流源电路如图 3-20 所示。

a 点电势

$$U_\mathrm{a} = -I_2R_2 = -I_1R_1$$

因此

$$I_\mathrm{L} = I_1 + I_2 = I_1 + \frac{R_1}{R_2}I_1 = \left(1 + \frac{R_1}{R_2}\right)I_1 = \left(1 + \frac{R_1}{R_2}\right)I_\mathrm{S}$$

即输出电流只受输入电流 I_S 的控制，与负载 R_L 的大小无关。电路模型如图 3-16(d)所示。转移电流比

$$\alpha = \frac{I_\mathrm{L}}{I_\mathrm{S}} = \left(1 + \frac{R_1}{R_2}\right)$$

α 为无量纲量，又称电流放大系数。此电路为浮地连接。

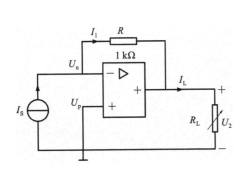

图 3-19　电流控制电压源(CCVS)

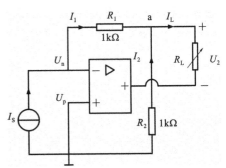

图 3-20　电流控制电流源(CCCS)

五、实验电路

电压控制电压源、电压控制电流源、电流控制电压源、电流控制电流源实验电路分别如图 3-21～图 3-24 所示。

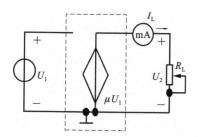

图 3-21   电压控制电压源(VCVS)
实验电路

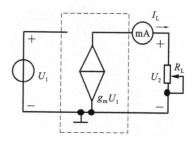

图 3-22   电压控制电流源(VCCS)
实验电路

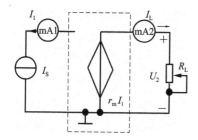

图 3-23   电流控制电压源(CCVS)
实验电路

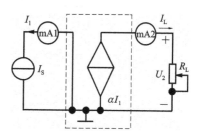

图 3-24   电流控制电流源(CCCS)
实验电路

六、实验内容及步骤

(1)测量受控源 VCVS 的转移特性 $U_2 = f(U_1)$ 及负载特性 $U_2 = f(I_L)$,实验电路如图 3-21 所示。

①不接电流表,固定 $R_L = 2\text{k}\Omega$,调节稳压电源的输出电压 U_1,测量 U_1 及相应的 U_2 值,记入表 3-14 中。

表 3-14   电压放大特性测量

U_1/V	0	1	2	3	5	7	8	9	μ
U_2/V									

在方格纸上绘出电压转移特性曲线 $U_2 = f(U_1)$,并在其线性部分求出转移电压比 μ。

②接入电流表,保持 $U_1 = 2\text{V}$,调节可变电阻箱 R_L 的阻值,测 U_2 及 I_L,记入表 3-15 中,并绘制负载特性曲线 $U_2 = f(I_L)$。

表 3-15   负载特性测量一

R_L/Ω	50	70	100	200	300	400	500	∞
U_2/V								
I_L/mA								

(2)测量受控源 VCCS 的转移特性 $I_L = f(U_1)$ 及负载特性 $I_L = f(U_2)$,实验电路如图 3-22 所示。

①固定 $R_L=2k\Omega$，调节稳压电源的输出电压 U_1，测出相应的 I_L 值，记入表 3-16 中，并绘制 $I_L=f(U_1)$ 曲线，由其线性部分求出转移电导 g_m。

表 3-16 转移电导测量

U_1/V	0.1	0.5	1.0	2.0	3.0	3.5	3.7	4.0	g_m
I_L/mA									

②保持 $U_1=2V$，令 R_L 从大到小变化，测出相应的 I_L 及 U_2，记入表 3-17 中，并绘制 $I_L=f(U_2)$ 曲线。

表 3-17 负载特性测量二

$R_L/k\Omega$	50	20	10	8	7	6	5	4	2	1
I_L/mA										
U_2/V										

(3)测量受控源 CCVS 的转移特性 $U_2=f(I_1)$ 与负载特性 $U_2=f(I_L)$，实验电路如图 3-23 所示。

①固定 $R_L=2k\Omega$，以恒流源的输出电流 I_S 为受控源 CCVS 的输入电流 I_1，按表 3-18 所列 I_1 值，测出 U_2，绘制 $U_2=f(I_1)$ 曲线，并由其线性部分求出转移电阻 r_m。

表 3-18 转移电阻测量

I_1/mA	0.1	1.0	3.0	5.0	7.0	8.0	9.0	9.5	r_m
U_2/V									

②保持 $I_S=2mA$，按表 3-19 所列 R_L 值，测出 U_2 及 I_L，绘制负载特性曲线 $U_2=f(I_L)$。

表 3-19 负载特性测量三

$R_L/k\Omega$	0.5	1	2	4	6	8	10
U_2/V							
I_L/mA							

(4)测量受控源 CCCS 的转移特性 $I_L=f(I_1)$ 及负载特性 $I_L=f(U_2)$，实验电路如图 3-24 所示。

①参见(3)①测出 I_L，按表 3-20 列示 I_L 的值，绘制 $I_L=f(I_1)$ 曲线，并由其线性部分求出转移电流比 α。

表 3-20 电流放大特性测量

I_1/mA	0.1	0.2	0.5	1	1.5	2	2.2	α
I_L/mA								

②保持 $I_S=1\text{mA}$，令 R_L 为表 3-21 所列值，测出 I_L，绘制 $I_L=f(U_2)$ 曲线。

表 3-21　　　　　　　　　　　　　　　　　负载特性测量四

$R_L/\text{k}\Omega$	0	0.1	0.5	1	2	5	10	20	30	80
I_L/mA										
U_2/V										

七、实验报告要求

(1)简述实验原理、实验目的，画出各实验电路图，整理实验数据。

(2)用所测数据计算各种受控源系数，并与理论值进行比较，分析误差原因。

(3)总结运算放大器的特点，以及实验的体会。

八、实验注意事项

(1)注意运算放大器的输出端不能与地短接，输入电压不宜过高(小于 5V)，不得超过 10V。输入电流不能过大，应在几十微安至几毫安之间。

(2)在用恒流源供电的实验中，不要使恒流源负载开路。

(3)运算放大器应有电源供电($\pm15\text{V}$ 或者 $\pm12\text{V}$)，其正负极性和管脚不能接错。

实验 6　RC 一阶电路的响应测试

一、实验目的

(1)研究 RC 一阶电路的零输入响应、零状态响应和全响应的变化规律和特点。

(2)了解 RC 电路在零输入、阶跃激励和方波激励情况下，响应的基本规律和特点。

(3)测定一阶电路的时间常数 τ，了解电路参数对时间常数的影响。

(4)掌握积分电路和微分电路的基本概念。

(5)学习用示波器观察和分析电路的响应。

二、实验仪器及器材

(1)函数信号发生器。

(2)双踪示波器。

(3)一阶实验线路板。

三、预习要求

(1)什么样的电信号可作为 RC 一阶电路零输入响应、零状态响应和完全响应的激励源？

(2)已知 RC 一阶电路 $R=10\text{k}\Omega$，$C=0.1\mu\text{F}$，试计算时间常数 τ，并根据 τ 的物理意义，拟定测量 τ 的方案。

(3)何谓积分电路和微分电路,它们必须具备什么条件? 在方波序列脉冲的激励下,其输出信号波形的变化规律如何? 这两种电路有何功用?

四、实 验 原 理

(1)RC 电路时域响应。

电路从一种稳定状态转到另一种稳定状态往往不能跃变,而是需要一定过程(时间),这个物理过程称为过渡过程。所谓稳定状态,就是电路中的电流和电压在给定的条件下已达到某一稳定值(对交流讲是指它的幅值达到稳定值)的状态。稳定状态简称稳态。电路的过渡过程往往为时短暂,所以电路在过渡过程中的工作状态常称为暂态,因而过渡过程又称为暂态过程。暂态过程的产生是因为物质所具有的能量不能跃变。

从 $t=0_-$ 到 $t=0_+$ 瞬间,电感元件中的电流和电容元件上的电压不能跃变,这称为换路定则。换路定则仅适用于换路瞬间,可根据它来确定 $t=0_+$ 时电路中电压和电流之值,即暂态过程的初始值。

在直流激励下,换路前,如果储能元件储有能量,并设电路已处于稳态,则在 $t=0_-$ 和 $t=0_+$ 的电路中,电容元件可视作开路,电感元件可视作短路。换路前,如果储能元件没有储能,则在 $t=0_-$ 和 $t=0_+$ 的电路中,可将电容元件视作短路,将电感元件视作开路。

含有 L、C 储能元件(动态元件)的电路,其响应可以用微分方程求解。凡是可用一阶微分方程描述的电路,称为一阶电路,一阶电路通常由一个储能元件和若干个电阻元件组成。对于一阶电路,可用一种简单的方法——三要素法直接求出电压及电流的响应。即

$$f(t) = f(\infty) + [f(0_+) - f(\infty)]e^{-\frac{t}{\tau}}$$

式中 $f(t)$——电路中任一元件的电压和电流;

       $f(\infty)$——稳态值;

       $f(0_+)$——初始值;

       τ——时间常数。

对于 RC 电路,$\tau = RC$;对于 RL 电路,$\tau = \dfrac{L}{R}$。

所有储能元件初始值为零的电路对激励的响应称为零状态响应。电路在无激励情况下,由储能元件的初始状态引起的响应称为零输入响应。电路在输入激励和初始状态共同作用下引起的响应称为全响应。全响应是零输入响应和零状态响应之和,它体现了线性电路的可加性。全响应也可看成稳态响应和暂态响应之和,暂态响应的起始值与初态和输入有关,而随时间变化的规律仅仅取决于电路的 R、C 参数。稳态响应仅与输入有关。当 $t \to \infty$ 时,暂态过程趋于零,过渡过程结束,电路进入稳态。

(2)RC 电路的时间常数 τ。

图 3-25 所示电路为一阶 RC 电路。RC 电路充放电的时间常数 τ 可以从示波器观察的响应波形中估算出来。设时间坐标单位 t 确定,对于充电曲线来说,幅值上升到终值的 63.2% 所对应的时间即为一个 τ[图 3-26(a)];对于放电曲线来说,幅值下降到初值的 36.8% 所需的时间即为一个 τ[图 3-26(b)]。时间常数 τ 越大,衰减越慢。

（3）微分电路。

微分电路和积分电路是 RC 一阶电路中比较典型的电路,它对电路元件参数和输入信号的周期有着特定的要求。微分电路必须满足两个条件:一是输出电压必须从电阻两端取出,二是 R 值很小。因而 $\tau = RC \ll t_p$,t_p 为输入矩形方波 U_i 的 $1/2$ 周期。图 3-27 为一个微分电路,因为此时电路的输出信号电压与输入信号电压的导数近似成正比,故称为微分电路。

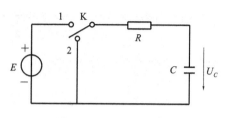

图 3-25　一阶 RC 电路

只有当时间常数远小于脉宽时,电路才能使输出很迅速地反映出输入的跃变部分。而当输入跃变进入恒定区域时,输出也近似为零,随之消失,形成一个尖峰脉冲波,故微分电路可以将矩形波转变成尖脉冲波,且脉冲宽度越窄,输入与输出越接近微分关系。

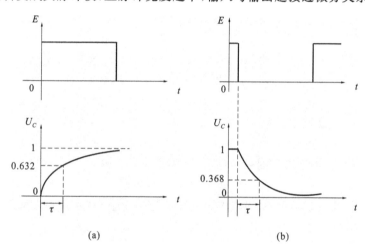

(a)　　　　　　　　　　(b)

图 3-26　RC 电路充放电曲线

(a)充电曲线；(b)放电曲线

（4）积分电路。

积分电路必须满足两个条件:一是输出电压必须从电容两端取出；二是 $\tau = RC \gg t_p$,t_p 为输入矩形方波 U_i 的 $1/2$ 周期。图 3-28 为一个积分电路。因为此时电路的输出信号电压与输入信号电压对时间的积分近似成正比,故称为积分电路。

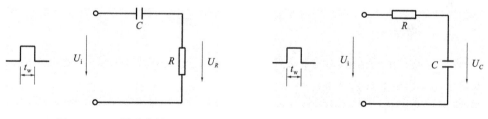

图 3-27　RC 微分电路　　　　　　　　图 3-28　RC 积分电路

由于 $\tau = RC \gg t_p$,充放电很缓慢,即 U_C 增长和衰减很缓慢,充电时 $U_o = U_C \ll U_R$,因此 $U_i = U_R + U_o \approx U_R$。积分电路能把矩形波转换为三角波、锯齿波。

为了得到线性度好,且具有一定幅度的三角波,一定要掌握时间常数 τ 与输入脉冲宽度的关系。方波的脉宽越小,三角波的幅度越小,但其与时间的关系曲线越接近直线,即电路的时间常数 τ 越大。充放电越缓慢,所得三角波的线性越好,但其幅度亦随之下降。

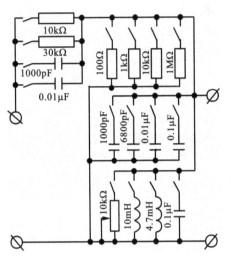

图 3-29 RC 一阶电路动态响应实验电路

五、实验电路

RC 一阶电路动态响应实验电路如图 3-29 所示。

六、实验内容及步骤

实验电路如图 3-29 所示,认清 R、C 元件的布局及其标称值,各开关的通断位置等。

(1)观测 RC 电路的矩形响应和 RC 积分电路的响应。

①选择动态电路板上的 R、C 元件,$R=10\text{k}\Omega$,$C=6800\text{pF}$,RC 电路充放电曲线如图 3-26 所示,E 为函数信号发生器输出,取 $U_{\max}=3\text{V}$,$f=1\text{kHz}$ 的方波电压信号,并通过两根同轴电缆线,将激励源 U_i 和响应 U_C 的信号分别连至示波器的两个输入口 Y_A 和 Y_B,这时可在示波器上观察到激励与响应的变化规律。测算出时间常数 τ,并用方格纸按 $1:1$ 的比例描绘波形。少量地改变电容值或电阻值,定性地观察对响应的影响,记录观察到的现象。

②令 $R=10\text{k}\Omega$,$C=0.01\mu\text{F}$,观察并描绘响应的波形,并根据电路参数求出时间常数。少量地改变电容值或电阻值,定性地观察对响应的影响,记录观察到的现象。

③增大 R、C 之值,使之满足积分电路的条件 $\tau=RC\gg t_p$,观察对响应的影响。

(2)观测 RC 微分电路的响应。

①选择动态电路板上的 R、C 元件,组成如图 3-27 所示的微分电路,令 $C=0.01\mu\text{F}$,$R=1\text{k}\Omega$,在同样的方波激励($U_{\max}=3\text{V}$,$f=1\text{kHz}$)作用下,观测并描绘激励与响应的波形。

②少量地增减 R 之值,定性地观测对响应的影响,并做记录,描绘响应的波形。

③令 $C=0.01\mu\text{F}$,$R=100\text{k}\Omega$,计算 τ 值。在同样的方波激励($U_{\max}=3\text{V}$,$f=1\text{kHz}$)作用下,观测并描绘激励与响应的波形。分析并观察当 R 增至 $1\text{M}\Omega$ 时,输入、输出波形有何本质上的区别。

七、实验报告要求

(1)根据实验观测的结果,在方格纸上绘出 RC 一阶电路充放电时 U_C 的变化曲线,比较曲线测得值与参数值的计算结果,分析误差原因。

(2)根据实验观测结果,归纳、总结积分电路和微分电路的形成条件,阐明波形变换的特征。

八、实 验 注 意 事 项

(1)调节电子仪器各旋钮时,动作不要过猛,实验前,需熟读双踪示波器的使用说明,特别是观测双踪时,要特别注意开关、旋钮的操作与调节。

(2)信号源的接地端与示波器的接地端要连在一起,以防外界干扰而影响测量的准确性。

(3)示波器的辉度不应过高,尤其是光点长期停留在荧光屏上不动时,应将辉度调低,以延长示波器的使用寿命。

(4)熟读仪器的使用说明,做好实验预习,准备好画图用的图纸。

实 验 7　二 阶 动 态 电 路 响 应 的 研 究

一、实 验 目 的

(1)测试二阶动态电路的零状态响应和零输入响应,了解电路元件参数对响应的影响。

(2)观察、分析二阶电路响应的三种状态轨迹及其特点,以加深对二阶电路响应的认识与理解。

二、实 验 仪 器 及 器 材

(1)函数信号发生器。

(2)双踪示波器。

(3)动态实验电路板。

三、预 习 要 求

(1)根据二阶电路实验电路元件的参数,计算出处于临界阻尼状态的 R_2 之值。

(2)在示波器荧光屏上,如何测得二阶电路零输入响应欠阻尼状态的衰减常数 α 和振荡频率 ω_d?

四、实 验 原 理

用二阶微分方程描述的动态电路称为二阶电路。图 3-30 所示的线性 RLC 串联电路是一个典型的二阶电路。

电路满足二阶线性常系数微分方程:

$$LC \frac{\mathrm{d}^2 u_C}{\mathrm{d}t^2} + RC \frac{\mathrm{d}u_C}{\mathrm{d}t} + u_C = U_\mathrm{s} \qquad (3\text{-}1)$$

初始值为

$$u_C(0_-) = U_0$$

$$\left. \frac{\mathrm{d}u_C(t)}{\mathrm{d}t} \right|_{t=0_-} = \frac{i_L(0_-)}{C} = \frac{I_0}{C}$$

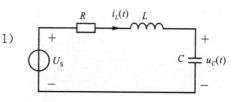

图 3-30　RLC 串联二阶电路

求解该微分方程,可以得到电容上的电压 $u_C(t)$。

再根据 $i_C(t)=C\dfrac{\mathrm{d}u_C}{\mathrm{d}t}$ 可求得 $i_C(t)$,即回路电流 $i_L(t)$。

式(3-1)的特征方程为

$$LC_P^2 + RC_P + 1 = 0$$

特征值为

$$P_{1,2} = -\frac{R}{2L} \pm \sqrt{\left(\frac{R}{2L}\right)^2 - \frac{1}{LC}} = -\alpha \pm \sqrt{\alpha^2 - \omega_0^2} \tag{3-2}$$

衰减系数(阻尼系数)$\alpha=\dfrac{R}{2L}$,自由振荡角频率(固有频率)$\omega_0=\dfrac{1}{\sqrt{LC}}$。

由式(3-2)可知,RLC 串联电路的响应类型与元件参数有关。

1. 零输入响应

动态电路在没有外施激励时,由动态元件的初始储能引起的响应,称为零输入响应。电路如图 3-31 所示,设电容已经充电,其电压为 U_0,电感的初始电流为 0。

(1) $R>2\sqrt{\dfrac{L}{C}}$,响应是非振荡性的,称为过阻尼情况。

电路响应为

$$u_C(t) = \frac{U_0}{P_2 - P_1}(P_2 \mathrm{e}^{P_1 t} - P_1 \mathrm{e}^{P_2 t})$$

$$i(t) = \frac{-U_0}{L(P_2 - P_1)}(\mathrm{e}^{P_1 t} - \mathrm{e}^{P_2 t})$$

响应曲线如图 3-32 所示。

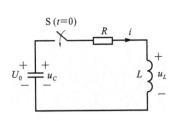

图 3-31　RLC 串联零输入响应电路　　　　图 3-32　RLC 串联电路零输入响应曲线

可以看出:$u_C(t)$ 由两个单调下降的指数函数组成,为非振荡的过渡过程。整个放电过程中电流为正值,且当 $t_m=\dfrac{\ln\dfrac{P_2}{P_1}}{P_1 - P_2}$ 时,电流有极大值。

(2) $R=2\sqrt{\dfrac{L}{C}}$,响应临界振荡,称为临界阻尼情况。

电路响应为

$$\begin{cases} u_C(t) = U_0(1+\alpha t)\mathrm{e}^{-\alpha t} \\ i(t) = \dfrac{U_0}{L}t\mathrm{e}^{-\alpha t} \end{cases} \qquad t \geqslant 0$$

响应曲线如图 3-33 所示。

（3）$R < 2\sqrt{\dfrac{L}{C}}$，响应是振荡性的，称为欠阻尼情况。

电路响应为

$$\begin{cases} u_C(t) = \dfrac{\omega_0}{\omega_d}U_0 e^{-\alpha t}\sin(\omega_d t + \beta) \\[3mm] i(t) = \dfrac{U_0}{\omega_d L}e^{-\alpha t}\sin(\omega_d t) \end{cases} \quad t \geqslant 0$$

其中，衰减振荡角频率

$$\omega_d = \sqrt{\omega_0^2 - \alpha^2} = \sqrt{\dfrac{1}{LC} - \left(\dfrac{R}{2L}\right)^2}$$

$$\beta = \arctan\dfrac{\omega_d}{\alpha}$$

响应曲线如图 3-34 所示。

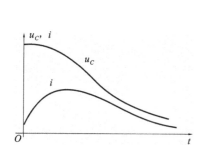

图 3-33　二阶电路的临界阻尼过程

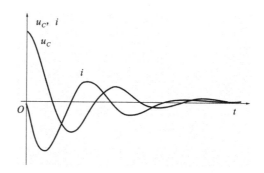

图 3-34　二阶电路的欠阻尼过程

（4）当 $R = 0$ 时，响应是等幅振荡性的，称为无阻尼情况。

电路响应为

$$u_C(t) = U_0\cos(\omega_0 t)$$

$$i(t) = \dfrac{U_0}{\omega_0 L}\sin(\omega_0 t)$$

响应曲线如图 3-35 所示。

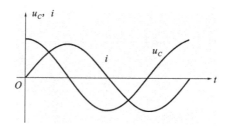

图 3-35　二阶电路的无阻尼过程

理想情况下，电压、电流是一组相位互差 90° 的曲线，由于无能耗，所以为等幅振荡。等幅振荡角频率即为自由振荡角频率 ω_0。

注:在无源网络中,由于有导线、电感的直流电阻和电容器的介质损耗存在,R 不可能为零,故实验中不可能出现等幅振荡。

2. 零状态响应

动态电路的初始储能为零,由外施激励引起的电路响应,称为零输入响应。

根据式(3-1),电路零状态响应的表达式为

$$\begin{cases} u_C(t) = U_s - \dfrac{U_s}{P_2 - P_1}(P_2 e^{P_1 t} - P_1 e^{P_2 t}) \\ i(t) = -\dfrac{U_s}{L(P_2 - P_1)}(e^{P_1 t} - e^{P_2 t}) \end{cases} \quad t \geqslant 0$$

与零输入响应相类似,电压、电流的变化规律取决于电路结构、电路参数,可以分为过阻尼、欠阻尼、临界阻尼等三种充电过程。

3. 状态轨迹

对于图 3-30 所示电路,也可以用两个一阶方程的联立(即状态方程)来求解:

$$\frac{du_C(t)}{dt} = \frac{i_L(t)}{C}$$

$$\frac{di_L(t)}{dt} = -\frac{u_C(t)}{L} - \frac{Ri_L(t)}{L} - \frac{U_s}{L}$$

初始值为

$$u_C(0_-) = U_0$$

$$i_L(0_-) = I_0$$

其中,$u_C(t)$ 和 $i_L(t)$ 为状态变量,对于所有 $t \geqslant 0$ 的不同时刻,由状态变量在状态平面上确定的点的集合,就叫作状态轨迹。

五、实 验 电 路

动态电路实验板与实验 6 相同,如图 3-29 所示。利用动态电路板中的元件与开关的配合作用,组成如图 3-36 所示的 GCL 并联电路。

令 $R_1 = 10\text{k}\Omega$,$L = 4.7\text{mH}$,$C = 1000\text{pF}$,R_2 为 $10\text{k}\Omega$ 可调电阻。令脉冲信号发生器输出 $U_{max} = 1.5\text{V}$,$f = 1\text{kHz}$ 的方波脉冲,通过同轴电缆接至图 3-36 中的激励端,同时用同轴电缆将激励端和响应输出接至双踪示波器的 Y_A 和 Y_B 两个输入口。

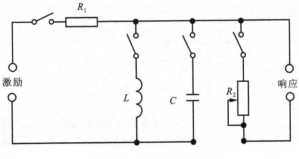

图 3-36 GCL 并联电路

六、实验内容及步骤

(1)调节可变电阻器 R_2 之值,观察二阶电路的零输入响应和零状态响应由过阻尼过渡到临界阻尼,最后过渡到欠阻尼的变化过程,分别定性地描绘、记录响应的典型变化波形。

(2)调节 R_2 使示波器上呈现稳定的欠阻尼响应波形,定量测定此时电路的衰减常数 α 和振荡频率 ω_d。

(3)改变一组电路参数,如增、减 L 或 C 之值,重复步骤(2),并做记录。随后仔细观察,改变电路参数时 ω_d 与 α 的变化趋势,并记录在表 3-22 中。

表 3-22　　　　　　　　　　　　　　　　ω_d 与 α 的变化趋势

电路参数 实验次数	元件参数					测量值
	R_1	R_2	L	C	α	ω
1	10kΩ	调至某一次欠阻尼状态	4.7mH	1000pF		
2	10kΩ		4.7mH	0.01μF		
3	30kΩ		4.7mH	0.01μF		
4	10kΩ		10mH	0.01μF		

七、实验报告要求

(1)根据观测结果,在方格纸上描绘二阶电路过阻尼、临界阻尼和欠阻尼的响应波形。

(2)测算欠阻尼振荡曲线上的 α 与 ω_d。

(3)归纳、总结电路元件参数的改变对响应变化趋势的影响。

八、实验注意事项

(1)调节 R_2 时,要细心、缓慢,临界阻尼要找准。

(2)观察双踪时,显示要稳定,如不同步,则可采用外同步法触发(具体操作见示波器说明)。

实验 8　R、L、C 元件阻抗特性的测定

一、实验目的

(1)验证电阻、感抗、容抗与频率的关系,测定 $R\text{-}f$、$X_L\text{-}f$ 与 $X_C\text{-}f$ 特性曲线。

(2)加深对 R、L、C 元件端电压与电流间相位关系的理解。

二、实验仪器及器材

(1)函数信号发生器。

(2)频率计。

(3)交流毫伏表(0～600V)。

(4)双踪示波器。

(5)实验电路元件($R=1\text{k}\Omega,L=10\text{mH},C=1\mu\text{F},r=200\Omega$)。

三、预习要求

(1)测量 R、L、C 各个元件的阻抗角时,为什么要串联一个小电阻? 可否用一个小电感或大电容代替? 为什么?

(2)R、L、C 元件的阻抗频率测试电路中各元件流过的电流如何求得?

(3)怎样用双踪示波器观察 rL 串联电路和 rC 串联电路阻抗角的频率特性?

四、实验原理

(1)单一参数 R-f、X_L-f 与 X_C-f 阻抗频率特性曲线。

在正弦交流信号作用下,电阻元件 R 两端电压与流过的电流有关系式 $\overset{*}{U}=R\overset{*}{I}$。

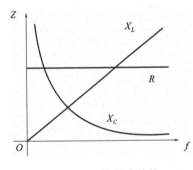

图 3-37 阻抗频率特性

在信号源频率 f 较低的情况下,略去附加电感及分布电容的影响,电阻元件的阻值与信号源频率无关,其阻抗频率特性 R-f 如图 3-37 所示。

如果不计线圈本身的电阻 R_L,又在低频时略去电容的影响,可将电感元件视为纯电感,有关系式 $\overset{*}{U_L}=jX_L\overset{*}{I}$,感抗 $X_L=2\pi fL$,感抗随信号源频率而变,阻抗频率特性 X_L-f 如图 3-37 所示。

在低频时略去附加电感的影响,将电容元件视为纯电容元件,有关系式 $\overset{*}{U_C}=-jX_C\overset{*}{I}$,容抗 $X_C=\dfrac{1}{2\pi fC}$,容抗随信号源频率而变,阻抗频率特性 X_C-f 如图 3-37 所示。

(2)单一参数 R、L、C 元件阻抗频率特性的测试电路。

R、L、C 元件的阻抗频率测试电路中,R、L、C 为被测元件,r 为电流取样电阻。改变信号源频率,测量 R、L、C 元件两端电压 U_R、U_L、U_C,流过被测元件的电流则可由 r 两端电压除以 r 得到。

(3)示波器测量阻抗角的方法。

元件的阻抗角(即相位差 φ)随输入信号的频率变化而改变,可用实验方法绘出阻抗角的频率特性曲线 φ-f。

用双踪示波器测量阻抗角(相位差)的方法:将欲测量相位差的两个信号分别接到双踪示波器 Y_A 和 Y_B 两个输入端。调节示波器有关旋钮,使示波器屏幕上出现两条大小适中、稳定的波形,如图 3-38 所示,荧光屏上数得水平方向一个周期占 n 格,相位差占 m 格,则实际的相位差 $\varphi=m\times\dfrac{360°}{n}$。

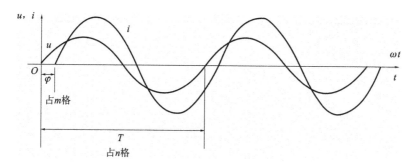

图 3-38　示波器测量阻抗角(相位差)

五、实验电路

R、L、C元件的阻抗频率测试电路和串联电路阻抗角测试电路分别如图 3-39 和图 3-40 所示。

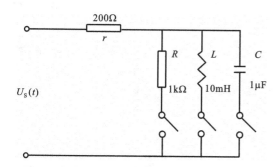

图 3-39　R、L、C元件的阻抗频率测试电路

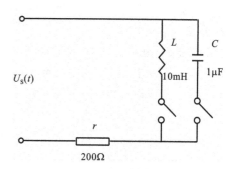

图 3-40　串联电路阻抗角测试电路

六、实验内容及步骤

(1)测量单一参数R、L、C元件的阻抗频率特性。

实验电路如图 3-39 所示,通过电缆线将函数信号发生器输出的正弦信号接至电路输入端,作为激励源U,并用交流毫伏表(或者示波器)测量,使激励电压的有效值为$U=3V$,并在整个实验过程中保持不变(注意接地端的共地问题)。

改变信号源的输出频率,从 200Hz 逐渐增至 5000Hz(用频率计测量),并使开关分别接通R、L、C三个元件,用交流毫伏表分别测量U_R、U_r,U_L、U_r,U_C、U_r,并通过计算得到各个频率点的R、X_L、X_C之值,记入表 3-23 中。

表 3-23　　　　　　　　　　R、L、C元件的阻抗频率特性数据

	f	Hz	200	500	1000	2000	2500	3000	4000	5000
R	U_R	V								
	U_r	V								
	$I_R=U_r/r$	mA								
	$R=U_R/I_R$	kΩ								

f	Hz	200	500	1000	2000	2500	3000	4000	5000
L	U_L	V								
	U_r	V								
	$I_L=U_r/r$	mA								
	$X_L=U_L/I_L$	kΩ								
C	U_C	V								
	U_r	V								
	$I_C=U_r/r$	mA								
	$X_C=U_C/I_C$	kΩ								

(2)用双踪示波器观测图 3-40 所示 rL 串联电路和 rC 串联电路在不同频率下阻抗角的变化情况,即用双踪示波器观测 rL 串联电路(rC 串联电路)的电压、电流波形相位差,并做记录,记入表 3-24。

流过 rL 串联电路(rC 串联电路)的电流则可由 r 两端电压 U_r 除以 r 得到,rL 串联电路电流波形可通过观察流过该电流的电阻 r 上的电压波形得到。rL 串联电路(rC 串联电路)两端的电压与输入端的激励电压相等,电压波形可观察双踪示波器输入端电压波形得到。注意两路信号的共地问题。

表 3-24　　　　　　　　　　　　**串联电路阻抗角测试数据**

f/Hz	200	500	1000	2000	2500	3000	4000	5000
n/div								
m/div								
φ/(°)								

七、实验报告要求

(1)根据实验数据,在方格纸上绘制 R、L、C 元件的阻抗频率特性曲线,并从中得出结论。

(2)根据实验数据,在方格纸上绘制 rL 串联电路、rC 串联电路的阻抗角频率特性曲线,并总结、归纳出结论。

八、实验注意事项

(1)信号源的接地端与示波器的接地端、交流毫伏表的接地端要连在一起,以防外界干扰而影响测量的准确性。

(2)用双踪示波器同时观察双路波形时,要注意两路信号的共地问题。

实验 9　用三表法测量交流电路等效参数

一、实验目的

(1)熟练掌握功率表的接法和使用方法。
(2)掌握用交流电压表、电流表和功率表测定交流电路等效参数的方法。

二、实验仪器及器材

(1)单相交流电源。
(2)交流电压表。
(3)交流电流表。
(4)功率表。
(5)自耦调压器。
(6)镇流器(电感线圈)。
(7)电容器。
(8)白炽灯。

三、预习要求

(1)在 50Hz 的交流电路中,测得一只铁芯线圈的 P、I 和 U,如何算得它的阻值及电感?
(2)如何用串联电容的方法来判别阻抗的性质?试用 I 随 X_C'(串联容抗)的变化关系做定性分析,证明串联电容时,C' 满足 $\dfrac{1}{\omega C} < |2X|$。

四、实验原理

(1)交流电路中常用的实际无源元件有电阻器、电感器(互感器)和电容器。在工频情况下,需要测定电阻器的电阻参数、电容器的电容参数及电感器的电阻参数和电感参数。

(2)测量交流电路参数的方法主要分两类:一类是应用电压表、电流表和功率表等测量有关的电压、电流和功率,根据测量值计算待测电路参数,这一类方法属于仪表间接测量法;另一类方法是应用专用仪表(如各种类型的电桥)直接测量电阻、电感和电容等。

(3)三表(电压表、电流表和功率表)法是间接测量交流参数方法中最常见的一种方法。由电路理论可知,一端口网络的端口电压 U、端口电流 I 及其有功功率 P 有以下关系:

阻抗的模

$$|Z| = \frac{U}{I} \tag{3-3}$$

功率因数

$$\cos\varphi = \frac{P}{UI} \tag{3-4}$$

等效电阻

$$R = \frac{P}{I^2} = |Z|\cos\varphi \qquad (3\text{-}5)$$

等效电抗

$$X = \pm\sqrt{|Z|^2 - R^2} = |Z|\sin\varphi \qquad (3\text{-}6)$$

阻抗

$$Z = R + jX \qquad (3\text{-}7)$$

感抗

$$L = \frac{X}{\omega} \quad (X > 0) \qquad (3\text{-}8)$$

容抗

$$C = -\frac{1}{X\omega} \quad (X < 0) \qquad (3\text{-}9)$$

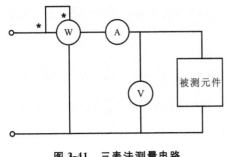

图 3-41　三表法测量电路

三表法测定交流参数的电路如图 3-41 所示。当被测元件分别是电阻器、电感器和电容器时,根据三表测得的元件电压、电流和功率,应用以上有关的公式,即可算得对应的电阻参数、电感参数和电容参数。以上所述交流参数的计算公式是在忽略测量仪表内阻抗的前提下推导出来的。若考虑测量仪表内阻抗,则需对以上公式加以修正。修正后的参数为

$$R_0 = R - R_1 = \frac{P}{I^2} - R_1; \quad X_0 = \pm\sqrt{|Z|^2 - R_0^2}$$

式中,R 为修正前根据测量计算得出的电阻值;R_1 为电流表线圈及功率表电流线圈的总电阻值;R_0 为修正后的参数。

(4)如果被测对象不是一个元件,而是一个未知容性或感性的无源一端口网络,只根据三表测得的端口电压、端口电流和该电路所吸收的有功功率,不能确定式(3-6)的正负号,即不能确定电路的等效复阻抗是容性还是感性。因此,也不能确定是根据式(3-8)求其等效电感,还是根据式(3-9)求其等效电容。判断被测复阻抗性质可以用下述方法:

①示波器法:应用示波器观察被测一端口网络的端口电压及端口电流的波形,比较其相位差。电流超前为容性复阻抗,电压超前为感性复阻抗。用示波器观察电流波形,可通过观察该电阻上的电压来实现。当被测一端口网络不存在流有端口电流的电阻支路时,需在电路中串联一个小电阻。通过示波器双路同时观测小电阻的端电压波形(同端口电流波形)与端口电压波形,比较两个波形的相位关系。当端口电压波形滞后于电流波形(即小电阻电压波形)时,对应的一端口网络为容性电路;当端口电压波形超前于电流波形时,对应的一端口网络为感性电路。用示波器同时观察双路波形时,应该注意两路信号的共地问题,参见图 3-42。

②与被测电路串联电容法:记录串联电容前的电压、电流和功率,计算其电抗 X,把电容值为 C_0 的电容器与被测阻抗串联,其中 C_0 值的选择应满足 $C_0 > \dfrac{1}{2\omega|X|}$,式中 X 为被测阻

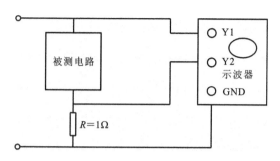

图 3-42　示波器双路观测端口电压和端口电流接线图

抗的电抗值,C_0 为串联电容值。在保证测量电压不变的情况下,测量电流。如果串联电容后电流增加,被测阻抗是感性的;否则,被测阻抗是容性的。

　　③与被测电路并联电容法:在被测元件两端并接一只适当容量的试验电容器,保持端电压不变,若串接在电路中的电流表的读数增大,则被测阻抗为容性;若电流表的读数减小,则被测阻抗为感性。其中,C_0 值的选择应满足 $C_0 < \left|\dfrac{2B}{\omega}\right|$,式中 B 为待测阻抗 Z 的电纳,C_0 为并联试验电容值。

　　(5)工业供电电压一般都是220V,而在实验中因所用某些元件(电感、电阻等)的额定电压有限制,如果将 220V 电压直接加在这些元件上,所产生的电流可能超过它们的额定值,为此我们常用调压器(自耦变压器)来控制输出电压值。

　　使用调压器要注意几点:①输入、输出端切勿接反;②实验前调节手柄应在零位;③调节电压时应缓慢增加;④用毕即将调节手柄旋至零位,再拉断电源;⑤电流不能超过其额定值。

　　(6)功率表的结构、接线与使用。

　　功率表又称瓦特表,是一种电动式仪表,其电流线圈与负载串联,其电压线圈与负载并联。功率表电流线圈和电压线圈的一个端钮上标有"*"标记。为了不使功率表的指针反向偏转,电流线圈和电压线圈的同名端(标有"*"标记的两个端钮)必须连在一起,均应连在电源的同一端,如图 3-43 所示。本实验使用数字功率表,连接方法与电动式功率表相同。

　　图 3-43(a)所示连接,称为并联电压线圈前接法,功率表读数中包括了电流线圈的功耗,它适用于负载阻抗远大于电流线圈阻抗的情况。

　　图 3-43(b)所示是功率表在电路中的连接线路和测试端钮的外部连接示意图。

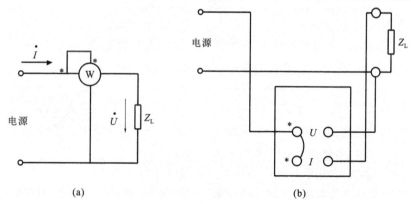

(a)　　　　　　　　　　(b)

图 3-43　功率表接线图

五、实验电路

三表法测量电路如图 3-44 所示。

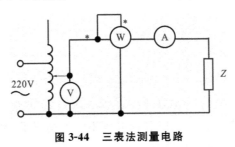

图 3-44　三表法测量电路

六、实验内容及步骤

(1)三表法测量 R、L、C 元件的等效参数。

①实验线路如图 3-44 所示。电源电压取自实验装置电源控制模块上的可调电压输出端,逆时针旋转调压手柄,使调压器指零,经指导教师检查后,方可接通市电电源。

②将 15W 白炽灯(R)接入电路,用交流电压表监测,将电源电压调到 220V,读出电流表和功率表的读数,将数据记入表 3-25 中。

表 3-25　　　　　　　　　　　　　　**电流表和功率表测量数据**

被测元件	测量值				计算值		电路等效参数		
	U/V	I/A	P/W	$\cos\varphi$	Z/Ω	$\cos\varphi$	R/Ω	L/mH	$C/\mu F$
R									
C									
L									
L 与 C 串联									
L 与 C 并联									

③将调压器调到零,断开电源;将 $4.7\mu F$ 电容器(C)接入电路,用交流电压表监测,将电源电压调到 220V,读出电流表和功率表的读数,将数据记入表 3-25 中。

④将调压器调到零,断开电源;将 30W 日光灯镇流器(L)接入电路,将电源电压从零调到电流表的示数为额定电流 0.36A,读出电压表和功率表的读数,将数据记入表 3-25 中。

注意:L 中流过的电流不得超过其额定电流 0.36A。

(2)测量 L、C 串联与并联后的等效参数。

分别将元件 L、C 串联和并联后接入电路,在电感支路中串入电流表,将电源电压从零调到电流表的示数为额定电流 0.36A,并将电压表和功率表的读数记入表 3-25 中。

注意:L 中流过的电流不得超过其额定电流 0.36A。

(3)用并联电容的方法判别 L、C 串联和并联后电路阻抗的性质。

①在 LC 串联电路和并联电路中,保持输入电压不变,并接不同数值的试验电容,测量

电路中总电流的数值(即并接试验电容后并联电路的总电流值),根据电流的变化情况来判别 L、C 串联和并联后电路阻抗的性质。数据记入表 3-26 中。

表 3-26　　　　　　　　　　　L、C 串联和并联后电路阻抗的性质

测量电路	并联电容/μF	0	1μF	2.2μF	3.2μF	4.7μF	5.7μF	6.9μF	电路性质
L、C 串联	I/A								
L、C 并联	I/A								

②实验电路同图 3-44,但不必接功率表,按表 3-27 内容进行测量和记录。

表 3-27　　　　　　　　　　　电压、电流测量数据

被测元件	串联 1μF 电容		并联 1μF 电容	
	串联前端电压/V	串联后端电压/V	并联前电流/A	并联后电流/A
R(三只 15W 白炽灯)				
C(4.7μF)				
L(1H)				

七、实验报告要求

(1)根据实验数据,完成各项计算。

(2)分析功率表并联电压线圈对测量结果的影响。

(3)总结功率表与自耦调压器的使用方法。

八、实验注意事项

(1)本实验直接用市电 220V 交流电源供电,实验中要特别注意人身安全,不可用手直接触摸通电线路的裸露部分,以免触电,进实验室应穿绝缘鞋。

(2)在接通电源前,应将自耦调压器手柄置于零位(逆时针旋转到底),调节时,使其输出电压从零开始逐渐升高。每次改接实验电路或实验完毕,必须先将其手柄慢慢调回零位,再断电源。必须严格遵守这一安全操作规程。

(3)电感线圈中流过的电流不得超过 0.36A。

实验 10　正弦稳态交流电路相量研究及功率因数测量

一、实验目的

(1)研究正弦稳态交流电路中电压、电流相量之间的关系。

(2)掌握日光灯线路的接线。

(3)理解改善电路功率因数的意义并掌握其方法。

二、实验仪器及器材

(1)交流电压表。

(2)交流电流表。

(3)功率表。

(4)自耦调压器。

(5)镇流器、启辉器。

(6)日光灯灯管。

(7)电容器。

(8)白炽灯及灯座。

(9)电流插座。

三、预习要求

(1)参阅课外资料,了解日光灯的启辉原理。

(2)在日常生活中,当日光灯上缺少启辉器时,人们常用一根导线将启辉器的两端短接一下,然后迅速断开,使日光灯点亮(DGJ-04 实验挂箱上有短接按钮,可用它代替启辉器做试验);或用一只启辉器去点亮多只同类型的日光灯。这是什么原理?

(3)为了改善电路的功率因数,常在感性负载上并联电容器,此时增加了一条电流支路,试问电路的总电流是增大还是减小,此时感性元件上的电流和功率是否改变?

(4)提高线路功率因数为什么采用并联电容器法,而不用串联法?所并的电容器是否越大越好?

四、实验原理

(1)在单相正弦交流电路中,用交流电流表测得各支路的电流值,用交流电压表测得回路各元件两端的电压值,它们之间的关系满足相量形式的基尔霍夫定律,即 $\sum I = 0$ 和 $\sum U = 0$。

(2)图 3-45 所示的 RC 串联电路,在正弦稳态信号 U 的激励下,U_R 与 U_C 保持 90°的相位差,即当 R 阻值改变时,U_R 的相量轨迹是一个半圆。U、U_C 与 U_R 三者形成一个直角电压三角形,如图 3-46 所示。R 值改变时,可改变 φ 角的大小,从而达到移相的目的。

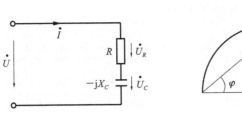

图 3-45　RC 串联电路　　　　图 3-46　电压三角形

(3)日光灯电路如图 3-47 所示,图中 A 是日光灯管,L 是镇流器,S 是启辉器,C 是补偿电容器,用以改善电路的功率因数(cosφ 值)。日光灯的工作原理请自行翻阅有关资料。

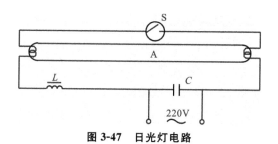

图 3-47 日光灯电路

五、实 验 电 路

正弦稳态交流电路实验电路如图 3-48 所示。

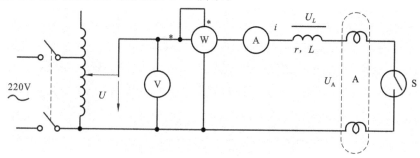

图 3-48 正弦稳态交流电路实验电路

六、实 验 内 容 及 步 骤

(1)按图 3-45 接线。R 为 220V、15W 的白炽灯泡,电容器为 4.7μF/450V。经指导教师检查后,接通实验台电源,将自耦调压器输出(即 U)调至 220V。记录 U、U_R、U_C 值于表 3-28 中,验证电压三角形关系。

表 3-28 　　　　　　　　　　验证电压三角形关系测量数据

测量值			计算值		
U/V	U_R/V	U_C/V	U'(与 U_R、U_C 组成 Rt△,$U'=\sqrt{U_R^2+U_C^2}$)/V	$\Delta U=U'-U/V$	$\Delta U/U/\%$

(2)日光灯线路接线与测量。

按图 3-48 接线。经指导教师检查后,接通实验台电源,调节自耦调压器的输出,使其输出电压缓慢增大,直到日光灯刚启辉点亮为止,记下三表的指示值。然后将电压调至 220V,测量功率 P,电流 I,电压 U、U_L、U_A 等值,记录于表 3-29 中,验证电压、电流相量关系。

表 3-29 　　　　　　　　　　验证电压、电流相量关系测量数据

	测量数值						计算值	
	P/W	$\cos\varphi$	I/A	U/V	U_L/V	U_A/V	r/Ω	$\cos\varphi$
启辉值								
正常工作值								

(3)并联电路——电路功率因数的改善。

按图 3-49 组成功率因数的改善实验电路。

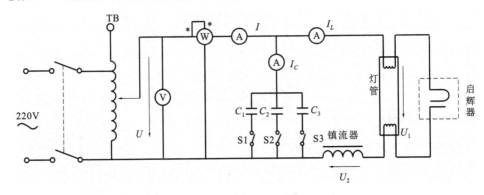

图 3-49　电路功率因数的改善实验电路

经指导教师检查后,接通实验台电源,将自耦调压器的输出调至 220V,记录功率表、电压表读数。通过一只电流表和三个电流插座分别测得三条支路的电流,改变电容值,进行三次重复测量。将数据记入表 3-30 中。

表 3-30　　　　　　　　　　　　并联不同电容的测量数值

电容值/μF	测量数值						计算值	
	P/W	$\cos\varphi$	U/V	I/A	I_L/A	I_C/A	I'/A	$\cos\varphi$
0								
1								
2.2								
4.7								

七、实验报告要求

(1)完成数据表格中的计算,进行必要的误差分析。

(2)根据实验数据,分别绘出电压、电流相量图,验证相量形式的基尔霍夫定律。

(3)讨论改善电路功率因数的意义和方法。

(4)写出装接日光灯线路的心得体会及其他。

八、实验注意事项

(1)本实验用 220V 交流市电,务必注意用电和人身安全。

(2)功率表要正确接入电路。

(3)线路接线正确,日光灯不能启辉时,应检查启辉器及其接触是否良好。

第 3 篇　模拟电子技术实验

第4章 模拟电子技术实验基础

第1节 模拟电子技术基本元件介绍

一、电阻器

电阻器是电子电器设备中用得最多的基本元件之一。它种类繁多,形状各异,功率也各有不同,在电路中用来控制电流、分配电压。

1. 电阻器的种类

电阻器按结构形式分类,可分为固定电阻器和可调电阻器。

(1)固定电阻器:固定电阻器的电阻值是固定不变的,阻值大小就是它的标称阻值。

(2)可调电阻器:可调电阻器主要指滑动电阻器、电位器,它们的阻值可以在小于标称值的范围内变化。

电阻器按材料分类,可分为碳质电阻器、膜式电阻器和绕线电阻器三大类。常见的膜式电阻器包括碳膜电阻器、金属膜电阻器等。

2. 电阻的主要参数

电阻的主要参数有标称阻值、阻值误差、额定功率、最高工作温度、最高工作电压、静噪声电动势、温度特性、高频特性等。一般情况仅考虑前三项,后几项参数只在特殊情况下才考虑。

(1)标称阻值。

电阻的标称阻值是按国家规定的阻值系列标注的,如表 4-1 所示。因此,选用时必须按国家规定的阻值范围去选用。使用时将表中的标称值乘以 10^n(n 为整数)就可得到一系列阻值。例如:表 4-1 中标称值为 1.5 的电阻实际阻值就有 1.5Ω、15Ω、150Ω、$1.5k\Omega$ 等。

表 4-1   **电阻的标称阻值系列**

阻值系列	允许误差	偏差等级	电阻标称阻值											
E24	±5%	Ⅰ	1.0	1.1	1.2	1.3	1.5	1.6	1.8	2.0	2.2	2.4	2.7	3.0
			3.3	3.6	3.9	4.3	4.7	5.1	5.6	6.2	6.8	7.5	8.2	9.1
E12	±10%	Ⅱ	1.0		1.2		1.5		1.8		2.2		2.7	
			3.3		3.9		4.7		5.6		6.8		8.2	
E6	±20%	Ⅲ	1.0				1.5				2.2			
			3.3		3.9		4.7		5.6		6.8		8.2	

标称阻值的表示方法有直标法、文字符号法、色标法。

①直标法:在电阻的表面直接用数字和单位符号标出产品的标称阻值,其允许误差直接用百分数表示,如图 4-1 所示。它的优点是直观,一目了然。但体积小的电阻则无法这样标注。

②文字符号法:在电阻的表面用文字、数字有规律地组合来表示阻值。阻值符号和阻值精度的描述都有一定的规则。如图 4-2(a)所示电阻为:47kΩ,Ⅰ级精度;图 4-2(b)所示电阻为:3MΩ,Ⅱ级精度。

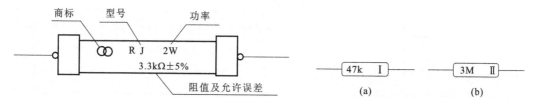

图 4-1　电阻的直标法

图 4-2　电阻的文字符号法

阻值符号规定如下:欧姆(10^0 欧姆)用 Ω 表示;千欧(10^3 欧姆)用 k 表示;兆欧(10^6 欧姆)用 M 表示;千兆欧(10^9 欧姆)用 G 表示;兆兆欧(10^{12}欧姆)用 T 表示。

精度符号规定如下:普通电阻的误差一般分为三级,即±5%、±10%、±20%,分别用Ⅰ、Ⅱ、Ⅲ表示。

③色标法:用不同色环标明阻值及误差,具有标志清晰、从各个角度都容易看清标志的优点。普通电阻用 4 条色环表示电阻及误差,其中 3 条表示阻值,1 条表示误差,详见图 4-3 及表 4-2。

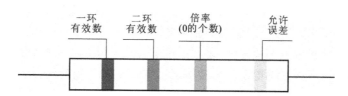

图 4-3　普通电阻色环表示说明

如电阻器上的色环依次为棕、红、黑、银,则该电阻器为 12Ω±10% 的电阻器;如果是红、黄、红、金,则该电阻器为 2.4kΩ±5% 的电阻器。

表 4-2　　　　　　　　　　　　　　　　　四色环电阻颜色标记

颜色	黑	棕	红	橙	黄	绿	蓝	紫	灰	白	金	银	无色
有效数值	0	1	2	3	4	5	6	7	8	9			
倍率	10^0	10^1	10^2	10^3	10^4	10^5	10^6	10^7	10^8	10^9			
允许误差										$-20\%\sim$ $+5\%$	±5%	±10%	±20%

精密电阻用五条色环表示标称阻值和允许误差,如图 4-4 及表 4-3 所示。注意电阻的标称值的单位是欧姆(Ω)。

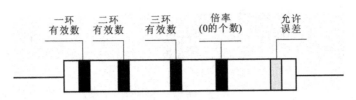

一环 二环 三环 倍率 允许
有效数 有效数 有效数 (0的个数) 误差

图 4-4 精密电阻五条色环表示说明

如电阻器上的五色环依次为棕、蓝、绿、黑、棕，则该电阻器为 $165\Omega\pm1\%$ 的电阻器。

表 4-3   **五色环电阻颜色标记**

颜色	黑	棕	红	橙	黄	绿	蓝	紫	灰	白	金	银
有效数值	0	1	2	3	4	5	6	7	8	9		
倍率	10^0	10^1	10^2	10^3	10^4	10^5	10^6	10^7	10^8	10^9	10^{-1}	10^{-2}
允许误差		$\pm1\%$	$\pm2\%$			$\pm0.5\%$	$\pm0.25\%$	$\pm0.1\%$				

（2）阻值误差。

电阻器的实际阻值并不完全与标称阻值相符，存在着误差。普通电阻的误差一般分为三级，即 $\pm5\%$、$\pm10\%$、$\pm20\%$，或用 Ⅰ、Ⅱ、Ⅲ 表示。误差越小，表明电阻的精度越高。关于电阻器的误差选择，在一般电路中选用 $\pm10\%$、$\pm20\%$ 的即可。

（3）额定功率。

电阻接入电路后，通过电流时便会发热，若温度过高电阻将会烧毁。所以不仅要正确选择电阻阻值，还要正确选择电阻额定功率。

在电路图中，通常不加标注的电阻功率均为 1/8W。如果电路对电阻的功率值有特殊要求，就按图 4-5 所示的符号标注或用文字说明。

电阻器的额定功率一般不能过大，也不能过小。过大势必增大电阻的体积，过小则会烧毁电阻。一般情况下所选用的电阻值应使额定功率大于实际消耗功率的两倍左右，以确保电阻器的可靠性。

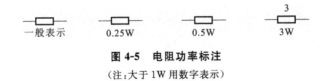

一般表示 0.25W 0.5W 3W

图 4-5 电阻功率标注

（注：大于1W用数字表示）

二、电位器

电位器为可变电阻器，它的阻值可以在某一范围内变化。按其结构的不同可将其分为单圈电位器、多圈电位器，单联电位器、双联电位器，带开关电位器和不带开关电位器，锁紧型电位器和非锁紧型电位器。按调节方式又可分为旋转式电位器和直滑式电位器。

1. 电位器型号的识别

电位器的外壳上的字母标注了它的型号，其中类别标志符号的意义如表 4-4 所示。

电位器的类别	标志符号
碳膜电位器	WT
合成碳膜电位器	WTH(WH)
线绕电位器	WX
有机实芯电位器	WS
玻璃轴电位器	WI

表 4-4 的表头为：**电位器的类别及标志符号**

2. 电位器的使用

实验中常用的碳膜电位器外形如图 4-6(a)所示,电位器有三个接线端子。其中 1、3 端为电阻固定端(两端阻值为标称值),2 端为电阻可调端。当一端取固定端,另一端取可调端时,旋转转轴能使两端电阻值在标称值与最小值之间变化。电位器的金属外壳引出接地焊片,用于屏蔽外界干扰。

电位器可用作可调电阻器,常用的连接方法如图 4-6(b)所示。使活动端 2 与任意一个固定端(1 或 3)短接,防止可调端的活动触点接触不良导致电路断路。

电位器可用作分压器,如图 4-6(b)所示电路,旋转电位器转轴,在可调端 2 上可得到 $-5 \sim +5\text{V}$ 之间的任意电压值 U_i。

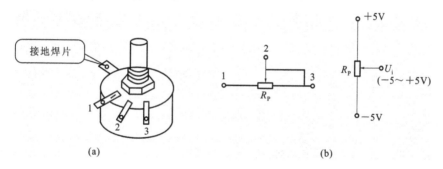

图 4-6　电位器外形、符号及连接方法

(a)可调电阻器;(b)电位器符号及连接方法

三、电 容 器

电容器简称电容,它是由中间夹有绝缘材料(绝缘介质)的两个金属极构成的,由于绝缘材料不同,所以其构成的电容的种类也不同。

电容在电路中具有隔断直流电、通过交流电的特点,因此常用于级间耦合、滤波、去耦、旁路及信号调谐等方面。

1. 电容的种类

电容按结构可分为固定电容器、可调电容器、半可调电容器。按介质材料又可分为气体介质电容、液体介质电容、无机固体电容。其中无机固体电容最常见,如云母电容、陶瓷电容、电解电容。

电容按极性可分为有极性电容和无极性电容。常见的电解电容是有极性的电容,接入电路时要分清极性,正极接高电位,负极接低电位。极性接反将使电容器的漏电电流剧增,最后损坏电容器。

在电路中,常见的不同种类的电容的符号如图 4-7 所示。

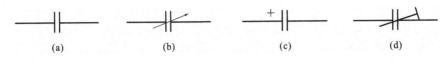

图 4-7 电容符号

(a)固定电容器;(b)可调电容器;(c)电解电容器;(d)半可调电容器

2.电容的主要参数

(1)标称容量。

电容的容量是指电容两端加上电压后储存电荷的能力。储存电荷越多,电容量越大;反之,电容量越小。标在电容外部的电容量数值称为电容的标称容量。电容量的单位有:法拉(F)、毫法(mF)、微法(μF)、纳法(nF)、皮法(pF)。它们之间的换算关系是:$1F = 10^3 \, mF = 10^6 \, \mu F = 10^9 \, nF = 10^{12} \, pF$。

(2)额定耐压值。

电容的耐压值表示电容接入电路后,能连续可靠地工作,不被击穿所能承受的最大直流电压。使用时绝对不允许超过这个电压值,否则电容就要被损坏或被击穿。一般选择的电容额定电压应高于实际工作电压的 10%~20%。如果电容用于交流电路中,其最大值不能超过额定的直流工作电压。

(3)允许误差。

电容的允许误差一般分为三级,即±5%、±10%、±20%,或写成Ⅰ级、Ⅱ级、Ⅲ级。有的电解电容的允许误差可能大于 20%。

3.电容容量的标注方法

电容容量的标注方法通常有三种:

(1)直接标注法。

在电容表面直接标注容量值。例:$3\mu3$ 表示 $3.3\mu F$,$5n9$ 表示 $5900pF$。还有不标单位的情况,当用 1~4 位数字表示时,容量单位为皮法(pF);当用零点零几或零点几数字表示时,单位为微法(μF)。例:3300 表示 $3300pF$,0.056 表示 $0.056\mu F$。

(2)数码表示法。

一般用三位数表示电容容量大小。前面两位数字为容量有效值,第三位表示有效数字后面零的个数,单位是皮法(pF)。例:102 表示 $1000pF$,221 表示 $220pF$,104 表示 $100000pF$($0.1\mu F$)。在这种表示方法中有一个特殊情况,就是当第三位数字用"9"表示时,表示有效值乘上 10^{-1}。例:229 表示 $22 \times 10^{-1} = 2.2pF$。

(3)色码表示法。

电容的色标表示法原则上与电阻器的色标表示法相同,颜色符号代表的意义可参见表 4-2 中电阻色码表示法。其单位用皮法(pF)。

4. 电容好坏的简单测试方法

利用指针万用表的欧姆挡就可以简单地测量出电解电容的好坏及粗略辨别其漏电、容量衰减的情况。具体方法如下：

选用"$R \times 1k$"挡或"$R \times 100$"挡，黑表笔接电解电容的正极，红表笔接电解电容的负极，若表针摆动不大，且返回慢，返回位置接近无穷大(∞)，说明该电容容量较大且正常；若表针摆动大，且返回时表针显示的阻值较小，说明该电容漏电电流较大；若表针摆动很大，接近 0Ω，且不返回，说明该电容已被击穿；若表针不摆动，则说明该电容已开路，失效。如果需要对电容再做一次测量，必须将其放电后方能进行。放电方法：在电容两端并上一个电阻，大容量的电容选用阻值大些的电阻。

如果要求更精确测量电容的容量，可以用数字万用表或交流电桥来测量。

四、晶体二极管和三极管

晶体二极管和三极管为半导体器件，内部由 PN 结构成。国产半导体器件型号命名方法见图 4-8，型号由五部分组成。半导体器件型号组成部分的符号及其意义如表 4-5 所示。

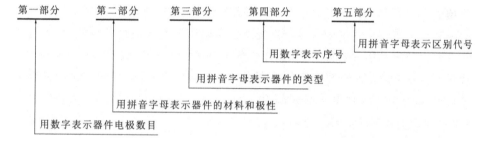

图 4-8　国产半导体器件型号命名方法

表 4-5　　　　　半导体器件型号组成部分的符号及其意义

第一部分		第二部分		第三部分					
符号	意义	符号	意义	符号	意义	符号	意义	符号	意义
2	二极管	A B C D	N 型、锗材料 P 型、锗材料 N 型、硅材料 P 型、硅材料	P V W C	普通管 微波管 稳压管 参量管	X	低频小功率管 （截止频率＜3MHz， 耗散功率＜1W）	A	高频大功率管 （截止频率≥3MHz， 耗散功率≥1W）
3	三极管	A B C D	PNP 型、锗材料 NPN 型、锗材料 PNP 型、硅材料 NPN 型、硅材料	Z L S U K T B N	整流管 整流堆 隧道管 光电管 开关管 可控硅 雪崩管 阻尼管	G D	高频小功率管 （截止频率≥3MHz， 耗散功率＜1W） 低频大功率管 （截止频率＜3MHz， 耗散功率≥1W）	CS FH JB BT	场效应器件 复合管 激光器件 半导体特殊器件

例：如图 4-9 所示，晶体管 3DG6C 的前三位的符号标志含义为硅 NPN 型高频小功率三极管。后面两位符号为此系列的细分种类，详细参数可查阅半导体手册。

图 4-9 晶体管 3DG6C 符号标志含义

1. 晶体二极管

（1）晶体二极管的种类。

晶体二极管按其组成的材料可分为锗二极管、硅二极管、砷化镓二极管（发光二极管）。而按用途可分为整流二极管、稳压二极管、开关二极管、发光二极管、检波二极管、变容二极管等。

（2）晶体二极管的主要参数。

①最大整流电流。它是二极管在正常连续工作时，能通过的最大正向电流值。

②最高反向工作电压。它是二极管在正常工作时，所能承受的最高反向电压值。它是击穿电压值的一半。

③最大反向电流。它是二极管在最高反向工作电压下允许流过的反向电流，此参数反映了二极管单向导电性能的好坏。因此，这个电流值越小，表明二极管质量越好。

④最高工作频率。它是二极管在正常情况下的最高工作频率。如果通过二极管电流的频率大于此值，二极管将不能起到它应有的作用。

（3）常用晶体二极管的电路符号。

常用晶体二极管的电路符号如图 4-10 所示。

(a)　　　　　　　(b)　　　　　　　(c)　　　　　　　(d)

图 4-10 常用晶体二极管的电路符号

(a)一般二极管；(b)稳压二极管；(c)发光二极管；(d)光电二极管

2. 晶体三极管

（1）晶体三极管的种类。

晶体三极管主要有 NPN 型和 PNP 型两大类，一般我们可以根据晶体管上标出的型号来识别。晶体三极管的种类划分如下。

①按设计结构分为点接触型、面接触型。

②按工作频率分为高频管、低频管、开关管。

③按功率大小分为大功率、中功率、小功率。

④从封装形式分为金属封装、塑料封装。

（2）晶体三极管的主要参数。

一般情况下晶体管的参数可分为直流参数、交流参数、极限参数三大类。

①直流参数。

直流参数之一为共射直流电流放大系数 $\bar{\beta}$，$\bar{\beta}=\dfrac{I_{CQ}}{I_{BQ}}$，$I_{BQ}$ 为静态工作点处的基极电流，I_{CQ} 为相应的集电极电流。

②交流参数。

交流参数之一为共射交流电流放大系数 β，$\beta=\dfrac{\Delta I_C}{\Delta I_B}$，$\Delta I_B$ 为基极电流的变化量，ΔI_C 为相应的集电极电流变化量。

③极限参数。

晶体管的极限参数有：集电极最大允许电流 I_{CM}、集电极最大允许耗散功率 P_{CM}、集电极-发射极反向击穿电压 V_{CEO}。

为了能直观地标明三极管的放大系数，常在三极管的外壳上标注不同的色标。锗、硅开关管，高、低频小功率管，硅低频大功率管，所用的色标标志如表 4-6 所示。

表 4-6　　　　　　　　　　　　　　**部分三极管 β 值色标表示**

β 值	0～15	15～25	25～40	40～55	55～80	80～120	120～180	180～270	270～400	400～
色标	棕	红	橙	黄	绿	蓝	紫	灰	白	黑

④特性频率 f_T：晶体三极管的 β 值随工作频率的升高而下降，三极管的特性频率 f_T 是当 β 下降到 1 时的频率值。也就是说，在这个频率下的三极管，已失去放大能力，因此，晶体管的工作频率必须在晶体管特性频率的一半以下。

(3)常用晶体三极管的外形电极识别。

①小功率晶体三极管外形电极识别。小功率晶体三极管有金属外壳封装和塑料外壳封装两种，如图 4-11 所示。

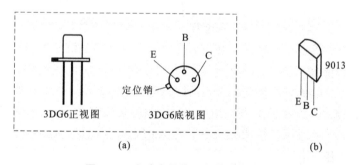

(a)　　　　　　　　　　　　　　　　(b)

图 4-11　小功率晶体三极管电极识别

(a)金属外壳封装；(b)塑料外壳封装

②大功率晶体三极管外形电极识别。大功率晶体三极管外形一般分为 F 型和 G 型两种，如图 4-12(a)所示。F 型管从外形上只能看到两个电极。使管脚底面朝上，两个电极管脚置于左侧，上面为 E 极，下面为 B 极，底座为 C 极。G 型管的三个电极的分布如图 4-12(b)所示。

(4)用指针式万用表判断晶体三极管好坏及辨别三极管的 E、B、C 电极。

三极管的管脚必须正确辨认，否则，晶体管接入电路不但不能正常工作，还可能被烧坏。

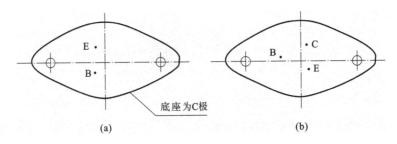

图 4-12　大功率晶体三极管电极识别

(a)F 型大功率三极管;(b)G 型大功率三极管

已知三极管类型及电极,用指针式万用表判别晶体管好坏的方法如下:

①测 NPN 三极管:将万用表欧姆挡置"$R \times 100$"或"$R \times 1k$"处,先将黑表笔接在基极上,红表笔先后接在其余两个极上,如果两次测得的电阻值都较小,再将红表笔接在基极上,黑表笔先后接在其余两个极上,如果两次测得的电阻值都很大,则说明三极管是好的。

②测 PNP 三极管:将万用表欧姆挡置"$R \times 100$"或"$R \times 1k$"处,先将红表笔接在基极上,黑表笔先后接在其余两个极上,如果两次测得的电阻值都较小,再将黑表笔接在基极上,红表笔先后接在其余两个极上,如果两次测得的电阻值都很大,则说明三极管是好的。

当三极管上标记不清楚时,可以用万用表来初步确定三极管的好坏及类型(NPN 型还是 PNP 型),并辨别出 E、B、C 三个电极。测试方法如下:

①用指针式万用表判断基极 B 和三极管的类型:将万用表欧姆挡置"$R \times 100$"或"$R \times 1k$"处,先假设三极管的某极为"基极",并把黑表笔接在假设的基极上,红表笔先后接在其余两个极上,如果两次测得的电阻值都很小(或为几百欧至几千欧),则假设的基极是正确的,且被测三极管为 NPN 型管。反之,如果两次测得的电阻值都很大(为几千欧至几十千欧),则假设的基极是正确的,且被测三极管为 PNP 型管。如果两次测得的电阻值一大一小,则原来假设的基极是错误的,这时必须重新假设另一电极为"基极",再重复上述测试。

②判断集电极 C 和发射极 E:仍将指针式万用表欧姆挡置"$R \times 100$"或"$R \times 1k$"处,以 NPN 管为例,把黑表笔接在假设的集电极 C 上,红表笔接在假设的发射极 E 上,并用手捏住 B 极和 C 极(不能使 B 极、C 极直接接触),人体相当于 B、C 之间接入的偏置电阻,如图 4-13(a)所示。读出表头所示的阻值,然后两表笔反接重测。若第一次测得的阻值比第二次小,则原假设成立,因为 C、E 间电阻值小说明通过万用表的电流大,偏置正常。其等效电路如图 4-13(b)所示,图中 V_{CC} 是指针式万用表内电阻挡提供的电池,R 为指针式万用表内阻,R_m 为人体电阻。

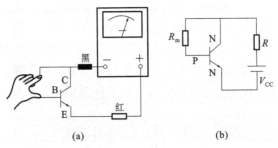

图 4-13　用指针式万用表判别三极管 C、E 电极

(a)示意图;(b)等效电路

用数字式万用表测二极管的挡位也能检测三极管的 PN 结,可以很方便地确定三极管的好坏及类型。但要注意,与指针式万用表不同,数字式万用表红表笔为内部电池的正端。例如,把红表笔接在假设的基极上,而将黑表笔先后接到其余两个极上,如果表显示通(硅管正向压降在 0.6V 左右),则假设的基极是正确的,且被测三极管为 NPN 型管。

数字式万用表一般都有测三极管放大系数的挡位,使用时,先确认晶体管类型,然后将被测管子 E、B、C 三脚分别插入数字式万用表面板对应的三极管插孔中,数字式万用表显示出 h_{FE} 的近似值。

以上介绍的是比较简单的测试方法,要想进一步精确测试,可以使用晶体管图示仪,它能十分清楚地显示三极管的特性曲线、电流放大系数等。

第 2 节　常用模拟集成电路器件

一、集成运算放大器

集成运算放大器是具有差分输入功能和直接耦合电路的高增益、宽频带的电压放大器。它成本低,用途广泛。集成运算放大器外接不同的反馈网络后,能实现多种电路功能:可作为放大器,进行模拟运算、有源滤波,可作为振荡器、转换器(如电流/电压转换器、频率/电压转换器等),可构成非线性电路(如对数转换器、乘法器等)等。

理想集成运算放大器的特性是尽善尽美的,如:增益无限大;通频带无限大;同相与反相之间以及两输入端与公共端到地之间的输入电阻为无限大;输出阻抗为零;输入失调电压为零;输入失调电流为零;只放大差模信号,能完全抑制共模信号等。

实际使用的集成运算放大器与理想集成运算放大器的特性有一定的差异,但它的特性趋近于理想集成运算放大器。它们的差异见表 4-7。

表 4-7　　　　理想集成运算放大器与实际集成运算放大器特性比较

特性	理想集成运算放大器	实际集成运算放大器
失调电压	0	$0.5\sim5mV$
失调电流	0	$1nA\sim10\mu A$
失调电压温度系数	0	$(1\sim50)\mu V/℃$
偏置电流	0	$1nA\sim100\mu A$
输入电阻	∞	$10k\Omega\sim1000M\Omega$
通频带	∞	$10kHz\sim2MHz$
输出电流	电源的额定电流	$1\sim30mA$
共模抑制比	∞	$60\sim120dB$
上升时间	0	$10ns\sim10\mu s$
转移速率	∞	$(0.1\sim100)V/\mu s$
电压增益	∞	$10^3\sim10^6 dB$
电源电流	0	$0.05\sim25mA$

1. 集成运算放大器的符号

集成运算放大器的电路符号参见图 4-14。其中,图 4-14(a)为新国标的标法。图 4-14(b)为老国标的标法,但现在仍在延续使用。

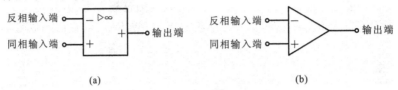

(a)　　　　　　　　　　　　　　　(b)

图 4-14　集成运算放大器的符号图

2. 常用集成运算放大器的类型

集成运算放大器的类型很多,按特性分类有通用型、高精度型、低功耗型、高速型、单电源型、低噪声型等。按构造分类有双极型、结型场效应管输入型、MOS 场效应管输入型、CMOS 型等。

3. 常用集成运算放大器 UA741 的介绍

(1)管脚图及工作参数。集成运算放大器 UA741 的管脚图如图 4-15 所示。其主要极限参数(最大额定值)如下。

最大电源电压:±18V。

最大差分电压(同相端与反相端之间的输入电压):±30V。

最大输入电压:±15V。

允许工作温度:0~70℃。

允许功耗:500mW。

最大输出电压:比电源电压略低。如当提供±12V 电源电压时,开环时最大输出电压约为±10V。

(2)典型电路。UA741 是有零漂调整管脚的运算放大器。典型电路如图 4-16 所示。在调零端 1、5 之间接一个调整失调电压电位器,当接成比例运算、求和运算电路时,调零电位器用于闭环调零。在我们使用的实验箱中,运算放大器的调零电路已经连接好了,不必再接,使用时仅需要调整调零电位器旋钮即可。

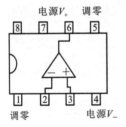

图 4-15　UA741 的管脚图

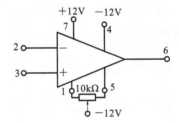

图 4-16　UA741 典型电路

二、集成三端稳压器

集成三端稳压器是一种串联调整式稳压器,内部设有过热、过流和过压保护电路。它只有三个外引出端(输人端、输出端和公共接地端),将整流滤波后的不稳定的直流电压接到集成三端稳压器输人端,经三端稳压器后在输出端得到某一值的稳定的直流电压。

1. 集成三端稳压器的分类

集成三端稳压器因其输出电压的形式不同、输出电流的大小不同有不同的分类。

(1)根据输出电压能否调整分类。

集成三端稳压器的输出电压有可调输出和固定输出之分。可调输出电压式稳压器输出电压可通过少数外接元件在较大范围内调整,通过调节外接元件值来获得所需的输出电压。例如,CW317 型集成三端稳压器,输出电压在 1.2～37V 范围内连续可调。固定输出电压式稳压器是由制造厂预先调整好的,输出电压为固定值。例如,7805 型集成三端稳压器,输出固定为＋5V。固定输出电压式稳压器根据输出电压的正、负分为输出正电压系列和输出负电压系列。

①输出正电压系列(78××)的集成稳压器其电压在 5～24V 区间分七个挡。如 7805、7806、7809 等,其中"78"表示输出电压为正值,后面数字表示输出电压的稳压值。其输出电流为 1.5A(带散热器)。

②输出负电压系列(79××)的集成稳压器其电压在 -24～-5V 区间分七个挡。如 7905、7906、7912 等,其中"79"表示输出电压为负值,后面数字表示输出电压的稳压值。其输出电流为 1.5A(带散热器)。

(2)根据输出电流分挡分类。

集成三端稳压器的输出电流有大、中、小之分,并分别由不同符号表示。输出为小电流,代号"L"。例如,78L××,最大输出电流为 0.1A。输出为中电流,代号"M"。例如,78M××,最大输出电流为 0.5A。输出为大电流,代号"S"。例如,78S××,最大输出电流为 2A。

注:各厂家输出电流分挡符号不一,选购时要注意产品说明书。

2. 固定三端稳压器的外形图及主要参数

固定三端稳压器的封装形式有金属外壳封装(F-2)和塑料封装(S-7)。常见的塑料封装(S-7)外形图如图 4-17 所示。

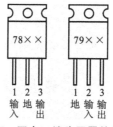

图 4-17　固定三端稳压器的外形图

表 4-8 中列出几种固定三端稳压器的参数。

表 4-8　　　　几种固定三端稳压器的参数($C_i=0.33\mu F,C_0=0.1\mu F,T_a=25℃$)

参数	单位	型号		
		7805	7806	7815
输出电压范围	V	4.8～5.2	5.75～6.25	14.4～15.6

参数	单位	型号		
		7805	7806	7815
最大输入电压	V	35	35	35
最大输出电流	A	1.5	1.5	1.5
ΔV_o(I_o 变化引起)	mV	$100(I_o=5\text{mA}\sim1.5\text{A})$	$100(I_o=5\text{mA}\sim1.5\text{A})$	$150(I_o=5\text{mA}\sim1.5\text{A})$
ΔV_o(V_i 变化引起)	mV	$50(V_i=7\sim25\text{V})$	$60(V_i=8\sim25\text{V})$	$150(V_i=17\sim30\text{V})$
ΔV_o(温度变化引起)	mV/℃	$\pm0.6(I_o=500\text{mA})$	$\pm0.7(I_o=500\text{mA})$	$\pm1.8(I_o=500\text{mA})$
器件压降(V_i-V_o)	V	$2\sim2.5(I_o=1\text{A})$	$2\sim2.5(I_o=1\text{A})$	$2\sim2.5(I_o=1\text{A})$
偏置电流	mA	6	6	6
输出电阻	mΩ	17	17	19
输出噪声电压(10~100kHz)	μV	40	40	40

3.固定三端稳压器应用电路

固定三端稳压器常见应用电路如图 4-18 所示。

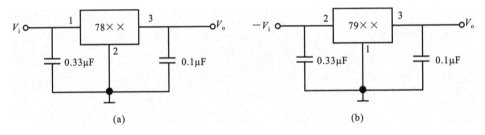

图 4-18　固定三端稳压器应用电路

(a)正固定电压输出；(b)负固定电压输出

为了保证稳压性能,使用三端稳压器时,输入电压与输出电压应相差 2V 以上,但也不能太大,太大则会增大器件本身的功耗以至于损坏器件。在输入端与公共端之间、输出端与公共端之间分别接 0.1μF 左右的电容,可以防止自激振荡。

第 3 节　电子线路的安装与调试

一、实验底板的结构

实验底板由几块多孔插座板(面包板)组合而成,SJB-46 多孔插座板结构如图 4-19 所示。

每块插座板中央有一凹槽,凹槽两边各有 23 列小孔,每列的 5 个小孔相互连通,集成电路的引脚就分插在凹槽两边的小孔上。插座板的上、下各有一排相互连通的 20 个小孔,作为电源线与地线插孔。

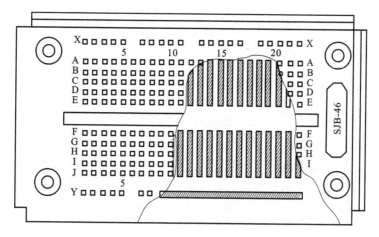

图 4-19　SJB-46 多孔插座板结构图

二、集成电路的安装

为防止集成电路受损,在插入或拔出元件时要非常细心。插入时,应使元件的方向一致,缺口朝左,使所有引脚均对准插座板上的小孔,再均匀用力按下;拔出时,必须用专用拔钳,夹住集成块两头,垂直往上拔起,或用小起子对撬,以免其受力不匀使引脚弯曲或断裂。

三、正确合理布线

导线一般选直径为 0.5～0.8mm 的单股导线,长度适当,两端绝缘包皮剥去 7～10mm,并剪成 45°角。

在模拟和数字电路实验中,由布线错误引起的故障占很大比例。为避免或减少故障,要求布线合理和准确。

(1)元件和连线要排列整齐,一般按电路顺序直线排列,输入与输出线远离。在高频电路中,导线不要平行,防止寄生耦合引起电路自激。元件插脚和连线要尽量短而直,防止分布参数影响电路性能。

(2)布线时要注意在器件周围走线,不允许导线在集成块上方跨过,以免妨碍排除故障或调换器件。

(3)为使布线整洁和便于检查,尽可能采用不同颜色的导线,常用红色线接电源,黑色线接地。

(4)布线的顺序是先布电源线和地线,再布固定使用的规则线(如固定接地或接高电平、接时钟脉冲的连线等),最后逐级连接控制线及各种逻辑线。必要时可以边接线边测试,逐级进行。走线尽可能地少遮盖其他插孔,以免影响其他导线的插入。

四、电路调试和故障的检查与排除

1.认真仔细复查

接好全部连线后,对照电路图仔细复查一遍。检查晶体管或集成块的引脚是否插对,是否有漏线和错线。然后用万用表的"$Q×10$"挡,检查电源与地线之间的电阻值,排除电源与地线的开路与短路现象。

2. 通电检查

(1)直接观察。

上述检查无误后通电,用手摸元件有无异常发热现象。

(2)测量参数。

用万用表测量电路的 U_{CC} 和地两脚间的电压,测量晶体管的工作点是否符合要求。

(3)采用动态逐级跟踪法。

在输入端加一个有规律的信号,按信号流程用示波器依次检查各级波形,直到找出故障为止。对于脉冲数字电路还可用发光二极管来逐级显示其输入、输出脉冲信号。

(4)采用替换法。

不改变电路的接线,通过更换一些元件来发现故障。

(5)消除电路存在的不良影响。

注意消除 TTL 电路存在的电源电流尖峰的影响,防止集成电路产生误触发。

(6)电路工作频率较高时,应采取如下措施。

①减小电源内阻,扩大地线面积或采用接地板,使电源线与地线夹在相邻的输入和输出线之间,起屏蔽作用。

②各输入输出线、交直流引线不能混杂,尽量不要使输入输出线紧靠时钟脉冲线。

③缩短引线长度。

(7)对于大型综合实验,调试时可按功能划分为几个独立子单元,再逐一布线调试,然后将各子单元连起来统调,这样成功的概率大。

需要指出的是,实践经验有助于故障的排除。只要充分预习,掌握好基本理论和实验电路,就不难用逻辑思维的方法判断和排除故障。

第4节　设计性实验报告

一、实验的 3 个环节

为了达到设计性实验的预期目的,保证实验质量,必须把握 3 个环节。

(1)实验前的预习报告。

每次实验前,学生必须认真阅读实验教材,复习有关理论知识,查阅有关元件手册及所用仪器的主要性能和使用方法,深入了解本次实验的目的、原理、任务及要求,弄清各主要参数的测量原理及测量方法,熟悉测量电路,之后再根据每次实验的已知条件和要完成的技术指标,认真写出预习报告。预习报告内容包括:列出实验步骤,画出初步拟定的原理电路图,并用经验公式估算出电路图中各元件的数值,画出各主要参数的测量电路图,求出各参数的理论计算值,然后将理论计算值和待测参数列成表格,以便实验时填写。

(2)实验中的正确测试。

实验过程中,必须严格按照科学的操作方法进行实验,严格执行实验室的规章制度,测试参数时要心中有数,细心观测,认真做好实验数据记录,并及时对实验结果进行分析。当出现故障时,应冷静分析原因,要有科学的思维方法,要坚信自己能够解决问题,正确排除故障,要运用所学知识,分析解决实验中的问题。实验结束时,必须将实验数据送指导教师查阅、签字,然后关闭仪器电源,整理好仪器,经教师同意后方可离开实验室。

(3)实验结束后认真撰写设计性实验报告。

撰写实验报告是培养科学实验基本技能的重要环节,也是对工程技术人员的一项基本训练。撰写实验报告的过程本身就是一个理论—实践—理论的认知总结过程。一份较完整的设计性实验报告应包括以下内容:课题名称,主要技术指标,已知条件,实验用仪器,实验电路图,实验数据与波形,实验结果的讨论与误差分析,思考题的解答以及书中所规定的其他要求等。

二、设计性实验报告的要求

每份报告除了包括标题实验名称,实验者的班级、姓名,实验日期等,还应包括如下主要内容。

(1)已知条件。

(2)主要技术指标。

(3)实验用仪器(名称、型号、数量)。

(4)电路原理。

如果所设计的电路由几个单元电路组成,则阐述电路原理时,最好先用总框图说明,然后结合总框图逐一介绍各单元电路的工作原理。

(5)单元电路的设计与调试步骤。

①选择电路形式。

②电路设计。对所选电路中的各元件值进行定量计算或工程估算。

③电路的装调。

(6)整机联调与测试。

当各单元电路调试正确后,进行整机联调。

①测量主要技术指标。

报告中要说明各项技术指标的测量方法,画出测试原理图,记录并整理实验数据,正确选取有效数字的位数。根据实验数据,进行必要的计算,列出表格,在方格纸上绘制出光滑的波形或曲线。

②故障分析及说明。

说明在单元电路和整机调试中出现的主要故障及解决办法,若有波形失真现象出现,要分析波形失真的原因。

③绘制整机原理图,并标明调试后的各元件参数。

(7)测量结果的误差分析。

用理论计算值代替真值,求得测量结果的相对误差,并分析误差产生的原因。

(8)思考题解答与其他实验研究。

(9)电路改进意见及本次实验的收获与体会。

实验电路的设计方案、元件参数、测试方法等都不可能尽善尽美,实验结束后,如认为对某些方面做适当修改,可进一步改善电路性能或降低成本,或应修正实验方案,或应对实验内容进行增删,或应对实验步骤进行改进等,都可写出改进建议。

同学们每完成一项实验都会有不少收获与体会,既有成功的经验,也有失败的教训,应及时总结,不断提高。

每份设计性实验报告除了上述内容外,还应做到文理通顺、字迹端正、图形美观、页面整洁。

三、设计性实验报告实例

专业_____ 班级_____ 组别_____ 指导教师_____

姓名_____ 实验日期_____ 第_____次实验

实验名称　单级阻容耦合放大器设计

1.已知条件

电源电压 $U_{CC}=+12V$,负载电阻 $R_L=2k\Omega$,晶体管型号 3DG6 或 3AX31,输入正弦电压 $U_i=10mV$(有效值),信号源内阻 $R_S=600\Omega$。

2.主要技术指标

电压增益 $A_v>40$,输入电阻 $R_i>2k\Omega$,频率响应 20Hz~500kHz,电路工作稳定。

3.实验仪器设备

COS5020 示波器 1 台,XD22 信号发生器 1 台,HT-1712F 直流稳压器 1 台,500 型万用表 1 台。

4.电路工作原理

图 4-20 所示电路为一典型的工作点稳定阻容耦合放大器。R_{B1}、R_{B2}、R_E 组成电流负反馈偏置电路,R_C 为晶体管直流负载,R_C 与 R_L 构成交流负载 R_L'。C_B、C_C 用来隔直和交流耦合。

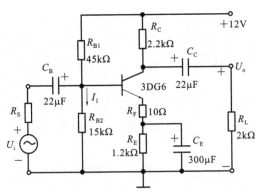

图 4-20　分压式偏置电路

5.电路的设计与调试

(1)确定电路,选择管型。

选用 3DG6 晶体管,$\beta=100$,要求电路工作稳定,采用分压式电流负反馈偏置电路。

(2)电路设计(定量计算)。

根据 3DG6 晶体管的输出特性曲线,选取静态工作点 Q。令 $I_{BQ} = 20 \mu A$, $I_{CQ} = \beta I_{BQ}$, $I_{BQ} = 2mA$, $U_{EQ} = 0.2V$, $U_{CC} = 2.4V$,则

$$r_{BE} \approx r_{BB'} + (1 + \beta) \frac{U_T}{I_{EQ}}$$

式中,$r_{BB'}$ 一般为几百欧(常取 $200 \sim 300 \Omega$)。$\beta = 100$,$I_{EQ} = 2mA$,U_T 是温度电压当量,常温下是 26mV。故

$$r_{BE} = 300 + (1 + \beta) \frac{26mV}{I_{EQ}} \approx 1.6k\Omega$$

$$R_E = \frac{U_{EQ}}{I_{CQ}} = 1.2k\Omega$$

$$I_1 = (5 \sim 10) I_{BQ}$$

$$R_{B2} = \frac{U_{BQ}}{I_1} = \frac{(U_{EQ} + 0.7)}{I_1} = 15.5k\Omega(取标称值 15k\Omega)$$

$$R_{B1} = \frac{U_{CC} - U_{BQ}}{I_1} = 45k\Omega$$

R_{B1} 用 $20k\Omega$ 电阻与 $47k\Omega$ 电位器串联。

取 $A_V = 50$,负反馈电阻 $R_F = 10\Omega$。

根据

$$A_V = \frac{\beta R_L'}{r_{BE} + (1 + \beta) R_F}$$

求得

$$R_L' = 1.3k\Omega$$

$$R_C = \frac{R_L R_L'}{R_L - R_L'} \approx 3.7k\Omega$$

$$C_B = C_C = \frac{10}{2\pi(R_C + R_L) f_L} = 19\mu F \quad (取 C_B = C_C = 22\mu F)$$

$$C_E = \frac{1}{2\pi \left[\left(\frac{R_S + r_{BE}}{1 + \beta} + R_F \right) // R_E \right] f_L} = 257\mu F \quad (取 C_E = 300\mu F)$$

式中 $f_L = \frac{1}{2\pi(R_C + R_L)C}$。

(3)电路的安装与调试。

按照设计参数安装电路,接通电源,经过调试满足要求后,用万用表测量静态工作点,如表 4-9 所示。

表 4-9　　　　　　　　　　　　　　　　测量静态工作点

U_{BQ}	U_{EQ}	U_{CEQ}	U_{BEQ}	I_{EQ}
3.48V	2.86V	3.75V	0.62V	2.36mA

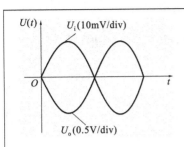

图 4-21 输入、输出波形

6. 主要技术指标的测量

（1）测量电压增益 A_V。

在放大器输入端加上 $f=1\text{kHz}$、$U_i=10\text{mV}$ 正弦波，在输出波形不失真时，测得的 U_i 和 U_o 波形如图 4-21 所示，由图可知：

$$A_V = \frac{U_o}{U_i} = \frac{470}{10} = 47$$

（2）测量通频带 BW。

保持输入信号幅度不变，改变其频率，分别测出放大器增益下降到中频增益的 0.707 倍时所对应的 f_H 和 f_L，即得 $BW = f_H - f_L$。

根据幅频特性测量数据（表 4-10）绘出其幅频特性曲线，如图 4-22 所示。

表 4-10　　　　　　　　　　　　　　　　**幅频特性测量数据**

f/Hz	10	20	30	40	60	70	$10^2 \sim 10^5$	2×10^5	4×10^5	5×10^5	6×10^5	7×10^5	8×10^5	9×10^5
A_V	26.5	30.5	31.5	32.0	32.8	33.4	33.4	32.8	32.8	32.0	31.7	31.5	30.3	29.2

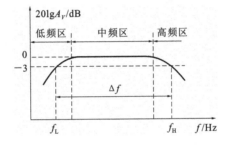

图 4-22 幅频特性曲线

（3）测量输入电阻 R_i。

测量输入电阻 R_i 原理如图 4-23 所示。取 $R=1\text{k}\Omega$，分别测得 R 两端对地电压 $U_{sm}=17.5\text{mV}$，$U_{im}=12\text{mV}$，则

$$R_i = \frac{RU_{im}}{U_{sm}-U_{im}} = 2.18\text{k}\Omega$$

（4）测量输出电阻 R_o。

测量输出电阻 R_o 原理如图 4-24 所示。输入一固定信号电压，分别测得 R_L 断开和接上时的输出电压 $U_o=1.55\text{V}$，$U_L=0.8\text{V}$，则

$$R_o = \left(\frac{U_o}{U_L}-1\right)R_L = 1.9\text{k}\Omega$$

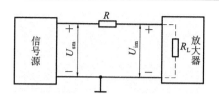

图 4-23　测 R_i 原理图　　　　　图 4-24　测 R_o 原理图

7. 误差分析

(1) 电压增益 A_V。

理论计算值 A_V 取 50，实测值 $A_V = 47$。

相对误差

$$\gamma = \frac{47 - 50}{50} \times 100\% = -6\%$$

(2) 输入电阻 R_i。

理论计算值

$$R_i = R_{B1} \ /\!/ \ R_{B2} \ /\!/ \ [r_{BE} + (1 + \beta)R_F] = 1.98\text{k}\Omega$$

实测值 $R_i = 2.18\text{k}\Omega$。

相对误差

$$\gamma = \frac{2.18 - 1.98}{1.98} \times 100\% = 10\%$$

(3) 输出电阻 R_o。

理论值

$$R_o \approx R_C = 2.2\text{k}\Omega$$

实测值 $R_o = 1.9\text{k}\Omega$。

相对误差

$$\gamma = \frac{1.9 - 2.2}{2.2} \times 100\% = -13.6\%$$

误差产生的原因：

① 各计算公式为近似公式。

② 元件的实际值与标称值不尽相同。

③ 在频率不太高时，C_E、C_B 的容抗不能忽视。

8. 实验分析与研究

(1) 影响放大器电压增益的因素。

从求 A_V 的公式可知：

① 晶体管的 $\beta \uparrow \rightarrow A_V \uparrow$；$R_C \uparrow \rightarrow A_V \uparrow$，而 $R_o \approx R_C$，故 R_C 不可太大。

② $r_{BE} = 300\Omega + (1 + \beta)\dfrac{26\text{mV}}{I_{EQ}} \approx 1.6\text{k}\Omega$，则 $I_{EQ} \uparrow \rightarrow r_{BE} \downarrow \rightarrow A_V \uparrow$，但 $r_{BE} \downarrow$ 会使 $R_i \downarrow$，故 I_{EQ} 不可太大。

(2)影响放大器通频带的因素。

从求 f_L 的公式可知：

$$f_L = \frac{1}{2\pi(R_C + R_L)C}$$

①负反馈电阻 $R_F \uparrow \rightarrow f_L \downarrow$，$A_V \downarrow$，故 R_F 不能太大。

②$C_E \uparrow \rightarrow f_L \downarrow$，但 C_E 增大后，电容的体积和价格也增大，设计时应综合考虑。

(3)波形失真的研究。

当静态工作点过低时，如图 4-25 中的 Q_1 点，放大器会产生截止失真；过高时，如图 4-25 中 Q_2 点，放大器会产生饱和失真。改进办法：调整偏置电阻，出现截止失真时减小 R_{B1}，提高 U_{BQ}，增大 I_E，或重新设置工作点。

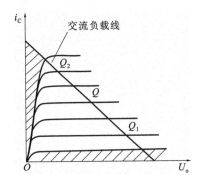

图 4-25　静态工作点的选取

9.心得体会

①掌握了单级阻容耦合放大器的工程估算方法和调整静态工作点的方法，熟悉了放大器的主要性能及其测量方法。

②进一步掌握了示波器、信号发生器和万用表的使用方法，以及检查晶体管好坏的方法。

③在实验时应保持冷静，有条理。遇到问题要联系书本知识积极思考，同时一定要做好实验前的预习工作并在实验中做必要的记录，这样才能够在实验后对实验数据进行分析和总结。

第 5 章　模拟电子技术实验项目

实验 1　晶体管共射极单管放大电路

一、实验目的

(1)熟悉电子元件和模拟电路实验箱;

(2)学会如何设置放大电路静态工作点及其调试方法,分析静态工作点对放大电路性能的影响;

(3)学习测量放大电路 Q 点 A_u、R_i、R_o 的方法,了解共射极电路特性;

(4)学习放大电路的动态性能。

二、实验仪器及器材

(1)实验箱。

(2)函数信号发生器。

(3)数字万用表。

(4)交流毫伏表。

(5)示波器。

三、预习要求

(1)了解三极管及单管放大电路工作原理。

(2)掌握放大电路静态和动态测量方法。

(3)熟悉实验内容,进行相应理论估算并填写测量数据表。

(4)实验中,为了安全和不损坏元件,应先接线后通电,拆线时,要先关电源后拆线。

(5)为了避免干扰,放大器与各电子仪器、仪表的连接应当"共地",即将示波器、信号源、稳压电源、晶体管毫伏表的"地"端都连在一起。所有信号线采用同轴电缆,黑夹子只能接在"⊥"上。

(6)不允许直流稳压电源和信号发生器输出端短路。最容易犯的错误是:将电源打开时,输出端接两根悬空的导线,这就很容易造成电源短路。

(7)正确选用仪表,频率在 1kHz 以上的交流信号或幅值较小的交流信号要用交流毫伏表测量,而不能用普通指针式万用表测量(普通指针式万用表的交流挡仅能测频率较低信号,如 50 Hz 工频信号)。

(8)实验时应注意观察,若发现有破坏性异常现象(例如,有元件冒烟、发烫或有异味),应立即关断电源,保持现场,报告指导教师。找出原因、排除故障,经指导教师同意再继续实验。

(9)实验过程中应仔细观察实验现象,认真记录实验结果(数据波形、现象)。待所记录的实验结果经指导教师审阅、签字后再拆除实验线路。

(10)实验结束后,必须关断电源,拔出电源插头,并按规定整理仪器、设备、工具、导线等。

四、实验原理

在实践中,放大电路的用途是非常广泛的,单管放大电路是最基本的放大电路。共射极单管放大电路是电流负反馈工作点稳定电路,它的放大能力可达几十到几百倍,频率响应在几十赫兹到上千赫兹范围。不论是单级还是多级放大器,其基本功能是相同的,即对信号给予不失真的、稳定的放大。

1. 放大电路静态工作点的选择

放大电路仅提供直流电源,不提供输入信号的状态,称为静态工作状态。这时三极管的各电极的直流电压和电流的数值,将在三极管的特性曲线上确定一点,这个点常被称为 Q 点。静态工作点的选取十分重要,它会影响放大器的放大倍数及工作稳定性等,还会造成波形失真。

静态工作点如果选择不当放大器就会产生饱和失真或截止失真。如工作点偏高,放大器在加入交流信号以后易产生饱和失真,此时 U_o 的负半周将被削底,如图 5-1(a)所示;如工作点偏低则易产生截止失真,即 U_o 的正半周被缩顶(一般截止失真不如饱和失真明显),如图 5-1(b)所示。这些情况都不符合不失真放大的要求。所以,在选定工作点以后还必须进行动态调试,即在放大器的输入端加入一定的输入电压 U_i,检查输出电压 U_o 的大小和波形是否满足要求。如不满足,则应调节静态工作点的位置。一般情况下,调整静态工作点,就是调整电路有关电阻(如 R_L),使 U_{CEQ} 达到合适的值。

另外,上面所说的工作点"偏高"或"偏低"不是绝对的,是相对信号的幅度而言,如输入信号幅度很小,即使工作点较高或较低也不一定会出现失真。所以确切地说,波形失真是信号幅度与静态工作点设置配合不当所致,如图 5-2 所示。如需满足较大信号幅度的要求,静态工作点最好尽量靠近交流负载线的中点。

此外,放大电路中晶体管特性的非线性或不均匀性会造成非线性失真(又称固体失真),这在单管放大电路中不可避免,为了降低这种非线性失真,必须使输入信号的幅值较小。

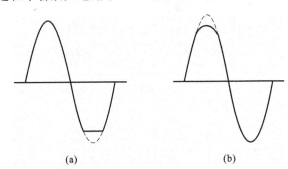

(a)　　　　　(b)

图 5-1　静态工作点对 U_o 波形失真的影响
(a)饱和失真;(b)截止失真

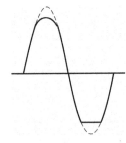

图5-2　静态工作点正常,输入信号太大引起的失真

2.放大电路的基本性能

当放大电路静态工作点调好后,输入交流信号 U_i,这时电路处于动态工作状态。放大电路的基本性能通过动态参数表征,动态参数包括电压放大倍数、频率响应、输入电阻、输出电阻。这些参数必须在输出信号不失真的情况下才有意义。基本性能测量的原理电路如图 5-3 所示。

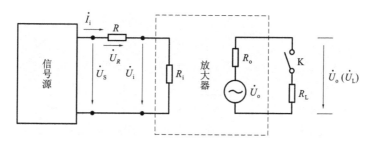

图 5-3　交流放大电路实验原理图

(1)电压放大倍数 A_u 的测量。

用交流毫伏表测量图 5-3 中 U_i 和 U_o 的值。由此得到电压放大倍数,即

$$A_u = \frac{U_o}{U_i}$$

(2)输入电阻 R_i 的测量。

如图 5-3 所示,放大器的输入电阻 R_i 就是从放大器输入端看过去的等效电阻,即

$$R_i = \frac{U_i}{I_i}$$

通常测量 R_i 的方法是:在放大器的输入回路串一个已知电阻 R,选用 $R \approx R_i$(这里的 R_i 为理论估算值)。在放大电路的输入端加正弦信号电压 U_i,用示波器观察放大器输出电压 U_o,在 U_o 不失真的情况下,用晶体管毫伏表测电阻 R 两端对地的电压 U_i 和 U_s(如图 5-3 所示),则有

$$R_i = \frac{U_i}{I_i} = \frac{U_i}{U_s - U_i} R = \frac{R}{\dfrac{U_s}{U_i} - 1}$$

(3)输出电阻 R_o 的测量。

如图 5-3 所示,放大电路的输出电阻是从输出端向放大电路方向看过去的等效电阻,用 R_o 表示。

测量 R_o 的方法是:在放大器的输入端加信号电压,在输出电压 U_o 不失真的情况下,用晶体管毫伏表分别测量空载($R_L = \infty$)时放大器的输出电压 U_o 值和带负载($R_L = 5.1\text{k}\Omega$)时放大器的输出电压 U_L 值,则输出电阻

$$R_o = \frac{U_o - U_L}{I_o} = \frac{U_o - U_L}{U_L} R_L = \left(\frac{U_o}{U_L} - 1 \right) R_L$$

(4)频率响应的测量。

放大器的频率响应指的是,在输入正弦信号不变的情况下,输出随频率连续变化的稳态响应,即测量不同频率时的放大倍数。测试方法有逐点测量法和扫频法两种。

五、实验电路

晶体管共射极单管放大电路如图 5-4 所示。

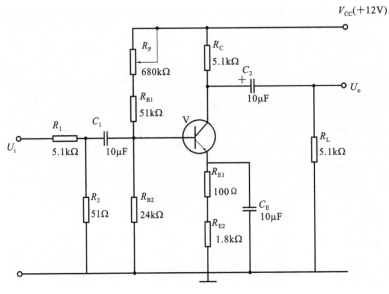

图 5-4　晶体管共射极单管放大电路

六、实验内容及步骤

1. 调整静态工作点

（1）按共射极单管放大电路（如图 5-4 所示）接线。仅接直流电源＋12V，不接信号发生器。

（2）调节电位器 R_P，使 $U_E＝2.2V$，然后按表 5-1 内容测量静态工作点，将所测数据与理论估算值进行比较。

表 5-1　　　　　　　　　　　　　　　**放大器静态工作点**

所测参数	U_B/V	U_{BE}/V	U_{CE}/V	$R_{B1}/k\Omega$	$I_B/\mu A$	I_C/mA	β
理论估算值							
实际测量值							

2. 测量放大器交流参数

（1）用晶体管毫伏表分别测量 U_S、U_i、U_o 的值，将数据填写在表 5-2 中（注意波形相位反相时数据加负号），并计算电压放大倍数 A_u，输入电阻 R_i 和输出电阻 R_o。

表 5-2　　　　　　　　　　　　测量放大器的交流参数

	给定数据	实测数据		计算			
	U_s/mV	U_i/mV	U_o/mV		A_u		R_i/kΩ	R_o/kΩ
空载	10			理论				
				实测				
接负载 ($R_L=5.1$kΩ)	10			理论				
				实测				

（2）测量频率响应。保持静态工作点不变，接负载电阻 R_L，调节信号源频率，采用逐点测量法进行测量，测试时要保持输入信号幅值固定，因此每次改变信号频率后，都要用交流毫伏表检查 U_i（U_s＝10mV）的值，同时用示波器观察 U_o 的波形是不是始终不产生失真。将测量值填入表 5-3 中。

表 5-3　　　　　　　　　　　　放大器频率响应

f/Hz									
U_o/mV									

3.观察静态工作点对动态性能的影响

（1）按图 5-4 接线，当 U_i＝10mV、f＝1kHz 时，断开 R_L，改变静态工作点，即调整 R_P 的值。

（2）将 R_P 值逐渐调小，用示波器观察 U_o 的波形变化，直至 U_o 的负半周出现失真（饱和失真）。

（3）将 R_P 值逐渐调大，用示波器观察 U_o 的波形变化，可以看到 U_o 幅值逐渐减小（R_P↑，I_E↓，r_{BE}↑，A_u↓），并有非线性失真（波形正、负半周不完全对称，这是晶体管输入特性的非线性所致，不可调），直到 U_o 幅值减小到 20mV 左右，U_o 的正半周出现明显的失真（截止失真）。如果截止失真不明显，可适当加大输入信号，使 U_i 为 15～20mV。

（4）分别画出饱和失真和截止失真的波形图。

七、实 验 报 告 要 求

（1）整理实验数据（包括静态工作点、电压放大倍数 A_u、输入电阻 R_i、输出电阻 R_o、波形图）；

（2）说明放大器静态工作点设置的不同对放大器工作有何影响；

（3）估算出单管放大器的上、下截止频率 f_H 和 f_L；

（4）用实验结果说明放大器负载 R_L 对放大器的放大倍数 A_u 的影响。

实验 2 射极跟随器

一、实验目的

(1)掌握射极跟随电路的特性及测量方法；

(2)进一步学习放大电路各项参数测量方法。

二、实验仪器及器材

(1)实验箱。

(2)函数信号发生器。

(3)数字万用表。

(4)交流毫伏表。

(5)示波器。

三、预习要求

(1)复习射极跟随器的工作原理及其特点；

(2)根据射极跟随器实验电路的元件参数值估算静态工作点，并画出交、直流负载线。

四、实验原理

射极跟随器的原理图如图 5-5 所示。它是一个电压串联负反馈放大电路,具有输入阻抗高,输出阻抗低,输出电压能够在较大范围内跟随输入电压作线性变化以及输入、输出信号相同等特点。

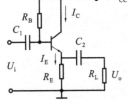

图 5-5 射极跟随器原理图

射极跟随器的输出取自发射极,故被称为射极输出器。其特点如下。

1. 输入电阻 R_i 高

$$R_i = r_{BE} + (1 + \beta)R_E$$

如考虑偏置电阻 R_B 和负载 R_L 的影响,则

$$R_i = R_B \mathbin{/\mkern-5mu/} [r_{BE} + (1 + \beta)(R_E \mathbin{/\mkern-5mu/} R_L)]$$

由上式可知射极跟随器的输入电阻 R_i 比共射极单管放大器的输入电阻 $R_i = R_B \mathbin{/\mkern-5mu/} r_{BE}$ 要高得多。

输入电阻的测试方法同单管共射放大器,实验线路如图 5-6 所示。只要测得 A、B 两点的对地电位即可。

$$R_i = \frac{U_B}{I_i} = \frac{U_B}{U_A - U_B} R_1$$

2. 输出电阻 R_o 低

$$R_o = \frac{r_{BE}}{1 + \beta} \mathbin{/\mkern-5mu/} R_E \approx \frac{r_{BE}}{\beta}$$

如考虑信号源内阻 R_S,则

$$R_o = \frac{r_{BE} + (R_S /\!/ R_B)}{1 + \beta} /\!/ R_E \approx \frac{r_{BE} + (R_S /\!/ R_B)}{\beta}$$

由上式可知射极跟随器的输出电阻 R_o 比共射极单管放大器的输出电阻 $R_o = R_C$ 低得多。三极管的 β 愈高,输出电阻愈小。

输出电阻 R_o 的测试方法亦同单管放大器,即先测出空载输出电压 U_o,再测接入负载 R_L 后的输出电压 U_L,根据

$$U_L = \frac{R_L}{R_o + R_L} U_o$$

即可求出 R_o。

$$R_o = \left(\frac{U_o}{U_L} - 1 \right) R_L$$

3. 电压放大倍数近似等于 1

$$A_u = \frac{(1 + \beta)(R_E /\!/ R_L)}{r_{BE} + (1 + \beta)(R_E /\!/ R_L)} \leqslant 1$$

上式说明射极跟随器的电压放大倍数小于等于 1,且为正值。这是深度电压负反馈的结果。但它的射极电流仍比基极电流大 $1 + \beta$ 倍,所以它具有一定的电流和功率放大作用。

五、实 验 电 路

射极跟随器实验电路如图 5-6 所示。

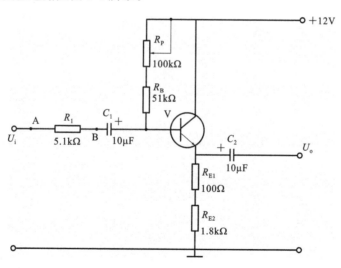

图 5-6 射极跟随器实验电路

六、实验内容及步骤

(1)按图 5-6 连接电路。

(2)静态工作点的调整。

接通 +12V 电源,在 B 点加入 $f = 1\text{kHz}$ 正弦信号 U_i,输出端用示波器监视,反复调整

R_P 及信号源的输出幅度,使在示波器的屏幕上得到一个最大不失真输出波形,然后置 $U_i=0$,用直流电压表测量晶体管各极对地电位,将测得数据记入表 5-4。

表 5-4   **静态工作点**

U_E/V	U_B/V	U_C/V	$I_C=\dfrac{U_E}{R_E}/mA$

在下面整个测试过程中应保持 R_P 值不变(即 I_E 不变)。

(3)测量电压放大倍数 A_u。

接入负载 $R_L=5.1k\Omega$,在 B 点加 $f=1kHz$ 正弦信号 U_i,调节输入信号幅度。用示波器观察输出波形 U_o,在输出最大不失真情况下,用交流毫伏表测 U_i、U_L 值,记入表 5-5。

表 5-5   **电压放大倍数 A_u**

U_i/V	U_L/V	$A_u=\dfrac{U_L}{U_i}$

(4)测量输出电阻 R_o。

接入负载 $R_L=5.1k\Omega$,在 B 点加 $f=1kHz$ 正弦信号 U_i,用示波器监视输出波形,测空载输出电压 U_o 及有负载时输出电压 U_L,记入表 5-6。

表 5-6   **输出电阻 R_o**

U_o/V	U_L/V	$R_o=\left(\dfrac{U_o}{U_L}-1\right)R_L/k\Omega$

(5)测量输入电阻 R_i。

在 A 点加 $f=1kHz$ 正弦信号 U_i,用示波器监视输出波形,用交流毫伏表分别测出 A、B 点对地的电位 U_s、U_i,记入表 5-7。

表 5-7   **输入电阻 R_i**

U_s/V	U_i/V	$R_i=\dfrac{R}{\dfrac{U_s}{U_i}-1}/k\Omega$

(6)测试跟随特性。

接入负载 $R_L=5.1k\Omega$,在 B 点加 $f=1kHz$ 正弦信号 U_i,并保持不变,逐渐增大信号 U_i

幅度,用示波器监视输出波形直至输出波形达最大不失真,测量对应的 U_L 值,记入表 5-8。

表 5-8									跟随特性	
U_i/V										
U_L/V										

(7)测试频率响应特性。

保持输入信号 U_i 幅度不变,改变信号源频率,用示波器监视输出波形,用交流毫伏表测量不同频率下的输出电压 U_L 值,记入表 5-9。

表 5-9									频率响应特性	
f/Hz										
U_L/mV										

七、实验报告要求

(1)整理实验数据,并画出曲线 $U_L=f(U_i)$ 及 $U_L=f(f)$ 曲线;
(2)分析射极跟随器的性能和特点。

实验 3　差动放大电路

一、实验目的

(1)熟悉差动放大电路的结构和性能特点;
(2)掌握差动放大器的测试方法。

二、实验仪器及器材

(1)实验箱。
(2)函数信号发生器。
(3)数字万用表。
(4)交流毫伏表。
(5)示波器。

三、预习要求

(1)阅读本实验内容。

(2)理论计算静态参数:设 R_{P1} 的滑动端在中点,管子放大倍数 $\beta=50$,$U_{BE}=0.7V$,输入端 A、B 均接地,将计算出的静态参数填入长尾式差动放大电路静态数据表中。

(3)理论计算长尾式差动放大电路在单端输入、双端输出时电压放大倍数 A_d,将数值填入长尾式差动放大模动态数据表中(计算时因 R_{P1} 值较大,故不可忽略 R_{P1} 值)。

四、实 验 原 理

1.差动放大电路的主要特点

差动放大电路广泛地应用于模拟集成电路中,它具有很高的共模抑制比。由诸如电源波动、温度变化等引起的外界干扰都会引起工作点不稳定,它们都可以看作一种共模信号。差动放大电路能抑制共模信号的放大,对上述变化有良好的适应性,使放大器有较高的稳定度。

图 5-7 为差动放大实验电路,它采用直接耦合形式,电路在①、②两点相连时为长尾式差动放大电路,电路在①、③两点相连时为恒流源式差动放大电路。在长尾式差动放大电路中抑制零漂的效果和 R_E 的数值有密切关系,因此 R_E 也称为共模反馈电阻,R_E 愈大,效果愈好。但 R_E 愈大,维持同样工作电流所需要的负电压 V_{EE} 也愈高。这在一般情况下是不合适的,恒流源的引出解决了上述矛盾。在三极管的输出特性曲线上,有相当一段具有恒流源的性质,即当晶体管 U_{CE} 变化时,I_C 电流不变。图 5-7 中 V_{T3} 管的电路为产生恒流源的电路,用它来代替长尾 R_E,能够更好地抑制共模性质的变化,提高共模抑制比。

2.差动放大电路的几种接法

差动放大电路的输入端有单端和双端两种输入方式;其输出端有单端和双端两种输出方式。电路的放大倍数只与输出方式有关,而与输入方式无关。故在实验中我们不再使用双端输入方式。

(1)单端输入:信号电压 U_i 仅由 V_{T1} 管 A 端输入,而 V_{T2} 管 B 端接"地"。

(2)单端输出:V_{T1} 管单端输出(U_{o1}),取自 V_{T1} 管的集电极对"地"电压,输入 U_i 与输出信号 U_{o1} 反相;V_{T2} 管单端输出(U_{o2}),取自 V_{T2} 管的集电极对"地"电压,输入 U_i 与输出信号 U_{o2} 同相。单端输出的放大倍数是单管放大倍数的一半。

(3)双端输出:为 V_{T1} 管与 V_{T2} 管集电极之间的电压。但因晶体管毫伏表测量信号时,它的黑夹子只能接"地",所以测量时分别对"地"测出 U_{o1} 和 U_{o2},再进行计算($U_o = U_{o1} - U_{o2}$)。双端输出的放大倍数和单管放大倍数相同。

(4)共模输入:信号电压 U_i 可由 A 端输入,将 V_{T1} 管输入端 A 与 V_{T2} 管 B 端连接在一起。而原来 V_{T2} 管 B 端接"地"的线必须断开,否则会使信号源短路。A_c 为共模放大倍数,若电路完全对称,则 $A_c = 0$,共模抑制比 $K_{CMR} \rightarrow \infty$,为理想情况。$A_d$ 为差模放大倍数。

共模抑制比

$$K_{CMR} = \left| \frac{A_d}{A_c} \right|$$

五、实 验 电 路

差动放大电路如图 5-7 所示。

六、实 验 内 容 及 步 骤

1.长尾式差动放大电路

按图 5-7 接线,将电路图中①、②两点相连。

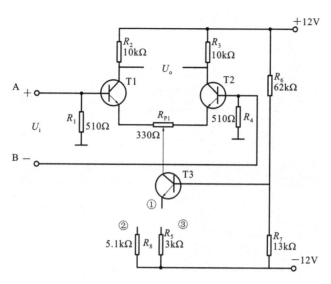

图 5-7　差动放大电路

(1)静态测试。

调零:即调节输入电压为零。把 A、B 两个输入端都接"地",因为电路不会完全对称,输出不一定为零。R_{P1} 为调零电位器,通过调节 R_{P1} 改变两管的初始工作状态,用万用表测差动放大电路双端输出,使双端输出为零,即 $U_{CQ1} = U_{CQ2}$(U_{CQ1}、U_{CQ2} 分别为 V_{T1} 和 V_{T2} 管集电极对"地"电压)。

按表 5-10 测量并记录 V_{T1} 和 V_{T2} 管的静态工作点,并根据实测数据算出管子的 β 值。

表 5-10　　　　　　　　　　　　　　**长尾式差放电路静态数据**

静态参数		U_{BQ}/V	U_{CQ}/V	U_{EQ}/V	$I_{BQ}/\mu A$	I_{CQ}/mA	I_{EQ}/mA	β
理论估算值								
实际测量值	V_{T1}							
	V_{T2}							

(2)动态测试。

用示波器观察输入、输出信号,交流信号 U_i 输入频率为 1kHz,按表 5-11 分别测量差模动态数据,计算差模放大倍数。按表 5-12 分别测量共模动态数据,计算共模放大倍数及共模抑制比。

表 5-11　　　　　　　　　　　　　　**长尾式差动放大差模动态数据**

测量参数		U_i/mV	U_{o1}	U_{o2}	计算 A_d	
单端输入	单端输出	100			$A_{d1} = U_{o1}/U_i =$	
					$A_{d2} = U_{o2}/U_i =$	
	双端输出			理论	$A_{d2} =$	
				实际	$A_{d2} = (U_{o1} - U_{o2})/U_i =$	

表 5-12   **长尾式差动放大共模动态数据**

测量参数		U_i/V	U_{o1}	U_{o2}	计算 A_c	K_{CMRR}
共模输入	单端输出	0.5			$A_{c1}=$	
					$A_{c2}=$	
	双端输出				$A_c=$	

2. 恒流源式差动放大电路

按图 5-7 接线,将原来①、②间的连线断开,使①与③相连。

(1)静态测试。

关闭信号源,拆下信号线。当输入电压为零时(把 A、B 两端接"地")仅调节 R_{P2} 电位器,使 I_E 电流大小和原来长尾电路保持一样,则静态参数应与表 5-10 一致,不必再测。

(2)动态测试。

按表 5-13 分别测量差模动态数据,并计算差模放大倍数。

按表 5-14 分别测量共模动态数据,并计算共模放大倍数及共摸抑制比。

注:测试方法可参照长尾电路。

表 5-13   **恒流源式差动放大差模动态数据**

测量参数	U_i/mV	U_{o1}	U_{o2}	计算 A_d
单端输入、单端输出	100			$A_{d1}=$
				$A_{d2}=$
				$A_d=$

表 5-14   **恒流源式差动放大共模动态数据**

测量参数		U_i/V	U_{o1}	U_{o2}	计算 A_c	K_{CMRR}
共模输入	单端输出	0.5			$A_{c1}=$	
					$A_{c2}=$	
	双端输出				$A_c=$	

七、实验报告要求

(1)比较两种差动放大电路的主要特点;

(2)比较实测数据与理论估算值,并进行误差分析。

实验 4   电压串联负反馈放大器

一、实验目的

(1)进一步理解电压串联负反馈对放大器性能的改善作用;

(2)熟悉放大器性能指标的测试。

二、实验仪器及器材

(1)实验箱。

(2)函数信号发生器。

(3)数字万用表。

(4)交流毫伏表。

(5)示波器。

三、预习要求

(1)复习电压串联负反馈放大器的工作原理及特点;

(2)预习其通频带的测试方法。

四、实验原理

负反馈能改善放大器(或系统)的稳定性、失真度和频率响应,并能改变放大器(或系统)的输入和输出阻抗,以满足放大器(或系统)的需要。但这些性能的改善都要以降低放大器(或系统)的增益为代价。

1. 反馈放大器的四种组态

所谓反馈,是指把放大器输出回路的信号(电压或电流)通过反馈网络回送到放大器的输入端,与输入信号一起参与输入端的控制作用,如图 5-8 所示。

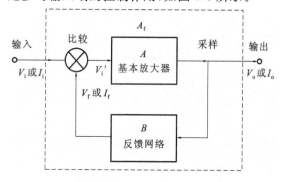

图 5-8　负反馈框图

反馈的类型,根据输出端反馈信号的取样性质可分为:①电压取样(即并联取样,反馈网络并联在输出端);②电流取样(即串联取样,反馈网络串联在输出端)。根据反馈到输入端的连接方式还可以分为:①反馈信号(V_f 与 I_f)与输入信号并联相接,称为并联反馈;②反馈信号(V_f 与 I_f)与输入信号串联相接,称为串联反馈。四种组态见表 5-15。从相位上来分,若反馈信号与输入信号反相位,称为负反馈;若反馈信号与输入信号同相位,则称为正反馈。正反馈使放大器的增益加大,性能变劣,但它在信号产生电路中有更广泛的应用。

表 5-15　　　　　　　　　　　　　　四种组态

输出取样方式	电压	电压	电流	电流
输入连接方式	串联反馈	并联反馈	串联反馈	并联反馈

2.电压串联负反馈

这种反馈组态的反馈信号正比于输出电压,反馈信号以电压形式与输入信号 V_i 比较,而且相位相反,故使净输入电压减小,即

$$V_f = FV_o$$
$$V_i' = V_i - V_f$$

式中,F 为反馈系数。

$$F = \frac{V_f}{V_o}$$

(1)负反馈使增益下降。

原放大器增益(开环增益)

$$A_{Vo} = \frac{V_o}{V_i'}$$

加反馈后的增益(闭环增益)

$$A_{Vf} = \frac{V_o}{V_i} = \frac{A_{Vo}}{1 + FA_{Vo}}$$

由上式可知,加入负反馈以后放大器的增益减小了 $1 + FA_{Vo}$ 倍,设 $D = 1 + FA_{Vo}$(D 称为反馈深度),D 越大,放大器性能的改善也越明显。

(2)负反馈提高了放大器的增益稳定性。

由于 $D = 1 + FA_{Vo} \gg 1$,可以得到,在深负反馈时,

$$A_{Vf} \approx \frac{1}{F}$$

闭环放大器增益只取决于反馈网络,几乎与基本放大器无关。而反馈网络通常由一些性能稳定的无源元件(R、C)组成,因此闭环放大器的增益 A_{Vf} 是十分稳定的。

(3)负反馈提高了放大器的输入电阻,降低了输出电阻。

基本放大器的输入电阻

$$R_i = \frac{V_i'}{I_i}$$

加负反馈后的输入电阻

$$R_{if} = (1 + FA_{Vo})R_i = DR_i$$

基本放大器的输出电阻

$$R_o = \frac{V_o}{I_o}$$

加负反馈后的输出电阻

$$R_{of} = \frac{R_o}{(1 + FA_{Vo})} = \frac{R_o}{D}$$

(4)负反馈放大器减小了非线性失真。

基本放大器出现了非线性失真,这个非线性失真的信号被送到输入端,正好补偿了原放大器的失真,从而使非线性失真现象得到了改善。

(5)负反馈展宽了放大器的通频带。

由于存在晶体管、电容器等与频率有关的电抗性元件,放大器的增益在高、低频时均有下降,这种下降也属于增益的不稳定,我们同样也可以用电压串联负反馈来减小这种下降,即展宽通频率。

有反馈时,上限频率 f_{Hf} 比无反馈时展宽 $D=1+FA_{Vo}$ 倍,即

$$f_{Hf} = (1+FA_{Vo})f_{H}$$

下限频率 f_{Lf} 比无反馈时降低 $D=1+FA_{Vo}$ 倍,即

$$f_{Lf} = \frac{f_{L}}{1+FA_{Vo}}$$

五、实验电路

电压串联负反馈实验电路如图 5-9 所示。

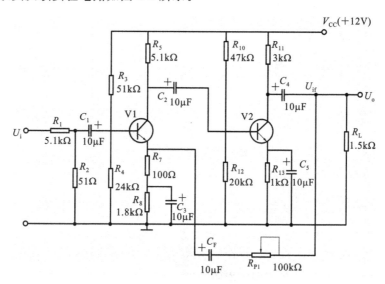

图 5-9　电压串联负反馈实验电路图

六、实验内容及步骤

(1)测量电压串联负反馈放大器的开环增益 A_{Vo} 及闭环增益 A_{Vf}' 并计算反馈深度 D;

(2)测量电压串联负反馈放大器(负载 $R_L=1.5k\Omega$)的开环输入阻抗 R_i 及闭环输入阻抗 R_{if}

$$R_i = \frac{U_i}{U_S-U_i}R_S, \quad R_{if} = \frac{U_{if}}{U_S-U_{if}}R_S$$

(3)测量电压串联负反馈放大器的开环输出阻抗 R_o 及闭环输出阻抗 R_{of}

$$R_o = \left(\frac{U_o}{U_{oL}}-1\right)R_L, \quad R_{of} = \left(\frac{U_{of}}{U_{oLf}}-1\right)R_L$$

(4)测量电压串联负反馈放大器的开环通频带 $BW=f_H-f_L$ 及闭环通频带 $BW_f=f_{Hf}-f_{Lf}$ 并计算反馈深度 D(负载 $R_L=1.5k\Omega$)。

七、实验报告要求

(1)整理测试数据并进行数据处理;

(2)验证电压串联负反馈放大器的相关特点。

实验 5   比例运算电路

一、实验目的

(1)掌握检查运算放大器好坏的方法;

(2)掌握运算放大器组成比例、求和运算电路的结构特点;

(3)掌握运算电路的输入与输出电压特性及输入电阻的测试方法。

二、实验仪器及器材

(1)实验箱。

(2)数字万用表。

三、预习要求

(1)阅读本实验内容及与本实验有关的教材内容;

(2)确定实验电路中补偿电阻 R' 的阻值。

四、实验原理

运算放大器是具有两个输入端和一个输出端的高增益、高输入阻抗的电压放大器。检查运算放大器的好坏用开环过零电路,如图 5-10 所示。在运算放大器的输入端和输出端之间加上反馈网络,则可实现各种不同的电路功能,比例、求和运算电路是运算放大器的线性应用,在线性应用中分析电路遵循的原则是虚断和虚短。

虚断:认为流入运算放大器两个净输入端的电流近似为零。

虚短:认为运算放大器两个净输入端的电位近似相等($U_+ \approx U_-$)。

(1)反相比例运算电路。

如图 5-11 所示,输出电压 U_o 与输入电压 U_i 的关系式为

$$U_o = -\frac{R_F}{R_1}U_i$$

电压放大倍数为

$$A_{UF} = -\frac{R_F}{R_1}$$

若 $R_F = R_1$,则为反相跟随器。

(2)同相比例运算电路。

如图 5-12 所示,输出电压 U_o 与输入电压 U_i 的关系式为

$$U_\text{o} = \left(1 + \frac{R_\text{F}}{R_1}\right)U_\text{i}$$

电压放大倍数为

$$A_\text{UF} = 1 + \frac{R_\text{F}}{R_1}$$

若 $R_1 \to \infty$，则 $A_\text{UF} = 1$，为跟随器。

(3)反相求和运算电路。

如图 5-13 所示，输出电压 U_o 与输入电压 U_i 的关系式为

$$U_\text{o} = -\frac{R_\text{F}}{R_1}U_\text{i1} - \frac{R_\text{F}}{R_2}U_\text{i2}$$

为了提高运算放大器的运算精度，一般运算放大器会带有外部调零端，以保证运算放大器输入为零时，输出也为零。在运算放大器电路实验板上调零电路已经接好，使用时，调节调零旋钮即可。

实验板上运算放大器所提供的直流电源为 $\pm 12\text{V}$，运算放大器输出不会大于电源电压，所以运算放大器的饱和输出电压 $U_\text{omax} \leqslant \pm 12\text{V}$。

五、实 验 电 路

开环过零电路如图 5-10 所示，反相比例运算电路如图 5-11 所示，同相比例运算电路如图 5-12 所示，反相求和运算电路如图 5-13 所示。

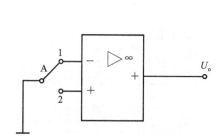

图 5-10　开环过零电路

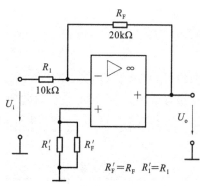

图 5-11　反相比例运算电路

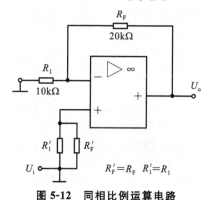

图 5-12　同相比例运算电路

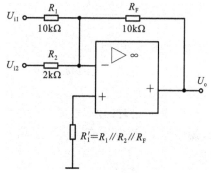

图 5-13　反相求和运算电路

六、实验内容及步骤

1.检查运算放大器的好坏

(1)在运算放大电路实验板上接入直流电源＋12V、－12V和"地"，否则运算放大器无法正常工作(实验过程中不要拆掉此电源线)。

(2)按图5-10接线，将导线A的一端接"地"，另一端分别接到"1"或"2"上，利用运算放大器开环放大倍数为∞(大于10^4)，可检查运算放大器的好坏。若运算放大器输出电压U_o分别为正、负饱和值，即开环过零，则该运算放大器基本上是好的。检查后即可关上电源进行下面实验电路的接线。

2.反相比例运算电路

(1)按电路图5-11接线。实验中U_i为直流电压信号(由模拟实验箱中直流信号源提供)。

(2)比例运算电路首先要进行闭环调零。当$U_i=0$时，用万用表测U_o，调节运算放大器的调零电位器，使$U_o=0$即可。下面的同相比例、反相求和电路同样有闭环调零的问题，就不再赘述。

(3)按表5-16给定的值，验证$U_+\approx U_-$、$R_i=R_1$，将测量数据记录在表中。

表5-16　　　　　　　　**运算放大器"虚断和虚短"及输入R_i验证数据**

电路形式	输入电压U_i/V	U_+/V	U_-/V	R_i/kΩ
反相比例	2			
同相比例	2			

(4)按表5-17给定的输入电压值，验证反相比例运算电路的传输特性，测量U_i和U_o，将数据记录在表中，并计算理论值与实测值之间的误差。

表5-17　　　　　　　　**反相比例运算实验数据**

输入电压U_i/V		0	+1	+2	−1	−2	−4
输出电压U_o/V	理论值						
	实测值						
	计算误差						

3.同相比例运算电路

(1)按图5-12所示的电路接线。

(2)闭环调零。

(3)按表5-16给定的值，验证$U_+\approx U_-$、$R_i\to\infty$，将测量数据记录在表中。

(4)按表5-18给定的值，测量U_i和U_o，将数据记录在表中，并计算理论值与实测值之间的误差。

表 5-18　　　　　　　　　　同相比例运算实验数据

输入电压 U_i/V		0	+1	+2	-1	-2	-4
输出电压 U_o/V	理论值						
	实测值						
	计算误差						

4. 反相求和运算电路

(1) 闭环调零实验电路如图 5-13 所示。

(2) 按表 5-19 给定的值测量 U_o，将数据记录在表中，并计算理论值与实测值之间的误差。

表 5-19　　　　　　　　　　反相求和运算实验数据

输入信号	U_{i1}/V	+2	-2
	U_{i2}/V	-2	+2
输出电压 U_o/V	理论值		
	实测值		
	计算误差		

七、实验报告要求

(1) 比较比例、求和电路的特点。总结使用运算放大器时应注意的主要问题。

(2) 整理分析实验数据表格。

实验 6　反相积分电路

一、实验目的

(1) 掌握反相积分电路的结构和性能特点。

(2) 验证积分运算电路输入与输出电压的函数关系。

二、实验仪器及器材

(1) 实验箱。

(2) 函数信号发生器。

(3) 数字万用表。

(4) 示波器。

三、预习要求

(1) 阅读本实验内容。

（2）在反相积分电路中，开关 K 由闭合到长时间的打开，理论估算积分器输出电压 U_o 从零上升到最大值所用的时间 t_{max}（设：$U_{im}=-0.1V$，运算放大器的饱和输出电压 $U_{om}=\pm 10V$）。

（3）在反相积分电路中，当 $U_i=U_{im}\sin(\omega t)$（其中 $U_{im}=1V$，$f=100Hz$）时，分析积分器输出端 U_o 的情况，理论估算输出幅值 U_{om}。

四、实验原理

采用运算放大器构成的积分电路输入、输出电压之间的关系具有理想的积分特性，即积分电流恒定。在图 5-14 中，反相输入端虚地，输入电流 $I_R=U_i/R$，因为运算放大器输入端几乎不取用电流（虚断），所以 $I_R=I_C$，积分电容 C 就以电流 $I=U_i/R$ 进行充电，假设电容器 C 初始电压为零，则

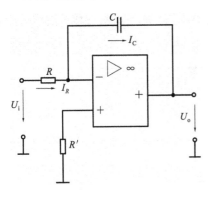

图 5-14　反相积分等效电路

$$U_o=-\frac{1}{RC}\int U_i\,dt$$

此式表明输出电压 U_o 为输入电压 U_i 对时间的积分，负号表示它们在相位上是相反的。当输入信号为阶跃电压时，输出电压 U_o 与时间 t 成近似线性关系，则

$$U_o=-\frac{1}{RC}U_i t$$

式中，RC 为积分时间常数 τ，U_o 随时间 t 线性增大直到运算放大器进入饱和状态，U_o 保持不变，而停止积分。这种积分电路常被用作显示器的扫描电路及模数转换器等。在图 5-15 实验电路中，输入信号 U_i 为负直流电压，K 为积分开关，当 K 合上时，U_o 为零，当 K 打开时，电容 C 开始充电，情况等同于输入信号为负向阶跃电压。

当输入信号为交流正弦电压时，则

$$U_o=\frac{1}{RC\omega}U_{im}\sin(\omega t+90°)$$

由公式可知，输出电压 U_o 与输入电压 U_i 有 90° 的相位差，当 U_i 为正弦波形时，U_o 对应为余弦波形，输出的幅值也有所变化。在实际电路中，积分电容两端可并接反馈电阻 R_F，用以改善波形出现失真的情况。

五、实验电路

反相积分电路如图 5-15、图 5-16 所示。

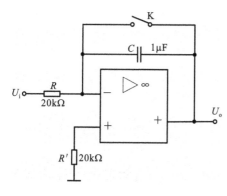

图 5-15　反相积分电路一

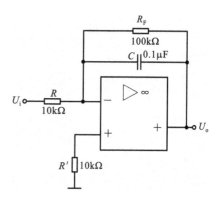

图 5-16　反相积分电路二

六、实验内容及步骤

1. 积分器输入为直流电压

(1)"开环过零"检测运算放大器的好坏。

(2)按图 5-15 接线,$U_i = -0.1V$(由直流信号源提供)。

(3)先用数字万用表观测积分情况:将积分电路的开关 K 打开的同时,用数字万用表观测积分输出电压的变化,并从数字万用表上读出积分电压达到的最大值。

(4)用示波器观察积分波形:把示波器扫描选择放在最慢时间挡(0.2s/div),这时荧光屏显示的不再是扫描线,而是在移动的扫描光点。选择输入耦合方式,校准 Y 轴零点,因为 U_o 朝正电压方向积分,所以应将零点调在荧光屏的下方的标尺线上,先将积分电路的开关 K 合上,当亮点出现在屏幕左下角时,立即把积分开关 K 打开,观察积分波形并将其画出。

2. 积分器输入为交流正弦电压

(1)按图 5-16 接线,积分器输入正弦交流信号:$U_i = U_{im} \sin(\omega t)$(其中 $U_{im} = 1V$,$f = 100Hz$)。

(2)同时观察输入与输出的波形,并将其画出,且注意它们之间的相位关系。

七、实验报告要求

(1)通过实验总结积分电路的特点;

(2)整理实测数据并与理论估算值比较,进行误差分析;

(3)积分器输入正弦交流信号时分析 U_i 与 U_o 之间的相位关系。

实验 7　电压比较电路

一、实验目的

(1)熟悉单门限电压比较器、迟滞比较器的电路组成特点;

(2)了解比较器的应用及测试方法。

二、实验仪器及器材

(1)实验箱。

(2)函数信号发生器。

(3)数字万用表。

(4)示波器。

三、预习要求

(1)阅读本实验内容,复习由运算放大器组成的单门限电压比较器和迟滞比较器的工作原理。

(2)在反相输入迟滞比较器电路中,理论计算上限门电压 V_{T+}、下限门电压 V_{T-}。

四、实验原理

(1)单门限电压比较器的主要特点。

比较器是一种用来比较输入信号 U_i 和参考电压 V_{REF} 的电路。使用时运算放大器处于开环状态,具有很高的开环电压增益,当 U_i 在参考电压 V_{REF} 附近有微小的变化时,运算放大器输出电压将会从一个饱和值过渡到另一个饱和值。我们把比较器输出电压 U_o 从一个电平跳变到另一个电平时相应的输入电压 U_i 值称为门限电压或阈值电压 V_{th}。

当输入信号 U_i 从同相端输入,参考电压 V_{REF} 接在反相端,且只有一个门限电压时,比较器称为同相输入单门限电压比较器。反之,当输入信号 U_i 从反相端输入,参考电压 V_{REF} 接在同相端时,比较器称为反相输入单门限电压比较器。

在图 5-17 所示电路中,R 为稳压限流电阻,它与稳压管组成输出限幅电路,使输出电压 $U_o=\pm V_{DZ}=\pm 8V$。同相输入端接参考电压 V_{REF},当反相输入电压 $U_i>V_{REF}$ 时,比较器输出电压 $U_o=-V_{DZ}=-8V$;当 $U_i<V_{REF}$ 时,比较器输出电压 $U_o=+V_{DZ}=+8V$。

同样在图 5-17 所示电路中,若参考电压 $V_{REF}=0$,这种比较器称为过零比较器。输入信号 U_i 在过零点时,输出电压 U_o 会产生一次跳变。利用过零比较器可以把正弦波变为方波。

(2)迟滞比较器的主要特点。

单门限电压比较器虽然有电路简单、灵敏度高等特点,但其抗干扰能力差。迟滞比较器具有迟滞回环传输特性,抗干扰能力大大提高。

图 5-18 所示为反相输入迟滞比较器,图中运算放大器同相输入端电压实际就是门限电压,根据输出电压 U_o 的不同值(高电平 V_{oH} 或低电平 V_{oL}),可分别求出上限门电压 V_{T+} 和下限门电压 V_{T-}

$$V_{T+}=\frac{R_2 V_{oH}}{R_1+R_2}$$

$$V_{T-}=\frac{R_2 V_{oL}}{R_1+R_2}$$

五、实 验 电 路

反相输入单门限电压比较器实验电路如图 5-17 所示,滞回电路比较器实验电路如图 5-18 所示。

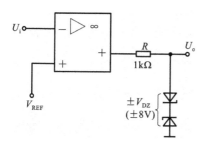

图 5-17　反相输入单门限电压比较器实验电路　　　图 5-18　滞回电路比较器实验电路

六、实 验 内 容 及 步 骤

1. 单门限电压比较器

(1)反相输入单门限电压比较器:按图 5-17 接线,由实验箱中直流信号源Ⅰ输入一个参考电压 $V_{REF}=1V$,U_i 接直流信号源Ⅱ,用万用表测输入、输出电压,观察当 $U_i>V_{REF}$ 和 $U_i<V_{REF}$ 时,输出电压发生的变化。

(2)反相输入过零比较器:按图 5-17 接线,参考电压 $V_{REF}=0$,U_i 输入交流信号($U_i=1V,f=500Hz$),用示波器观察输入、输出波形,并将其画出。

2. 迟滞比较器

按图 5-18 接线,U_i 输入交流信号($U_i=1V,f=500Hz$),用示波器观察输入、输出波形,画出波形,并在图上标注比较器的上限门电压 V_{T+} 和下限门电压 V_{T-}。

七、实 验 报 告 要 求

(1)通过实验总结电压比较器的工作原理。

(2)整理实验数据,在坐标纸上画出有关的波形图。比较迟滞比较器的门限电压的理论值和实测值。

实验 8　波 形 发 生 电 路

一、实 验 目 的

(1)学习由运算放大器组成的 RC 正弦波发生器和方波发生器的工作原理及参数计算;

(2)学习用示波器观测波形。

二、实 验 仪 器 及 器 材

(1)实验箱。

(2)数字万用表。

(3)示波器。

三、预习要求

(1)阅读本实验内容及与本实验有关的教材内容。

(2)计算 RC 正弦波发生器的输出振荡频率 f_0。

(3)计算方波发生器在 $R_P=10\text{k}\Omega$ 时,输出方波的周期 T。

(4)掌握用示波器测量波形幅值和周期的方法。

四、实验原理

1. RC 正弦波发生器

RC 正弦波发生器(也称文氏电桥振荡器)由两部分组成,即放大电路 A 和选频网络 F。正弦波振荡应满足两个条件,即振幅平衡及相位平衡。

图 5-19 所示电路中的 RC 选频网络形成正反馈系统,可以满足相位平衡条件。调节 R_P 使得 RC 正弦波发生器满足振幅平衡条件,放大倍数 $A=3(A_F=1)$。当 A 的值远大于 3 时,振幅的增长致使放大器工作在非线性区,波形将产生严重的失真(接近方波)。

正弦波振荡频率为 $f=1/(2\pi RC)$。

图 5-19 中的二极管为自动稳幅元件。当放大器输出 u_o 幅值很小时,二极管接近开路,二极管与 R_F 组成的并联支路的等效电阻近似为 R_F,放大倍数 A 增加,$A>3$,有利于起振;反之,u_o 幅值很大时,二极管导通,二极管与 R_F 组成的并联支路的等效电阻减小,放大倍数 A 下降,u_o 幅值趋于稳定。

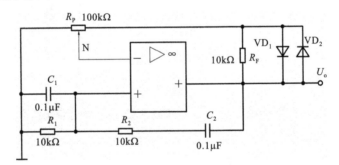

图 5-19 RC 正弦波发生器

2. 方波发生器

图 5-20 所示是一种常见的方波发生器,它是在迟滞比较器的基础上,增加了由 R、C 组成的积分电路,当运算放大器反相端的电压与运算放大器同相端的电压进行比较时,运算放大器输出端在正负饱和值间突变。由于电容器上的电压不能突变,因此上述突变只能由输出电压 U_o 通过电位器 R_P 按指数规律向电容 C 充放电来实现。电容 C 两端的电压 U_C 接在运算放大器反相端上,运算放大器同相端 $V_+ = \pm[R_1/(R_1+R_2)]V_{DZ}$。

输出端的电阻 R_3 和稳压管组成了双向限幅稳压电路,使输出电压限幅在 $\pm8\text{V}$。输出

方波的周期 $T = 2R_P C \ln(1 + 2R_1/R_2)$。占空比 q 为波形高电平的持续时间与振荡周期之比。

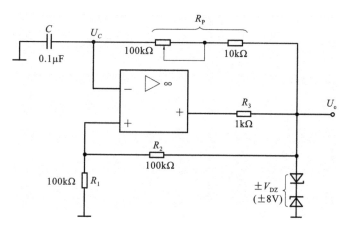

图 5-20　方波发生器

五、实 验 电 路

RC 正弦波发生器如图 5-19 所示,方波发生器如图 5-20 所示。

六、实 验 内 容 及 步 骤

1. RC 正弦波发生器

(1)按图 5-19 所示实验电路接线,用示波器观察输出波形 U_o;调节电位器 R_P,使输出电压 U_o 为正弦波形,且幅值最大。

(2)用示波器测量输出电压 U_o 的幅值和周期,并画出波形。

(3)左右调整电位器 R_P 滑动端,用示波器观察 U_o 的波形变化,将输出波形的变化填入表 5-20 中,并分析原因。

2. 方波发生器

(1)方波发生器实验电路图如图 5-20 所示。

(2)按图 5-20 接线,调节电位器 R_P,用示波器观察输出电压 U_o 和 U_C 的波形(U_o 幅值、周期、占空比是否变化,变化是增加还是减小),将输出波形的变化填入表 5-21。

(3)当 $R_P = 10\text{k}\Omega$ 时,观察 U_o 和 U_C 的波形,并画出来。

表 5-20　　　　　　　　　　　　　　　**输出波形变化一**

操作	输出电压 U_o 波形的变化
R_P 滑动端 N 左移	
R_P 滑动端 N 右移	

表 5-21   **输出波形变化二**

操作	输出电压 U_o 波形的变化		
	幅值	周期	占空比
R_P 调大			
R_P 调小			

七、实验报告要求

(1)整理实验数据,绘制波形图,并比较实验数据与理论值。

(2)总结各种波形发生电路的主要特点及集成运算放大器在这些波形发生电路中的工作状态。

实验 9   OTL 功率放大器

一、实验目的

(1)进一步理解 OTL 功率放大器的工作原理。

(2)学会 OTL 电路的调试及主要性能指标的测试方法。

二、实验仪器及器材

(1)实验箱。

(2)函数信号发生器。

(3)数字万用表。

(4)交流毫伏表。

(5)示波器。

三、预习要求

(1)复习有关 OTL 工作原理的内容;

(2)复习交越失真产生的原因及克服交越失真的措施。

四、实验原理

图 5-21 所示为 OTL 低频功率放大器。其中推动级(也称前置放大级)由晶体三极管 V1 组成,V2、V3 是一对参数对称的 NPN 型和 PNP 型晶体三极管,它们组成互补对称的功放电路。由于每一个管子都接成射极输出器形式,因此电路具有输出电阻低、负载能力强等优点,适合作为功率输出级。

输入的正弦交流信号 U_i 经 V1 放大、倒相后同时作用于 V2、V3 的基极。在 U_i 的负半周,V2 导通(V3 截止),有电流通过负载 R_L,同时向电容 C_3 充电;在 U_i 的正半周,V3 导通

（V2 截止），则已充好电的电容 C_3 起着电源的作用，通过负载 R_L 放电，这样在 R_L 上就可得到完整的正弦波。

五、实验电路

OTL 功率放大器如图 5-21 所示。

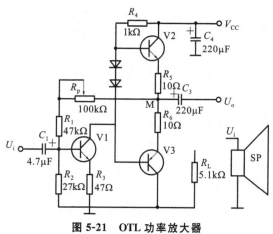

图 5-21　OTL 功率放大器

六、实验内容及步骤

(1) 调整直流工作点，使 M 点电压为 $0.5V_{CC}$。

(2) 测量放大器交流参数。

(3) 改变电源电压，测量并比较输出功率和效率。

(4) 比较功率放大器在带 20kΩ 和 16Ω 负载时的功耗和效率。

七、实验报告要求

(1) 整理实验数据，计算静态工作点、最大不失真输出功率及效率。

(2) 比较实际测量的数值与理论值，画出频率响应曲线。

(3) 总结功率放大器放大电路的特点及测量方法。

(4) 讨论实验中出现的问题及解决方法。

实验 10　稳 压 电 源 电 路

一、实 验 目 的

(1) 验证单相桥式整流、加电容滤波电路中输出直流电压与输入交流电压之间的关系，并观察它们的波形。

(2) 学习测量直流稳压电流的主要技术指标。

(3) 学习集成稳压块的使用。

(4) 练习使用示波器和交流毫伏表。

二、实验仪器及器材

(1)实验箱。

(2)函数信号发生器。

(3)指针万用表。

(4)数字万用表。

(5)交流毫伏表。

(6)示波器。

三、预习要求

(1)阅读本实验内容,复习与本实验有关的课程内容。

(2)计算输出电压 U_3 的理论估算值,并填写单相桥式整流、加电容滤波电路测量数据表。

(3)熟悉示波器、万用表和晶体管毫伏表的正确使用方法。

注意如下几点:

(1)切忌带电接线或带电拆线。

(2)在观测波形时,必须将示波器与实验板电路共"地"(黑夹子接"地")。当观察到的信号既有交流分量,又有直流分量时,"Y 轴输入耦合"应放在"DC"挡上,并调整好显示屏上的 Y 轴零点。

(3)正确选择仪表及其量程。特别要注意区分电路中哪些是交流分量,哪些是直流分量,以便正确选用电表。

(4)为防止因使用不当而烧坏万用表,本实验要求:测量电流用指针式万用表,而测量交、直流电压用数字万用表,测量纹波电压用交流毫伏表。

四、实验原理

电子设备一般都需要直流电源供电。这些直流电源除了少数为干电池和直流发电机外,大多数是把交流电(市电)转变为直流电的直流稳压电源。

1.单相桥式整流、加电容滤波电路

单相桥式整流、加电容滤波电路如图 5-23 所示,单相桥式整流是将交流电压通过二极管的单相导电作用变为单方向的脉动直流电压。负载上的直流电压 $U_3 = 0.9U_2$。

加电容滤波电路通过电容的能量存储作用,降低整流电路含有的脉动成分,保留直流成分。负载上的直流电压随负载电流增加而减小,纹波的大小与滤波电容 C 的大小有关,R_C 越大,电容放电速率越慢,则负载电压中的纹波成分越小,负载上平均电压越高。在图 5-23 所示电路中,当 C 值一定,$R_L = \infty$(即空载)时,$U_3 \approx 1.4U_2$;接上负载 R_L 后,$U_3 \approx 1.2U_2$。

2.串联型稳压电路

串联型直流稳压电源由电源变压器、整流电路、滤波电路和稳压电路四部分组成,其原理框图如图 5-22 所示。电网供给的交流电压 U_1(220V,50Hz)经电源变压器降压后,得到

符合电路需要的交流电压 U_2,然后由整流电路变换成方向不变、大小随时间变化的脉动电压 U_3,再用滤波器滤去交流分量,就可得到比较平直的直流电压 U_i。但这样的直流输出电压还会随交流电网电压的波动或负载的变动而变化。在对直流供要求较高的场合,还需要使用稳压电路,以保证输出直流电压 U_o 更加稳定。

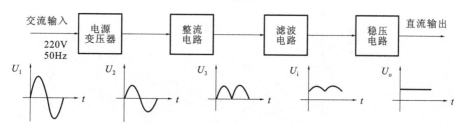

图 5-22　直流稳压电源框图

3.稳压电路技术指标

(1)稳压电路技术指标分两种:一种是特性指标,包括允许的输入电压、输出电压、输出电流及输出电压调节范围等;另一种是质量指标,用来衡量输出直流电压的稳定程度,包括稳压系数、输出电阻、纹波电压等。

(2)稳压系数 γ:常用输出电阻和输入电阻的相对变化之比来表征稳压性能,稳压系数 γ 越小,输出电压越稳定。稳压系数 γ 又称电压稳定度,其表达式为

$$\gamma = \frac{\Delta U_o / U_o}{\Delta U_i / U_i}$$

(3)输出电阻 R_o:输出电阻反映负载电流变化对输出电压的影响,其表达式为

$$R_o = \frac{\Delta U_o}{\Delta I_o}$$

(4)纹波电压 $U_{o(\sim)}$:指稳压电路输出端交流分量的有效值,一般为毫伏数量级,它表示输出电压的微小波动。

五、实 验 电 路

单相桥式整流、加电容滤波电路如图 5-23 所示,串联型稳压电路如图 5-24 所示。

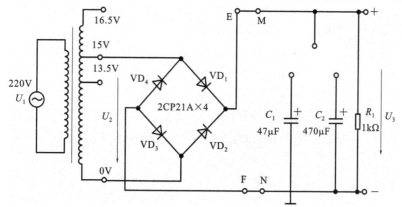

图 5-23　单相桥式整流、加电容滤波电路

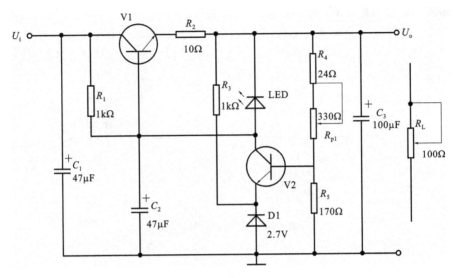

图 5-24　串联型稳压电路

六、实验内容及步骤

1. 单相桥式整流、加电容滤波电路

(1)按图 5-23 连接线路，U_2 接到变压器副边的 7.5V 引线端上。

(2)用示波器观察输出端电压 U_3 的波形，同时用万用表分别测出 U_2（交流有效值）和 U_3（直流平均值）的大小，该项实验分三种情况进行，如表 5-22 所示。

表 5-22　　　　　　　　　　　　**单相桥式整流、加电容滤波电路**

类型	U_2/V	U_3/V		U_3 的波形图（示意）	U_3/U_2（计算）
		理论值	实测值		
不加电容滤波					
加 47μF 电容滤波					
加 470μF 电容滤波					

2. 串联型稳压电路

图 5-24 所示为串联型稳压电路。用示波器观察输出端电压 U_o 的波形。$U_2 = 15V$，负载电阻 $R_L = 100\Omega$，测量对应的输入电压 U_i 和输出电压 U_o 的值。

(1)测量稳压系数 γ。

当 U_2 的电压变化时，输出电压会随之改变，由此检查稳压电路的电压稳定度。即分别测量 $U_2 = 16.5V$，$U_2 = 13.5V$ 时对应的输入电压 U_i 和输出电压 U_o 的值，并将以上数据记录在表 5-23 中。

表 5-23　　　　　　　　　　　稳压系数测量数据（测试条件 $R_L = 20\Omega$）

U_2/V	U_i/V	U_o/V	$\gamma = \dfrac{\Delta U_o / U_o}{\Delta U_i / U_i}$
16.5			
13.5			

（2）测量外特性及纹波电压 $U_{o(\sim)}$。

电路同上，当 $U_2 = 15$V 时，改变负载电阻 R_L 的大小，并逐次测量各种情况下 I_o、U_o 和纹波电压 $U_{o(\sim)}$ 的值[用交流毫伏表测量 $U_{o(\sim)}$ 得到交流分量的有效值]，并将数据记录在表 5-24 中（当 I_o 接近满量程 500mA 时，电流表在电路中测量时间要短，否则表易损坏）。

表 5-24　　　　　　　　　　　　外特性及输出电阻测量

R_L/Ω	∞（空载）	30	20	10
I_o/mA				
U_o/V				
$U_{o(\sim)}$/mV				

七、实验报告要求

（1）总结单相桥式整流、加电容滤波电路和三端集成稳压电路的工作特点；

（2）整理实验数据表格，分别计算稳压电源的稳压系数 γ、输出电阻 R_o 的值；

（3）由表 5-24 中输出电流 I_o、输出电压 U_o 的测量数据，画出外特性曲线，即 $U_o = f(I_o)$ 的关系曲线。

实验 11　单级低频放大器的设计

一、设计内容

设计并制作一个单级低频放大器。

二、设计要求

已知条件：$V_{CC} = +12$V，$R_L = 2$kΩ，$U_i = 10$mV，$R_s = 600\Omega$。

性能指标要求：$A_v > 30$dB，$R_i > 2$kΩ，$R_o < 3$kΩ，$BW = 20 \sim 200$kHz，电路稳定性好。

（1）认真学习基本放大电路的设计方法与测试技术，写出设计预习报告；

（2）根据已知条件及性能指标要求，确定电路及器件型号，设置静态工作点，计算电路元件参数；

（3）在实验面包板上安装电路，测量并调整静态工作点，使其满足设计计算值要求；

（4）测试性能指标，调整、修改元件参数值，使其满足放大器性能指标要求，将修改后的元件参数值标在设计的电路图上。

三、总体方案设计

1. 电路工作原理

晶体管放大器中,广泛应用的电路如图 5-25 所示,称为阻容耦合共射极放大器,采用的是分压式电流负反馈偏置电路。放大器的静态工作点 Q 主要由 R_{B1}、R_{B2}、R_E、R_C 及电源电压 $+U_{CC}$ 决定。该电路利用 R_{B1}、R_{B2} 的分压固定基极电位 U_{BQ}。如果满足条件 $I_1 \gg I_{BQ}$,当温度升高时,$I_{CQ}\uparrow \to U_{EQ}\uparrow \to U_{BE}\downarrow \to I_{BQ}\downarrow \to I_{CQ}\downarrow$,结果抑制了 I_{CQ} 的变化,从而使放大器获得稳定的静态工作点。

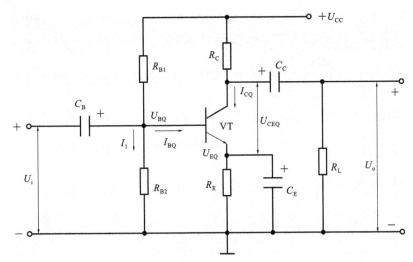

图 5-25 阻容耦合共射极放大器

2. 基本关系式

只有 $I_1 \gg I_{BQ}$,才能保证 U_{BQ} 恒定。这是工作点稳定的必要条件,一般取

$$
\begin{cases}
I_1 = (5 \sim 10)I_{BQ}(\text{硅管}) \\
I_1 = (10 \sim 20)I_{BQ}(\text{锗管})
\end{cases}
$$

负反馈愈强,电路的稳定性愈好。所以要求 $U_{BQ} \gg U_{BE}$,即 $U_{BQ}=(5\sim10)U_{BE}$,一般取

$$
\begin{cases}
U_{BQ} = (3 \sim 5)V_Q(\text{硅管}) \\
U_{BQ} = (1 \sim 3)V_Q(\text{锗管})
\end{cases}
$$

电路的静态工作点由下列关系式确定

$$
R_E \approx \frac{U_{BQ}-U_{BE}}{I_{CQ}} \approx \frac{U_{EQ}}{I_{CQ}}
$$

对于小信号放大器,一般取 $I_{CQ}=0.5\sim2\text{mA}$,$U_{EQ}=(0.2\sim0.5)U_{CC}$

$$
R_{B2} = \frac{U_{BQ}}{I_1} = \frac{U_{BQ}}{(5 \sim 10)I_{CQ}}\beta
$$

$$
R_{B1} \approx \frac{U_{CC}-U_{BQ}}{U_{BQ}}R_{B2}
$$

$$
U_{CEQ} = U_{CC} - I_{CQ}(R_C + R_E)
$$

3. 性能指标与测试方法

晶体管放大器的主要性能指标有电压放大倍数 A_v、输入电阻 R_i、输出电阻 R_o 及带宽 BW。对于图 5-25 所示电路，各性能指标的计算式与测试方法如下：

（1）电压放大倍数。

$$A_V = \frac{U_o}{U_i} = -\frac{\beta R_L'}{r_{BE}}$$

式中，$R_L' = R_C /\!/ R_L$；r_{BE} 为晶体管输入电阻。即

$$r_{BE} = r_B + (1+\beta)\frac{26\text{mV}}{I_{EQ}} \approx 300\Omega + \beta\frac{26\text{mV}}{I_{EQ}}$$

电压放大倍数的测量实质上是测量放大器的输入电压 U_i 与输出电压 U_o。在波形不失真的条件下，如果测出 U_i（有效值）或 U_{im}（峰值）与 U_o（有效值）或 U_{om}（峰值），则

$$A_V = \frac{U_o}{U_i} = \frac{U_{om}}{U_{im}}$$

（2）输入电阻。

$$R_i = r_{BE} /\!/ R_{B1} /\!/ R_{B2} \approx r_{BE}$$

放大器的输入电阻反映了它消耗输入信号源功率的大小。若 $R_i \gg R_S$（信号源内阻），放大器从信号源获取较大电压；若 $R_i \ll R_S$，放大器从信号源获取较大电流；若 $R_i = R_S$，则放大器从信号源获取最大功率。

用串联电阻法测量放大器输入电阻 R_i，即在信号源输出端与放大器输入端之间，串联一个已知电阻 R（一般选择的 R 值以接近 R_i 的值为宜），如图 5-26 所示。

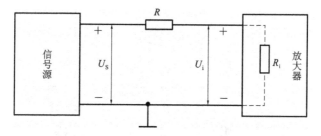

图 5-26　串联电阻法测量放大器输入电阻 R_i

在输出波形不失真的情况下，用交流毫伏表或示波器，分别测量出 U_S 与 U_i 的值，则

$$R_i = \frac{U_i}{U_S - U_i}R$$

式中，U_S 为信号源的输出电压。

（3）输出电阻。

$$R_o = r_o /\!/ R_C \approx R_C$$

式中，r_o 为晶体管的输出电阻。

放大器输出电阻的大小反映了它带负载的能力，R_o 愈小，带负载的能力愈强。当 $R_o \ll R_L$ 时，放大器可等效为一个恒压源。

放大器输出电阻的测量方法如图 5-27 所示，电阻 R_L 的选择应与 R_o 接近。在输出波形不失真的情况下，首先测量放大器负载开路时的输出电压 U_o 的值，然后测量放大器接入负

载 R_L 时的输出电压 U_{oL} 值,则

$$R_o = \left(\frac{U_o}{U_{oL}} - 1\right) R_L$$

(4)频率特性。

放大器的频率特性如图 5-28 所示,影响放大器频率特性的主要因素是电路中存在的各种电容元件。

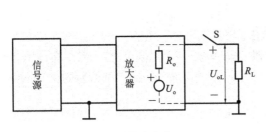

图 5-27　测量输出电阻 R_o

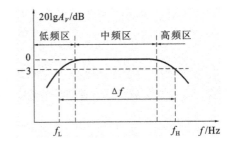

图 5-28　放大器的通频特性

放大器的通频带计算公式为

$$BW = f_H - f_L$$

式中,f_H 为放大器的上限频率,主要受晶体管的结电容及电路的分布电容的限制;f_L 为放大器的下限频率,主要受耦合电容 C_B、C_C 及射极旁路电容 C_E 的影响。电容 C_B、C_C 及 C_E 所对应的等效电路如图 5-29 所示。

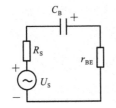 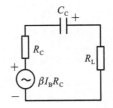 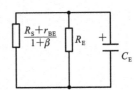

图 5-29　电容 C_B、C_C 及 C_E 所对应的等效电路

若下限频率 f_L 已知,可按下列表达式估算电容 C_B、C_C 及 C_E

$$C_B \geqslant (3 \sim 10) \times \frac{1}{2\pi f_L (R_S + r_{BE})}$$

$$C_C \geqslant (3 \sim 10) \times \frac{1}{2\pi f_L (R_C + R_L)}$$

$$C_E \geqslant (1 \sim 3) \times \frac{1}{2\pi f_L \left(R_E \mathbin{/\mkern-5mu/} \dfrac{R_S + r_{BE}}{1+\beta}\right)}$$

四、实验研究与思考题

(1)增大或减小电阻 R_{B1}、R_C、R_L、R_E 及电源电压 U_{CC},对放大器的静态工作点 Q 及性能指标有何影响?为什么?

(2)增大输入信号 U_i 时,输出波形可能会出现哪几种失真?为什么?

（3）提高电压放大倍数 A_V 受到哪些因素限制？采取什么措施较好？为什么？

（4）测量静态工作点 Q 时，用万用表分别测量晶体管的各极对地的电压，而不是直接测量 U_{CE}、U_{BE} 及电流 I_{CQ}，为什么？

（5）调整静态工作点 Q 时，R_{B1} 要用一固定电阻与电位器相串联，而不能直接用电位器，为什么？

（6）用实验说明 R_E 改善了放大器的哪些性能，为什么？

实验 12　测量放大器的设计

一、设计内容

设计并制作一个具有较优良性能的测量放大器。

二、设计要求

（1）频带宽度：10Hz～100kHz。

（2）放大倍数：50～100。

（3）输入阻抗：＞20MΩ。

（4）输出阻抗：＜30Ω。

（5）共模抑制比：＞100dB。

三、总体方案设计

在测量系统中，通常都用传感器获取信号，即把被测物理量通过传感器转换为电信号，传感器的输出是放大器的信号源。在测量技术中，由传感器采集到的电信号一般都很弱，往往需要经过一定的放大才能进入后续环节，因此测量放大器就成为决定测量成败的关键环节。被测量信号既可能是直流信号也可能是交流信号，信号的幅度都很小（毫伏级），且往往混合有一定的噪声，这些都是测量放大器设计中应考虑的问题。然而，多数传感器的等效电阻均不是常量，它们随所测物理量的变化而变化。这样，对于放大器而言，信号源内阻 R_S 是变量，根据电压放大倍数的表达式可知，放大器的放大能力将随信号大小而变。为了保证放大器对不同幅值信号具有稳定的放大倍数，就必须使放大器的输入电阻 R_i 较大。R_i 愈大，由信号源内阻变化引起的放大误差就愈小。此外，传感器获得的信号常为差模小信号，并含有较大共模部分，其数值有时远大于差模信号，故放大器还应有较强的抑制共模信号的能力。

1．采用集成运算放大器

用集成运算放大器放大信号的主要优点：

①电路设计简化，组装调试方便，只需适当选配外接元件，便可实现输入、输出的各种放大关系。

②由于运算放大器的开环增益都很高，用其构成的放大电路一般工作在深度负反馈的闭环状态，因此性能稳定，非线性失真小。

③运算放大器的输入阻抗高,失调和漂移都很小,故很适合于各种微弱信号的放大。运算放大器又因具有很高的共模抑制比,对温度的变化、电源的波动以及其他外界干扰都有很强的抑制能力。

用运算放大器组成的放大电路,按电路形式可分为反相比例放大器、同相比例放大器和差动放大器三种。由它们组成的放大电路分别如图 5-30(a)、(b)、(c)所示。

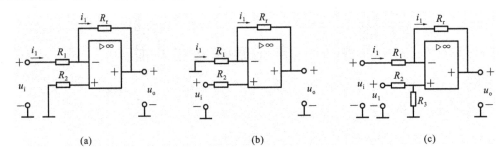

图 5-30 运算放大器组成的放大电路

(a)反相比例放大电路;(b)同相比例放大电路;(c)差动放大电路

在设计反相比例放大电路时,选择运算放大器参数要从多种因素来综合考虑。例如,放大直流信号时,应着重考虑影响运算精度和漂移的因素,为提高运算精度,运算放大器的开环电压增益 A_{uo} 和输入差模电阻 R_{id} 要大,而输出电阻 R_o 要小。为减小漂移,运算放大器的输入失调电压 V_{io}、输入失调电流 I_{io} 和基极偏置电流 I_{1B} 均要小。这些因素随温度的变化在运算放大器输出端引起的总误差电压最大可为

$$\Delta V_o = \pm \frac{R_1 + R_E}{R_1}\left(\frac{dV_{io}}{dT}\Delta T\right) \pm R_F\left(\frac{dV_{io}}{dT}\Delta T\right) + R_F\left(\frac{dV_{1B}}{dT}\Delta T\right)$$

如放大直流微弱信号,还要考虑噪声的影响,要求运算放大器的等效输入噪声电压 V_N 和噪声电流 I_N 要小。

如放大交流信号,则要求运算放大器有足够的带宽,即要求运算放大器的大信号带宽大于信号的频率。若运算放大器手册已给出开环带宽指标 BW_o,则闭环后电路的带宽将被展宽。对单级运算放大器可用公式 $BW_c = BW_o A_{uo} R_1 / R_F$ 计算。

外接电阻阻值的选择对放大电路的性能也有着重要影响。通常有两种计算方法。一种是从减小漂移、噪声,增大带宽考虑,在信号源的负载能力允许条件下,首先尽可能选择较小的 R_1,然后按闭环增益要求计算 R_F,而取同相端平衡电阻 $R_2 = R_1 /\!/ R_F$,以消除基流引起的失调。另一种计算方法是从减小增益误差着手,首先算得 R_F 的数值,最佳的 $R_F = \left(\frac{R_{id}R_o}{2K}\right)^{1/2}$,式中 $K = R_1/(R_1 + R_F)$,然后按闭环增益要求计算 R_1。

同相比例放大电路的最大优点是输入电阻高,例如 CF741 型运算放大器,其实际输入电阻值 R_i 约为 100MΩ。由于同相比例放大电路的反相输入端不是"虚地",其电位随同相端的信号电压变化,使运算放大器承受着一个共模输入电压,因此信号源的幅度受到限制,不可超过共模电压范围,否则将带来很大的误差,甚至使放大电路不能正常工作。

设计同相比例放大电路时,对运算放大器的选择除满足反相输入电路中提出的要求外,还特别要求运算放大器的共模抑制比 K_{CMR} 高。在比例电阻的计算中,一般应先计算最佳反

馈电阻 R_F，其值为

$$R_{F(最佳)} = \sqrt{\frac{(A_{uF}-1)R_0 R_{id}}{2}}$$

然后按闭环增益的要求确定 R_1 的数值。

　　在差动放大电路的设计中，电阻匹配的问题十分重要。差动电路的共模抑制比 K_{CMR} 由运算放大器本身的共模抑制比 K_{CMR}' 和由于外部电阻失配而形成的共模抑制比 K_{CMR}'' 两部分组成。设各电阻匹配，公差相同，电阻精度均为 δ，则

$$K_{CMR}'' \approx (1 + R_3/R_1)/(4\delta)$$
$$K_{CMR} = (K_{CMR}' \cdot K_{CMR}'')/(K_{CMR}' + K_{CMR}'')$$

　　由上式可知，闭环增益 (R_3/R_1) 愈小，电阻失配的影响愈大，甚至成为限制电路共模抑制能力的主要因素。

　　差动放大电路的差模输入电阻 $R_{id} \approx R_1 + R_2$，共模输入电阻 $R_{ic} \approx (R_1 + R_3)/2$。

　　考虑到失调、频带、噪声等因素，反馈电阻 R_F 不宜大于 $1M\Omega$，如取闭环增益为 100，则 R_1 为 $10k\Omega$，而差模输入电阻为 $20M\Omega$，共模输入电阻小于 $500k\Omega$。差动放大电路放大交流信号时，为保证闭环差模增益在所要求的频率和温度范围内稳定不变，运算放大器的开环增益须大于闭环增益 100 倍以上。单运放差动放大电路常用于运算精度要求不高的场合，为提高性能，常采用双运算放大器或多运算放大器组合成的差动放大电路。

　　此外，当高输入阻抗集成运算放大器安装在印制电路板上时，会因周围的漏电流流入而受到干扰。通常采用屏蔽方法来抗此干扰，即在运算放大器的高阻抗输入端周围用导体屏蔽层围住，并把屏蔽层接到低阻抗处。这样处理后，屏蔽层与高阻抗之间几乎无电位差，从而防止了漏电流的流入，如图 5-31 所示。另外还应该指出的是，测量放大电路的输入阻抗越高，输入端的噪声也越大。因此，不是所有情况都要求放大电路具有很高的输入阻抗，而是应该使输入阻抗与传感器输出阻抗相匹配，使测量放大电路的输出信噪比达到最佳值。

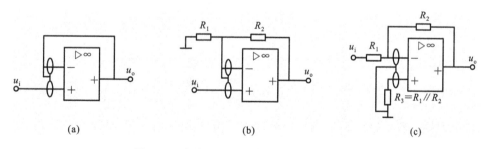

图 5-31　高输入阻抗集成运算放大器的屏蔽

(a)电压跟随器；(b)同相放大器；(c)反相放大器

　　采用单运算放大器组成的同向并联差动比例放大线路（也称仪器放大器）如图 5-32 所示。这种电路是由三个运算放大器组成的，集成电路采用 BG305 或 LM741，由 A1 和 A2 构成输入级，均采用了同相输入方式，使得输入电流极小，因此输入阻抗 R_i 很高；结构上采用了对称结构形式，减小了零点漂移，因此共模抑制比很高；A3 构成放大级，采用差动比例放大形式，电路的放大倍数由电阻 R_4、R_5、R_6、R_7 和电位器 R_P 来调节，在图 5-32 中，当选取 $R_4 = R_5$，$R_6 = R_7$ 时，电路的放大倍数可由下式进行计算：

$$A_{uF} = -\frac{R_6}{R_4}R_6\left(1+\frac{2R_2}{R_P}\right)$$

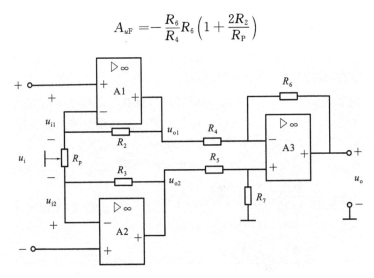

图 5-32 集成运算放大器构成的测量放大器电路原理图

可见,改变 R_P 即改变了负反馈的大小,故放大倍数 A_{uF} 也相应改变。图 5-33 给出了线路的输入、输出波形曲线。

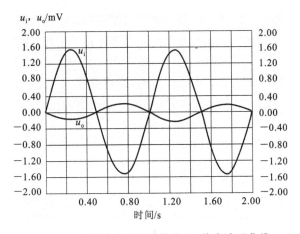

图 5-33 测量放大器线路的输入、输出波形曲线

在电路设计中,除注意选取运算放大器的参数指标外,还应注意选取精密匹配的外接电阻,这样才能保证最大的共模抑制比;另外,由于输入阻抗很高,还应采取上述屏蔽手段来排除干扰。

2. 采用集成仪器放大器

在只需简单放大的场合下,采用一般的放大器组成仪器放大器来放大传感器输出的信号是可行的,但为保证精度常需采用精密匹配的外接电阻,才能保证最大的共模抑制比,否则非线性失真比较大;此外,还需考虑放大器输入电路与传感器的输出阻抗的匹配问题,故在要求较高的场合下常采用集成仪器放大器。集成仪器放大器放大电路外接元件少,无须精密匹配电阻,能处理微伏级至伏级的电压信号,可对差分直流和交流信号进行精密放大,能抑制直流及数百兆赫兹频率的交流信号的干扰等。由于上述特点,集成仪器放大器在放大电路中得到了广泛的应用。

AD524 集成仪器放大器的内部结构与基本接法如图 5-34 所示。

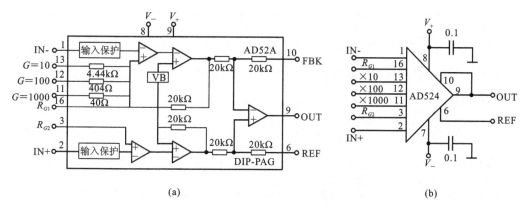

图 5-34　AD524 的内部结构与基本接法

(a)内部结构；(b)基本接法

AD524 是高精度单片式仪器放大器，它的封装采用 16 脚 DIP 陶瓷封装结构与 20 脚的 LCC 封装结构。它可以被用于在恶劣的工作条件下需要获得高精度数据的数据采集系统中。它的输出失调电压漂移小于 $25\mu V/℃$，最大非线性仅为 0.003%。由于非线性度好、共模抑制比高、低漂移和低噪声的特性，AD524 在许多领域中得到了广泛应用。

(1)AD524 的性能特点与主要参数。

①低噪声：峰-峰值不大于 $0.3\mu V(0.1\sim10 Hz)$；

②非线性小：不大于 $0.003\%(G=1)$；

③共模抑制比高：不大于 $110 dB(G=1000)$；

④失调电压小：不大于 $50\mu V$；

⑤失调电压漂移小：不大于 $0.3\mu V/℃$；

⑥增益带宽：$25 MHz$；

⑦引脚编程增益：1、10、100、1000；

⑧具有输入保护、失调电压调整等功能。

(2)AD524 的内部结构与基本接法。

图 5-34(a)所示是 AD524 内部电路结构。其中有基本的精密增益电阻、输入保护电路、三运放偏置电阻及精密运算放大器。图 5-34(b)所示是其基本接法。增益选择端×10、×100、×1000 分别表示放大倍数为 10、100 与 1000，将 R_{G2} 选择端与其一相连，就可设置所需要的增益值。例如，将 R_{G2} 与×1000 相连时，增益值就是 1000。若要设置任意增益，在 R_{G1} 与 R_{G2} 之间接入一只增益电阻 R_G 即可。若需要调节失调电压，在 4、5 脚之间接入 $10 k\Omega$ 电位器，电位器的中间接头接正电源即可。R_G 与增益 G 的关系由下式确定：

$$G = 1 + \frac{40 k\Omega}{R_G}$$

实验 13 函数信号发生器的设计

一、设计内容

采用集成函数发生器 ICL8038 设计并制作一个能产生三角波、正弦波、方波信号的函数信号发生器。

二、设计要求

(1)基本要求。

①信号频率范围:1Hz～100kHz。

②正弦波峰-峰值:3V 幅值可调。

③方波峰-峰值:10V 幅值可调。

④三角波峰-峰值:5V 幅值可调。

⑤频率控制方式:手动,通过改变时间常数 RC 实现。

(2)扩展要求。

通过改变控制电压实现频率的压控,压控电压范围 0～3V。

三、总体方案设计

函数发生器是一种可以同时产生方波、三角波和正弦波的专用集成电路。调节外部电路参数,还可以获得占空比可调的矩形波和锯齿波,其频率范围为 1Hz 到几百千赫兹,频率的大小与外接电阻和电容有关。目前,函数发生器广泛应用于仪器、仪表之中。单片集成函数发生器 ICL8038 的原理框图和引脚排列图分别如图 5-35 和图 5-36 所示。

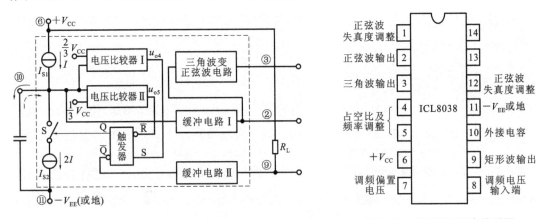

图 5-35 ICL8038 原理框图   图 5-36 ICL8038 引脚排列图

ICL8038 是一款性能优良的集成函数发生器,既可用单电源供电,也可用双电源供电。单电源供电时,将引脚 11 接地,引脚 6 接＋V_{CC},其值为 10～30V;双电源供电时,将引脚 11 接－V_{EE},引脚 6 接＋V_{CC},它们的值为±5～±15V。频率的可调范围为 0.001Hz～300kHz。输出矩形波的占空比可调范围为 2%～98%,上升时间为 180ns,下降时间为

40ns,输出三角波的非线性小于 0.05%,输出正弦波的失真度小于 1%。

在图 5-35 中,缓冲电路Ⅰ是电压跟随器,缓冲电路Ⅱ是反相器,用于隔离波形发生电路和负载,以提高函数发生器带负载能力。电压比较器Ⅰ和电压比较器Ⅱ的阈值电压分别为 $2/3V_{cc}$ 和 $1/3V_{cc}$,它们的输入电压为电容 C 两端的电压 U_C,它们的输出电压分别控制 RS 触发器的置位端和复位端。为在比较宽的频率范围内实现由三角波到正弦波的转换,函数发生器内设一个由电阻与晶体管组成的折线近似转换网络(正弦波变换器),以得到低失真的正弦信号输出。RS 触发器的状态输出端用来控制电子模拟开关 S,以实现对电容的充放电功能。电流源电流 I_{S1} 与 I_{S2} 的大小可通过外接电阻调节,但 I_{S2} 必须大于等于 I_{S1}。若 $I_{S2}=I_{S1}$,则触发器的输出为方波,经缓冲电路Ⅱ输出到引脚 9;在 $I_{S2}=2I_{S1}$ 的条件下,U_C 上升与下降的时间相等,其电压输出为三角波,经缓冲电路Ⅰ输出到引脚 2,并通过三角波变正弦波的变换电路从引脚 3 输出正弦波;当 $I_{S1}<I_{S2}<2I_{S1}$ 时,U_C 上升与下降的时间不相等,引脚 2 输出锯齿波,引脚 9 输出矩形波。

当通电后,触发器的输出端 Q 为低电平时,开关 S 断开,电流源 I_{S1} 给电容 C 充电,因充电电流是恒流,故它两端的电压 U_C 随时间线性上升,当 U_C 达到电源电压的 2/3 时,电压比较器Ⅰ的输出电压发生跳变,使触发器的输出端 Q 由低电平跳为高电平,开关 S 接通。由于电流源的电流 I_{S2} 大于 I_{S1},因此电容放电,放电电流为 $I=I_{S2}-I_{S1}$,因放电电流是恒流,所以 U_C 随时间线性下降。当它下降到电源电压的 1/3 时,电压比较器Ⅱ的输出电压发生跳变,使触发器的输出端 Q 由高电平跳变为低电平,开关 S 断开,电流源 I_{S1} 再给电容充电,U_C 又随时间线性上升。如此周而复始,电路产生了自激振荡。

通过以上分析可知,改变电容充放电电流,可以输出占空比可调的矩形波和锯齿波。但是,当输入不是方波时,输出也就得不到正弦波了。

在图 5-36 中,引脚 8 为调频电压输入端,电路的振荡频率与该电压成正比;引脚 7 输出调频偏置电压,数值是引脚 7 偏置电压与电源 $+V_{cc}$ 之差,它可作为引脚 8 的输入电压;引脚 4 和引脚 5 外接电阻和电位器,进行恒流源调节,用以改变输出信号的占空比和频率;引脚 10 外接充放电电容,改变其容量则改变了充放电时间常数,也即改变了触发器的翻转时间;引脚 13 和引脚 14 为空脚(NC)。

由 ICL8038 组成的手动调频的函数发生器参考电路见图 5-37。

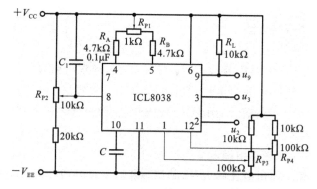

图 5-37　手动调频的函数发生器参考电路

在图 5-37 所示电路中,U_2 输出三角波或锯齿波电压,U_3 输出正弦波电压,U_9 输出方波或矩形波电压。调节电位器 R_{P1} 可以改变方波的占空比、锯齿波的上升时间和下降时间;调节电位器 R_{P2} 可以改变输出信号的频率;调节电位器 R_{P3} 和 R_{P4} 可以调节正弦波的失真度,两者要反复调整才可得到失真度较小的正弦波;改变充放电电容 C 的容量大小也可以改变输出信号的频率,根据不同的设计要求可将其分为数挡(如 100pF、$0.01\mu F$、$1\mu F$、$10\mu F$ 等),然后利用开关进行切换即可;在 ICL8038 的输出端可接一由运算放大器构成的比例放大器,其输入端通过开关分别切换到 ICL8038 的引脚 9、引脚 3、引脚 2,可实现不同输出信号的增益调整。

由 ICL8038 组成的压控调频的函数发生器参考电路如图 5-38 所示。

在图 5-38 中,调节电位器 R_{P2} 可以通过 5G353 控制 ICL8038 起振,实现压控调频;电位器 R_{P5} 用于低频端线性校正;其他器件作用同上,不再赘述。

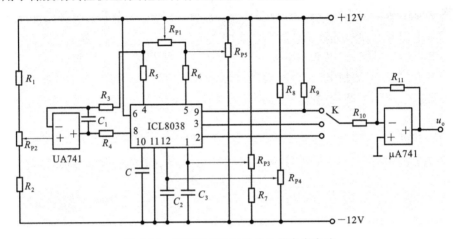

图 5-38 压控调频的函数发生器参考电路

四、调试要点

(1)按图 5-37 连线,充放电电容 C 根据设计要求可将其分为四挡(如 100pF、$0.01\mu F$、$1\mu F$、$10\mu F$ 等),利用开关进行切换。在 ICL8038 的输出端自行设计一个比例放大器,实现输出增益调整。

(2)加电源电压±12V。

(3)用示波器分别观察方波、三角波、正弦波的输出波形,不理想时调整相应电位器。因为正弦波是由三角波变换而得的,故调节正弦波的失真度时,应首先调节 R_{P1} 使输出的锯齿波为正三角波(上升、下降时间相等),然后调节 R_{P3}、R_{P4} 观察正弦波输出的顶部和底部失真程度,使其波形的正、负峰值(绝对值)相等且平滑接近正弦波。

(4)改变充放电电容 C 的容量,用频率计(或示波器)观察输出信号频率,调整相应电位器校正输出信号的频率。

(5)调整输出增益,观察输出幅度变化。

(6)用示波器观察方波占空比的大小,并调整相应电位器改变其占空比。

实验 14　可调直流稳压电源设计

一、设计内容

设计并制作一个输出电压连续可调、具有输出保护功能的直流稳压电源。

二、设计要求

(1)输入电压:220V±10%。

(2)输出电压 U_o:1～15V 连续可调。

(3)最大输出电流 I_{om}:0.5A。

(4)稳压系数:≤0.05。

(5)输出纹波电压:≤10mV。

(6)具有过流保护功能。

三、总体方案设计

直流稳压电源是电子电路和电子系统中不可或缺的重要组成部分。目前,集成稳压器已在电源设备中得到广泛使用。但是,从成本和实用性来看,用集成运算放大器组成的各种稳压器仍有着广泛应用,况且二者的基本原理差别不大;从教学角度来看,后者更有利于学生深入掌握其工作原理,培养学生的设计能力。

按工作方式分,稳压电源通常有连续调整式和开关调整式两大类,而开关式稳压电源因具有效率高、输出低压及大电流的优点,应用越来越广泛。

按照输出容量分,稳压电源通常有高电压、大电流、低电压和小电流四类,而在大多数稳压电源中,高电压、小电流和低电压、大电流常常是同时成对地出现的。采用集成运算放大器组成的稳压电源,在该方面具有灵活多变、适应性广的优点。

1.设计思路

根据稳压电路所要求的输入直流电压和直流电流来选择合适的变压器,确定整流滤波电路的形式,选择满足要求的整流桥和滤波元件;根据输出电压和输出电流确定稳压电路的形式,计算各项极限参数来选择稳压电路器件;组装电路,总体调试。

2.采用串联反馈型连续调整式稳压电路

该种电路构成的稳压器是目前使用较普遍的一种稳压器,三端式集成稳压电路大都属于此类型,其原理框图如图 5-39 所示。

这种稳压电路各环节的设计原则简述如下:

(1)调整环节。

调整电路的核心是调整管,输出电压的稳定通过调整管的调节作用来实现,调整管的基极受比较放大器的输出电压控制,通过调整管集电极与发射极之间的压降变化来抵消输出电压的变化。因此,设计时必须保证调整管工作在放大区,以实现其调整作用。同时,因调整管与负载是串联的,流过的电流较大,所以,设计电路选择调整管时应满足集电极最大允许电流、最大反向击穿电压和功耗的要求,以保证调整管在最不利的情况下,仍能正常工作。

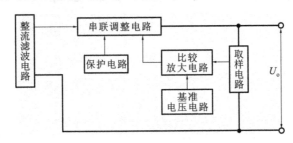

图 5-39　直流稳压电源电路框图

（2）比较放大环节。

比较放大环节的作用是对输出电压较小的变化进行放大以控制调整管,并达到稳定输出电压的目的。比较取样电压和基准电压,用基准电压减去取样电压,得到反映 U_o 变化程度的差值电压,将此差值电压加到调整管的基极,调节调整管的基极电流 I_B,使调整管的 U_{CE} 作相应的变化。为了提高调节灵敏度,往往把比较后的差值电压放大,比较放大电路的电压放大倍数越大,系统的负反馈作用越强,对调整管的控制作用越灵敏,输出电压越稳定,电路的稳压系数和输出电阻就越小。因此,要提高 U_o 的稳定性,关键在于提高比较放大器的增益。同时,还要考虑提高电路的温度稳定性,所以常选用差动放大电路(分立元件电路)或者集成运算放大器作为比较放大环节。

（3）基准环节。

为了检测出取样电路取得的 U_o 值究竟是升高了还是降低了,升高了多少或是降低了多少,需要把 U_o 值拿来与一恒定的电压值作比较,此恒定电压作为一种基准,也称基准电压。基准电压一般采用由稳压管提供的一个稳定直流电压,作为比较放大器的基准,故应当尽量稳定。为保证基准电压恒定,稳压管必须工作在稳压区。因此,要选择合适的限流电阻 R,保证稳压管工作电流最大时小于其允许电流 I_{max};工作电流最小时,大于其最小稳定工作电流 I_{zmin}。为了减小温度变化的影响,尽量选用具有零温度系数或温度补偿的稳压管。

（4）取样环节。

取样电路用于检测输出电压 U_o 的变化,把 U_o 的全部或部分取出来和基准电压作比较并放大来控制调整管的调整作用,使输出电压稳定。该环节是由取样电阻串接而成的电阻分压器完成的。取样电阻应选用材料相同、温度系数较小的金属膜电阻。取样值应结合基准电压 V_{REF} 考虑,保证比较放大器工作在放大区。为了使输出电压可调,在分压电阻之间串接电位器 R_P。根据给定的电压调节范围,可定出各电阻的取值。

（5）过载短路保护电路。

串联调整型的稳压电源,调整管和负载是串联的,当负载电流过大或短路时,大的负载电流或短路电流全部流过调整管,此时负载端的压降小,整流电压几乎全部加在调整管的 C 和 E 极间,因此,在过载或短路时,调整管的 U_{CE}、I_B 和允许功耗将超过正常值,调整管在此情况下会很快烧坏,所以在过载或短路时应对调整管进行保护。设计保护电路时,应保证当负载电流在额定值内,保护电路对电源不起作用,但过载或短路时,保护电路控制调整管使其截止,输出电流为零,对负载和电源均起保护作用。参考电路见图 5-40。

此外,还需设计相应的过压和过热保护电路,保证电路正常工作而不被损坏。保护电路类型很多,具体可参阅有关文献。

串联反馈型连续调整式稳压电源电路参考电路见图 5-41,图中 U_i 为滤波电路的输入电压。

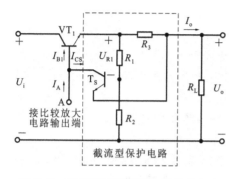

图 5-40　截流型过流保护电路参考电路

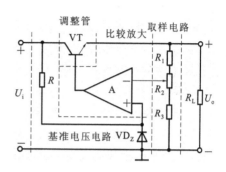

图 5-41　串联反馈型连续调整式稳压
电源电路参考电路

3.采用三端集成稳压器

三端集成稳压电路只有输入端、输出端和公共端三个引端。当外加适当大小的散热片且整流器能提供足够的输入电流时,稳压器能提供稳定的输出电流。三端集成稳压器按功能可分为固定式稳压电路(如 78×× 系列和 79×× 系列)和可调式稳压电路(如 117/217/317 等)。它们因性能稳定、价格低廉、交流噪声小、温度稳定性好、调整简便等特点而得到广泛的应用。采用三端集成稳压器 LM317 的直流稳压电源电路见图 5-42。

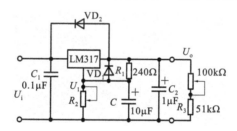

图 5-42　三端集成稳压器 LM317 直流稳压电源电路

在图 5-42 中,电阻 R_1 和 R_2 构成取样电路,可变电阻 R_2 用于改变输出电压的大小,输出电压为:$U_o=(1+R_2/R_1)\times 1.25\text{V}$。为了减小 R_2 上的纹波电压,在其两端并联了一个电容 C,当其容量为 $10\mu\text{F}$ 时,纹波抑制比可提高 20dB。但一旦输出端发生短路,C 将通过调整端向稳压器放电而损坏稳压器,为了防止这种情况发生,在 R_1 两端并联了一只二极管 VD_1,提供一个放电回路。电容 C_1 用于抵消集成稳压器离滤波电容较远时输入线产生的电感效应,以防电路产生自激振荡。电容 C_2 用于消除输出电压中的高频噪声,还可以改善电源的瞬态响应。但若 C_2 容量较大,集成稳压器的输入端一旦发生短路,C_2 将从稳压器的输出端向稳压器放电,其放电电流可能损坏稳压器,故在稳压器的输入端与输出端之间跨接了一只二极管 VD_2,起保护作用。

四、设计、调试要点

设计高性能、大电流稳压器时,必须注意以下两点:

(1)选用足够稳定的基准电压源和取样分压电阻、电位器等。基准电压源和取样分压电阻、电位器阻值的不稳定常成为输出电压不稳定的主要原因。分压电位器尽量串入电阻,必要时可采用多圈线绕电位器,使调节更加平滑。

(2)实际组装时,要安排好流过大电流导线的路径和各器件的位置。导线无论多短、多粗也总有一定电阻,这种小电阻通过大电流时,其压降会达到数毫伏甚至更大,当这个电压叠加在稳压电源的基准电压上时,就会破坏整个稳压器的性能。同时,各种接头、插头、插座、接线柱等也存在阻值,尽管这些阻值在讨论电路原理时没有考虑,但是通过大电流时就不可忽视。实际设计电路结构和组装时,一定要使基准源和相应放大电路部分形成独立环路,不能有大电流通过该回路的导线。

此外,在对电路进行调试时,若发现纹波电压较大,则可能是滤波电容容量小或已损坏,应进行调换;如果输出电压高而且不可调,需检查调整电路是否开路或调整管是否被击穿;当输出电流为设计的最大值时,应检测此时的功率是否小于调整管最大功耗;当输出短路超负载 20% 时,应检查保护电路是否动作等。

第4篇 数字电子技术实验

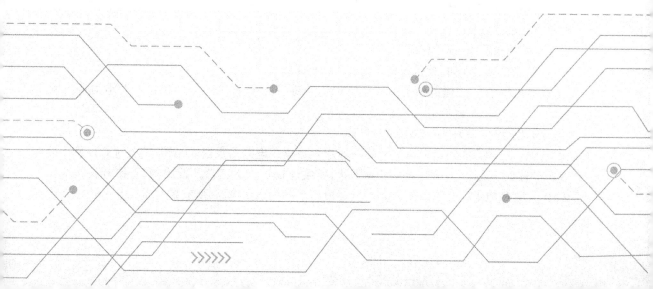

第6章 数字电子技术实验基础

第1节 实验目的和实验方法

一、实验目的

数字电子技术是一门理论性和技术性都较强的技术基础课,数字电子技术实验是本课程的重要教学环节,必须重视。通过实验,学生应满足以下要求:

(1)验证、巩固和补充本课程的理论知识,通过理论联系实际,进一步提高分析和解决问题的能力。

(2)了解本课程常用仪器的基本原理、主要性能指标,并能正确使用仪器及熟悉基本测量方法。

(3)了解和掌握常用的数字逻辑器件的特性及其应用。

(4)具有正确处理实验数据、分析实验结果、撰写实验报告的能力,培养严谨、实事求是的工作作风。

二、实验方法

首先要进行实验准备工作,实验准备包括多个方面,如对实验目的、要求、内容以及与实验内容有关的理论知识都要做到心中有数,并要写好预习报告。预习报告可以简明扼要地写一些要点,而不需要按照什么格式,只要自己能看懂就行。内容以逻辑图与电路图(连线图)为主,附以文字说明或必要的记录实验结果的图表。在预习报告中要求将逻辑图与连线图同时画出,这是因为只有逻辑图不利于连接线路,而只有连线图则反映不出电路逻辑关系,在实验过程中一旦出了问题,不便进行理论分析。当电路较复杂时还应将逻辑图与连线图结合起来。

在实验过程中,要严格遵守以下要求:

(1)接插集成块时,要认清定位标记,不得插反。

(2)电源电压使用范围为 $4.5 \sim 5.5\text{V}$,实验中要求 $V_{CC} = 5\text{V}$。电源极性绝对不允许接错。

(3)闲置输入端处理方法。

①悬空,相当于正逻辑"1",对于一般小规模集成电路的数据输入端,实验时允许悬空处理。但悬空输入端时,电路易受外界干扰,导致逻辑功能不正常。因此,对于接有长线的输入端、中规模以上的集成电路和使用集成电路较多的复杂电路,所有控制输入端必须按逻辑

要求接入电路,不允许悬空。

②直接接电源电压 V_{CC}(也可以串入一只 $1\sim10k\Omega$ 的固定电阻)或接至某一电压固定 $(2.4V\leqslant V\leqslant4.5V)$ 的电源上,或与输入端为接地的多余与非门的输出端相接。

③若前级驱动能力允许,可以与使用的输入端并联。

(4)输入端通过电阻接地,电阻值的大小将直接影响电路所处的状态。当 $R\leqslant680\Omega$ 时,输入端相当于逻辑"0";当 $R\geqslant4.7k\Omega$ 时,输入端相当于逻辑"1"。不同系列的器件要求的阻值不同。

(5)输出端不允许并联使用[集电极开路门(OC)和三态输出门电路(3S)除外]。否则,不仅会使电路逻辑功能混乱,还会导致器件损坏。

(6)输出端不允许直接接地或直接接 5V 电源,否则将损坏器件。有时为了使后级电路获得较高的输出电平,允许输出端通过电阻 R 接至 V_{CC},一般取 $R=3\sim5.1k\Omega$。

在我们的实际实验过程中,出现最多的故障当属接触不良和布线错误。为了使实验能顺利进行,减少出现故障的可能性,必须做到仔细、认真,按步骤进行实验。

在实验电路设计正确的情况下,布好线又检查后,一般出问题的概率是不高的,并且数字电路中的故障一般比模拟电路中的故障更易检查和排除。对实验中出现的故障进行排除时,要保持头脑冷静,逐步进行分析,避免抱着侥幸心理乱碰,或在几分钟内找不到故障所在,就束手无策,甚至把连线全部拔掉,从头开始,这样太浪费时间。

第 2 节　数字电路的逻辑检测

1. 逻辑分析法

接通电源后,置电路于初始状态,并用单步工作方式给电路输入信号,观察电路工作情况,如有问题,不要急于检查,而应继续给电路以不同的输入,记录电路的输出或状态。由此可得电路的真值表或状态转换表。然后将其与正确的情况进行比较分析,从而判断故障的性质、原因及所在位置。

2. 逐级追查法

逐级追查法即根据电路的逻辑图顺序检查各级的输入与输出的方法。其方向既可以由输入至输出逐级检查,也可以由输出至输入逐级检查。

第 3 节　常用数字逻辑器件管脚排列及功能介绍

数字电路实验中所用到的集成芯片都是双列直插式的。识别方法:正对集成电路型号(如 74LS20)或标记(左边的缺口或小圆点标记),从左下角开始按逆时针方向以 1、2、3、…依次排列到最后一脚(在左上角)。在标准形 TTL 集成电路中,电源端 V_{CC} 一般排在左上端,接地端 GND 一般排在右下端。如 74LS20 为 14 脚芯片,引脚 14 为 V_{CC},引脚 7 为 GND。若集成芯片引脚上的功能标号为 NC,则该引脚为空脚,与内部电路不连接。图 6-1 是常用数字集成电路引脚排列与逻辑功能图。

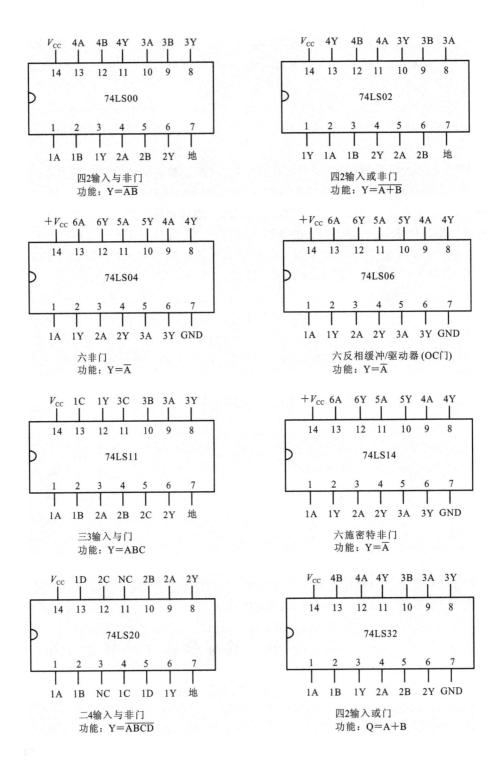

四2输入与非门		四2输入或非门
功能：Y=$\overline{AB}$		功能：Y=$\overline{A+B}$
六非门		六反相缓冲/驱动器 (OC门)
功能：Y=$\overline{A}$		功能：Y=$\overline{A}$
三3输入与门		六施密特非门
功能：Y=ABC		功能：Y=$\overline{A}$
二4输入与非门		四2输入或门
功能：Y=$\overline{ABCD}$		功能：Q=A+B

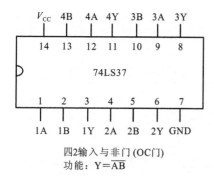

四2输入与非门 (OC门)
功能：$Y=\overline{AB}$

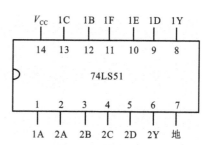

三2输入与或非门
功能：$1Y=\overline{1A\cdot 1B\cdot 1C+1D\cdot 1E\cdot 1F}$
$2Y=\overline{2A\cdot 2B+2C\cdot 2D}$

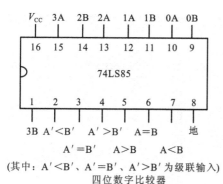

$A'=B'$　$A>B$　$A<B$
(其中：$A'<B'$、$A'=B'$、$A'>B'$ 为级联输入)
四位数字比较器

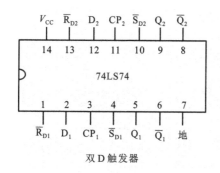

四2输入异或门
功能：$Y=A\oplus B$

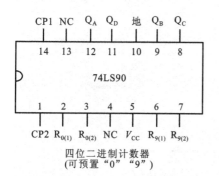

双 D 触发器

74LS74功能表

输入				输出	
$\overline{S}_D$	$\overline{R}_D$	CP	D	Q	$\overline{Q}$
0	1	×	×	1	0
1	0	×	×	0	1
0	0	×	×	1	1
1	1	↑	1	1	0
1	1	↑	0	0	1
1	1	0	×	保持	

74LS90功能表

输入				输出			
$R_{0(1)}$	$R_{0(2)}$	$R_{9(1)}$	$R_{9(2)}$	Q_D	Q_C	Q_B	Q_A
1	1	0	×	0	0	0	0
1	1	×	0	0	0	0	0
×	×	1	1	1	0	0	1
×	0	×	0	计数			
0	×	0	×	计数			
0	×	×	0	计数			
×	0	0	×	计数			

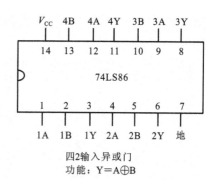

四位二进制计数器
(可预置"0""9")

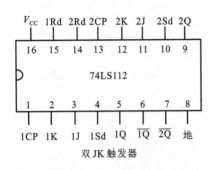

双 JK 触发器

74LS112功能表

输入					输出	
Sd	Rd	CP	J	K	Q	$\overline{Q}$
0	1	×	×	×	1	0
1	0	×	×	×	0	1
0	0	×	×	×	1	1
1	1	↓	0	0	保持	
1	1	↓	1	0	1	0
1	1	↓	0	1	0	1
1	1	↓	1	1	计数	
1	1	1	×	×	保持	

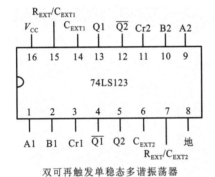

双可再触发单稳态多谐振荡器

74LS123功能表

输入			输出	
Cr	A	B	Q	$\overline{Q}$
0	×	×	0	1
×	1	×	0	1
×	×	0	0	1
1	0	↑	⊓	⊔
1	↓	1	⊓	⊔
↑	0	1	⊓	⊔

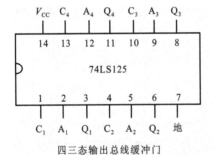

四三态输出总线缓冲门
功能：C=0 时 Q=A
　　　C=1 时 Q=高阻

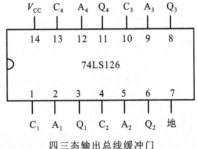

四三态输出总线缓冲门
功能：C=1 时 Q=A
　　　C=0 时 Q=高阻

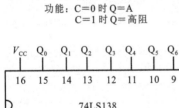

3/8 译码器

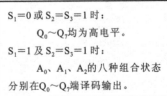

74LS138 3/8 译码器的功能

$S_1=0$ 或 $S_2=S_3=1$ 时：
　　$Q_0 \sim Q_7$ 均为高电平。
$S_1=1$ 及 $S_2=S_3=1$ 时：
　　A_0、A_1、A_2 的八种组合状态
分别在 $Q_0 \sim Q_7$ 端译码输出。

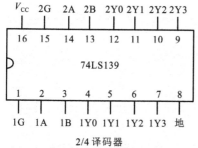

2/4 译码器

74LS139　2/4 译码器的功能

G	B	A	Y0	Y1	Y2	Y3
1	Φ	Φ	1	1	1	1
0	0	0	0	1	1	1
0	0	1	1	0	1	1
0	1	0	1	1	0	1
0	1	1	1	1	1	0

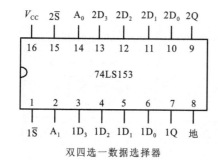

双四选一数据选择器

74LS153功能表

输入				输出
$\overline{S}$	A_1	A_0	D	Q
1	Φ	Φ	Φ	0
0	0	0	D_0	D_0
0	0	1	D_1	D_1
0	1	0	D_2	D_2
0	1	1	D_3	D_3

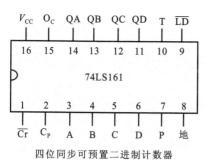

四位同步可预置二进制计数器

74LS161功能表 (模十六)

清零	使能		置数	时钟	数据				输出			
$\overline{Cr}$	P	T	$\overline{LD}$	C_P	D	C	B	A	Q_D	Q_C	Q_B	Q_A
0	×	×	×	↑	×	×	×	×	0	0	0	0
1	×	×	0	↑	d	c	b	a	d	c	b	a
1	1	1	1	↑	×	×	×	×	计数			
1	0	×	1	×	×	×	×	×	保持			
1	×	0	1	×	×	×	×	×	保持			

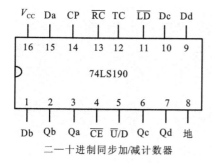

二—十进制同步加/减计数器

74LS190功能表

置数	加/减	片选	时钟	数据	输出
$\overline{LD}$	$\overline{U}/D$	$\overline{CE}$	CP	Dn	Qn
0	×	×	×	0	0
0	×	×	×	1	1
1	0	0	↑	×	加计数
1	1	0	↑	×	减计数
1	×	0	1	×	保持

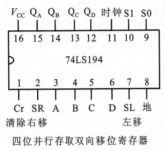

四位并行存取双向移位寄存器

74LS194功能表

序	输入										输出				功能
	Cr	S1	S0	SL	SR	A	B	C	D	CP	Q_A	Q_B	Q_C	Q_D	
1	0	×	×	×	×	×	×	×	×	×	0	0	0	0	清零
2	1	×	×	×	×	×	×	×	×	1	Q_{An}	Q_{Bn}	Q_{Cn}	Q_{Dn}	保持
3	1	1	1	×	×	D_A	D_B	D_C	D_D	↑	D_A	D_B	D_C	D_D	送数
4	1	1	0	1	×	×	×	×	×	↑	Q_B	Q_C	Q_D	1	左移
5	1	1	0	0	×	×	×	×	×	↑	Q_B	Q_C	Q_D	0	左移
6	1	0	1	×	1	×	×	×	×	↑	1	Q_A	Q_B	Q_C	右移
7	1	0	1	×	0	×	×	×	×	↑	0	Q_A	Q_B	Q_C	右移
8	1	0	0	×	×	×	×	×	×	×	Q_{An}	Q_{Bn}	Q_{Cn}	Q_{Dn}	保持

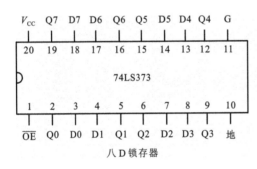

四位二进制全加器

74LS283功能

```
A4 A3 A2 A1
B4 B3 B2 B1
+              C0
───────────────
C4 F4 F3 F2 F1
```

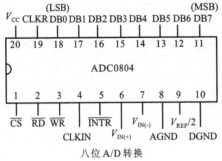

八 D 锁存器

74LS373功能表

输入			输出
$\overline{OE}$	G	D	Q
0	1	1	1
0	1	0	0
0	0	×	Q0
1	×	×	高阻

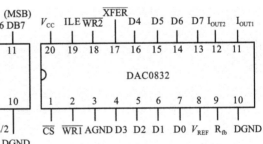

八位 A/D 转换

八位 D/A 转换电路

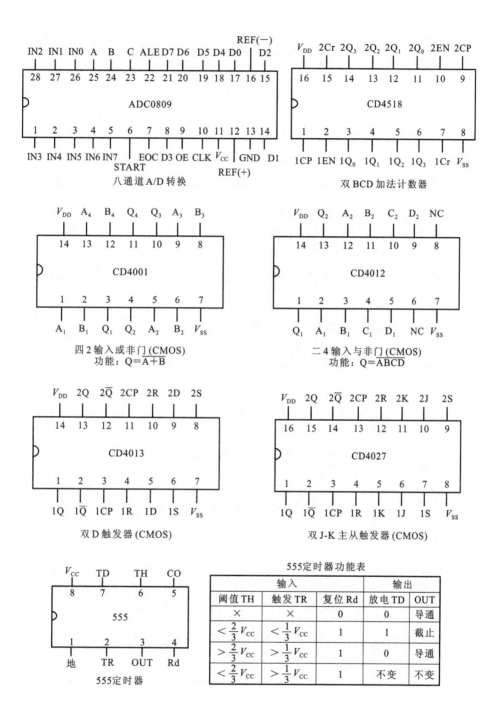

八通道 A/D 转换

双 BCD 加法计数器

四 2 输入或非门 (CMOS)
功能：$Q=\overline{A+B}$

二 4 输入与非门 (CMOS)
功能：$Q=\overline{ABCD}$

双 D 触发器 (CMOS)

双 J-K 主从触发器 (CMOS)

555 定时器

555 定时器功能表

	输入		输出	
阈值 TH	触发 TR	复位 Rd	放电 TD	OUT
×	×	0	0	导通
$<\frac{2}{3}V_{cc}$	$<\frac{1}{3}V_{cc}$	1	1	截止
$>\frac{2}{3}V_{cc}$	$>\frac{1}{3}V_{cc}$	1	0	导通
$<\frac{2}{3}V_{cc}$	$>\frac{1}{3}V_{cc}$	1	不变	不变

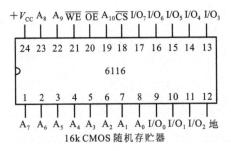

6116功能表

$\overline{CS}$	$\overline{OE}$	$\overline{WE}$	$I/O_0 \sim I/O_7$
0	0	1	读出
0	1	0	写入
1	×	×	高阻

16k CMOS 随机存贮器

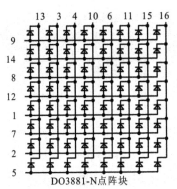

DO3881-N点阵块

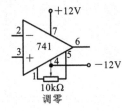

运算放大器

图 6-1 常用数字集成电路引脚排列与逻辑功能图

第 7 章 数字电子技术实验项目

实验 1 TTL 集成逻辑门的逻辑功能测试

一、实验目的

(1)掌握 TTL 集成与非门的逻辑功能测试方法。

(2)掌握 TTL 器件的使用规则。

二、实验仪器及器材

(1)数字电路实验箱。

(2)数字万用表。

(3)74LS00、74LS04、74LS20、74LS86、电阻、电位器若干。

三、预习要求

(1)仔细查看数字电路实验箱的结构(直流稳压电源、信号源、逻辑开关、逻辑电平显示器),掌握元件位置的布局及使用方法。

(2)熟悉常见 TTL 基础逻辑门的逻辑功能以及引脚排列。

(3)画出各实验内容的测试电路与数据记录表格。

四、实验原理

本实验采用四 2 输入与非门 74LS00、二 4 输入与非门 74LS20、六反相器 74LS04、异或门 74LS86 等,例如,二 4 输入与非门 74LS20,在一块集成块内含有两个互相独立的与非门,每个与非门有四个输入端。其逻辑框图、逻辑符号及引脚排列分别如图 7-1(a)~(c)所示。

与非门的逻辑功能是:当输入端中有一个或一个以上是低电平时,输出端为高电平;只有当输入端全部为高电平时,输出端才是低电平(即有"0"得"1",全"1"得"0")。

其逻辑表达式为

$$Y = \overline{AB\cdots}$$

五、实验内容及步骤

在合适的位置选取一个 14P 插座,按定位标记插好 TTL 集成块。

(1)验证 TTL 集成与非门 74LS20 的逻辑功能。

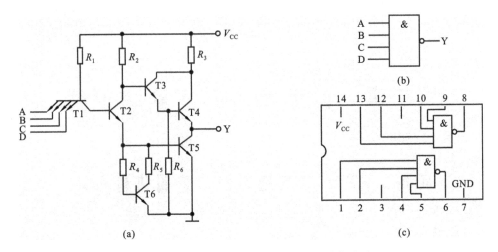

图 7-1 74LS20 逻辑框图、逻辑符号及引脚排列

(a)逻辑框图;(b)逻辑符号;(c)引脚排列

按图 7-2 接线,门的四个输入端接逻辑开关输出插口,以提供"0"与"1"电平信号。开关向上,输出逻辑"1";开关向下,输出逻辑"0"。门的输出端接由 LED 发光二极管组成的逻辑电平显示器(又称 0-1 指示器)的显示插口,LED 亮为逻辑"1",不亮为逻辑"0"。按表 7-1 的真值表逐个测试集成块中两个与非门的逻辑功能。74LS20 有 4 个输入端,16 个最小项,在实际测试时,只要通过对输入的 1111、0111、1011、1101、1110 五项进行检测就可判断其逻辑功能是否正常。

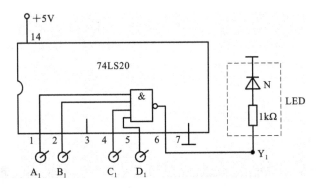

图 7-2 与非门逻辑功能测试电路

(2)验证 TTL 集成与非门 74LS00 的逻辑功能。

(3)验证 TTL 集成与非门 74LS04 的逻辑功能。

(4)验证 TTL 集成与非门 74LS86 的逻辑功能。

六、实 验 报 告 要 求

(1)记录、整理实验结果,并对结果进行分析。

(2)总结集成逻辑门使用注意事项。

实验 2　组合逻辑电路的设计与测试

一、实验目的

(1)掌握组合逻辑电路的设计与测试方法。
(2)掌握集成逻辑电路相互衔接时应遵守的规则和实际衔接方法。

二、实验仪器及器材

(1)数字电路实验箱。
(2)数字万用表。
(3)74LS00×2、74LS10×1、74LS86×1、74LS04×1。

三、预习要求

(1)根据实验任务要求设计组合电路,并根据所给的标准器件画出逻辑图。
(2)如何用最简单的方法验证与或非门的逻辑功能是否完好?
(3)在与或非门中,当某一组与端不用时,应如何处理?

四、实验原理

(1)使用中、小规模集成电路来设计组合电路是最常见的逻辑电路设计方法。设计组合电路的一般步骤如图 7-3 所示。

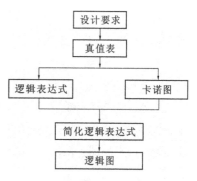

根据设计任务的要求建立输入、输出变量,并列出真值表。然后用逻辑代数或卡诺图化简法求出简化的逻辑表达式,并按实际选用逻辑门的类型修改逻辑表达式。根据简化后的逻辑表达式,画出逻辑图,用标准器件构成逻辑电路。最后,用实验来验证设计的正确性。

图 7-3　组合逻辑电路设计流程图

(2)组合逻辑电路设计举例。

用与非门设计一个表决电路。当四个输入端中有三个或四个为"1"时,输出端才为"1"。
设计步骤:

①根据题意列出真值表,再填入如表 7-1 所示的卡诺图中。

表 7-1　真值表

输入				输出	
A_n	B_n	C_n	D_n	Y_1	Y_2
1	1	1	1		
0	1	1	1		
1	0	1	1		
1	1	0	1		
1	1	1	0		

②由卡诺图得出逻辑表达式,并将其演化成与非的形式。

$$Z=ABC+BCD+ACD+ABD=\overline{\overline{ABC}\cdot\overline{BCD}\cdot\overline{ACD}\cdot\overline{ABC}}$$

③根据逻辑表达式画出用与非门构成的逻辑电路,如图7-4所示。

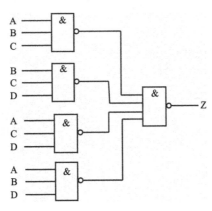

图7-4 表决电路逻辑图

④用实验验证逻辑功能。

按图7-4接线,输入端A、B、C、D接至逻辑开关输出插口,输出端Z接逻辑电平显示输入插口,按真值表(自拟)要求,逐次改变输入变量,测量相应的输出值,验证逻辑功能,与表7-1进行比较,验证所设计的逻辑电路是否符合要求。

五、实验内容及步骤

(1)设计一个将8421BCD码转换为余3BCD码的代码转换器,所用器件为一块74LS04,两块74LS00,一块74LS10,写出设计过程,画出逻辑图、连线图,测试其功能。

(2)用一块74LS86设计一个四位二进制码的原反码转换电路,输入为 A:$A_3A_2A_1A_0$ 和控制端M,当M为0时,输出为原码 $A_3A_2A_1A_0$;当M为1时,输出为反码 $\overline{A_3A_2A_1A_0}$。画出逻辑图、连线图,并测试其功能。

六、实验报告要求

(1)写出实验任务的设计过程,画出设计的电路图。
(2)对所设计的电路进行实验测试,记录测试结果。
(3)写出组合电路设计体会。

实验3 编码器与译码器

一、实验目的

(1)了解编码器、译码器的工作原理及其逻辑功能。
(2)掌握编码器、译码器的扩展方法及其在多输出组合函数设计中的典型应用。

二、实验仪器及器材

(1)数字电路实验箱。

(2)数字万用表。

(3)74LS148×2、74LS00×1、74LS138×2、74LS20×1。

三、预习要求

(1)复习编码器、译码器的工作原理。

(2)熟悉编码器与译码器的扩展方法及典型应用。

(3)熟悉 74LS148、74LS138 的外形及引脚排列。

四、实验原理

1.编码器原理

实现编码功能的电路即编码器。编码器的逻辑符号如图 7-5 所示。由于编码器在两条输入线上同时有信号时会引起逻辑混乱,因此人们设计了优先编码器,如 8 线-3 线优先编码器(74LS148)。图 7-6 所示为 74LS148 的逻辑符号。

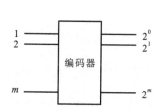

图 7-5　编码器逻辑符号

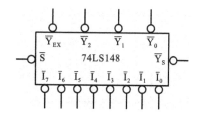

图 7-6　74LS148 的逻辑符号

输出端函数表达式

$$\overline{Y}_0 = \overline{(I_1\overline{I}_2\overline{I}_4\overline{I}_6 + I_3\overline{I}_4\overline{I}_6 + I_5\overline{I}_6 + I_7) \cdot S}$$

$$\overline{Y}_1 = \overline{(I_2\overline{I}_4\overline{I}_5 + I_3\overline{I}_4\overline{I}_5 + I_6 + I_7) \cdot S}$$

$$\overline{Y}_2 = \overline{(I_4 + I_5 + I_6 + I_7) \cdot S}$$

$$\overline{Y}_S = \overline{(\overline{I}_0\overline{I}_1\overline{I}_2\overline{I}_3\overline{I}_4\overline{I}_5\overline{I}_6\overline{I}_7) \cdot S}$$

$$\overline{Y}_{EX} = \overline{\overline{(\overline{I}_0\overline{I}_1\overline{I}_2\overline{I}_3\overline{I}_4\overline{I}_5\overline{I}_6\overline{I}_7) \cdot S} \cdot S}$$

优先编码器被广泛应用于各种优先控制系统,如计算机中的优先中断控制电路、核电站优先报警系统等。

2.译码器原理

译码器是一个多输入、多输出的组合逻辑电路,它的作用是对给定的代码进行"翻译"。译码器可分为通用译码器和显示译码器两大类,前者又分为变量译码器和代码变换译码器。以 3 线-8 线优先译码器 74LS138 为例进行分析,图 7-7(a)、(b)所示分别为其逻辑图及引脚排列。

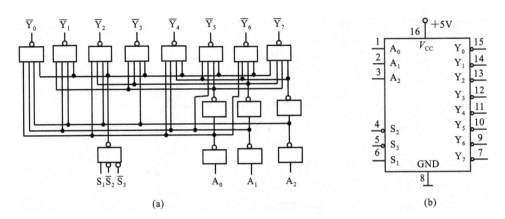

(a)   (b)

图 7-7   74LS138 逻辑图及引脚排列

(a)逻辑图;(b)引脚排列

二进制译码器实际上也是负脉冲输出的脉冲分配器。若利用使能端中的一个输入端输入数据信息,器件就成为一个数据分配器(又称多路分配器),如图 7-8 所示。

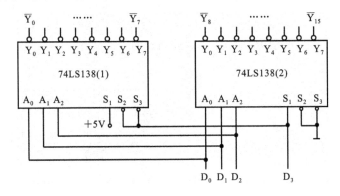

图 7-8   多路分配器

利用使能端能方便地将两个 3/8 译码器组合成一个 4/16 译码器,如图 7-9 所示。

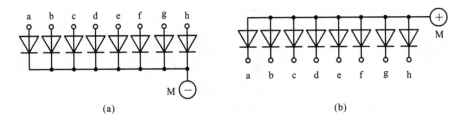

(a)   (b)

图 7-9   用两个 3/8 译码器组合成 4/16 译码器

(a)共阴连接("1"电平驱动);(b)共阳连接("0"电平驱动)

3.显示译码器

(1)七段发光二极管(LED)数码管。

LED 数码管是目前最常用的数字显示器,图 7-10(a)、(b)所示分别为共阴管和共阳管的电路,图 7-10(c)为两种不同出线形式的引脚功能图。一个 LED 数码管可用来显示一位 0~9 十进制数和一个小数点。LED 数码管要显示 BCD 码所表示的十进制数字就需要有一个专门的译码器,该译码器不但要完成译码功能,还要有相当的驱动能力。

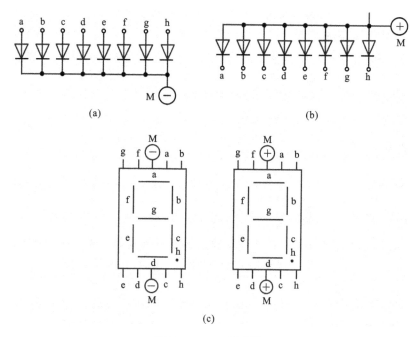

(a) (b)

(c)

图 7-10 LED 数码管

(a)共阴连接("1"电平驱动);(b)共阳连接("0"电平驱动);(c)符号及引脚功能

(2)BCD 码七段译码驱动器 CC4511。

BCD 码七段译码驱动器 CC4511 内接有上拉电阻,故只需在输出端与数码管笔段之间串入限流电阻即可工作。译码器还有拒伪码功能,当输入码超过 1001 时,输出全为"0",数码管熄灭。

数字电路实验装置上已完成了 CC4511 和数码管 BS202 之间的连接。实验时,只要接通 +5V 电源,并将十进制数的 BCD 码接至译码器的相应输入端 A、B、C、D,即可显示 0~9 的数字。四位数码管可接受四组 BCD 码输入。CC4511 与 LED 数码管连接原理如图 7-11 所示。

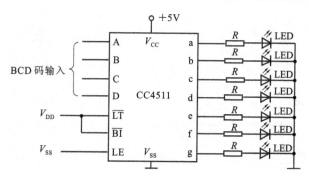

图 7-11 CC4511 驱动一位 LED 数码管

五、实验内容及步骤

(1)显示译码器测试。

将实验装置上的四组拨码开关的输出 A_i、B_i、C_i、D_i 分别接至 4 组显示译码/驱动器 CC4511 的对应输入口,LE、$\overline{BI}$、$\overline{LT}$ 接至三个逻辑开关的输出插口,接上 +5V 显示器的电源,揿动四个数码的增减键("+"与"-"键)并操作与 LE、$\overline{BI}$、$\overline{LT}$ 对应的三个逻辑开关,观察拨码盘上的四位数与 LED 数码管显示的对应数字是否一致,以及译码显示是否正常。

(2)用 2 块 8 线-3 线优先编码器 74LS148 实现 16 线-4 线优先编码器。

①画出逻辑图,说明扩展后输出为原变量还是反变量;

②画出连线图,并依此在实验板上搭线;

③输入用 0-1 开关,输出用 LED 显示。验证电路的正确性,并做记录。

(3)用两块 74LS138 实现 4 线-16 线全译码。

①画出逻辑图。

②画出连线图,并依此在实验板上搭线。

③输入用 0-1 开关,输出用 LED 显示。验证电路的正确性,并做记录。

(4)用一块 74LS138 和一块 74LS20 设计二输出组合逻辑函数,输入为三位二进制码 A_2、A_1、A_0,输出分别为偶函数和奇函数,画出逻辑图、连线图,搭线验证。

六、实验报告要求

(1)画出实验线路,把观察到的波形画在坐标纸上,并标上对应的地址码。

(2)对实验结果进行分析、讨论。

实验 4 全加器及其应用

一、实验目的

(1)了解用 SSI 器件实现一位全加器的方法。

(2)掌握用 MSI 器件实现四位全加器的方法,并掌握全加器的应用。

(3)掌握用 MSI 器件构成译码与显示的方法。

二、实验仪器及器材

(1)数字电路实验箱。

(2)数字万用表。

(3)直流稳压电源。

(4)74LS283×2、74LS00×2、74LS86×1。

三、预习要求

(1)复习全加器的工作原理。

(2)熟悉加法器的典型应用。

(3)熟悉 74LS86、74LS283 的外形及引脚排列。

(4)根据实验任务,画出所需的实验线路及记录表格。

四、实验原理

1.全加器的概念

用 SSI 器件实现的一位全加器如图 7-12 所示。

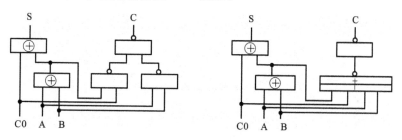

图 7-12　用 SSI 构成的一位全加器

由 SSI 器件构成的全加器需较多的器件,连接线也较多,因而可靠性较差,故目前广泛使用的是由 MSI 构成的多位全加器,常用二进制四位全加器 74LS283。图 7-13 所示是一种超前进位的四位全加器 74LS283。

74LS283

	74LS283	
5 — A1	S1 — 4	
3 — A2	S2 — 1	
14 — A3	S3 — 13	
12 — A4	S4 — 10	
6 — B1		
2 — B2		
15 — B3		
11 — B4		
7 — C0	C4 — 9	

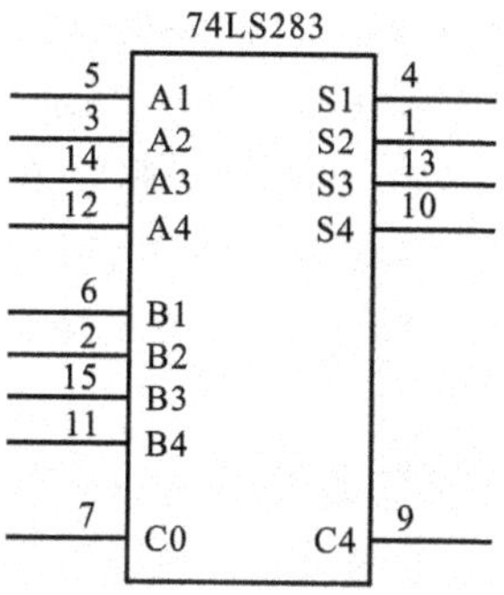

图 7-13　四位全加器 74LS283 引脚排列

2.全加器的应用

(1)用二进制全加器实现二进制减法运算。

在利用加法器完成减法运算时,最常见的做法是将减数的二进制数的每一位变反($0 \rightarrow 1, 1 \rightarrow 0$)并且在最低位加 1,其结果再同被减数相加。例如,要实现 $S1 = A1 - B1$,可做如下变换:

$$S = A1 + (\overline{B1} + 1) = A1 + (-B1)_{\text{补}} = A1 - B1$$

用 74LS283 实现四位二进制加减法运算的逻辑图如图 7-14 所示。若 $M = 1$,则图 7-14 所示电路可实现四位二进制加法运算;若 $M = 0$,则图 7-14 所示电路可实现四位二进制减法运算,请读者自行验证其正确性。

(2)码制变换。

利用全加器实现码制变换很方便。

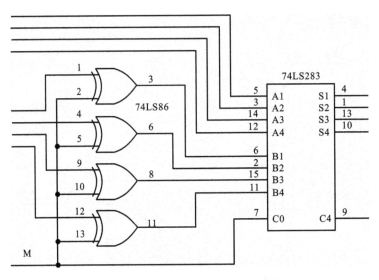

图 7-14　四位二进制加减法运算逻辑图

例 4-1　试采用四位加法器完成余 3 码到 8421 码的转换。

很明显,对于同样一个十进制数,余 3 码比相应的 8421 码多 3。因此实现余 3 码到 8421 码的转换,只需从余 3 码减去 3 码(0011)即可。由于 0011 各位变反后为 1100,再加 1 即为 1101,因此,减(0011)可以用加(1101)代替。所以在四位全加器的 A4、A3、A2、A1 接上余 3 码的四位代码,B4、B3、B2、B1 上接固定代码 1101 即可完成码制转换。

同理,也可以用 74LS283 实现由 8421 码到余 3 码的转换,其转换过程留给读者自己完成。

图 7-15 所示是用四位二进制加法器完成一位 8421BCD 码加法器的功能。用两片 74LS283 和少量 SSI 门电路即可组成一位 BCD 码加法器。图 7-15 中 74LS283(Ⅰ)加法器用来实现 A+B,74LS283(Ⅱ)加法器用来实现加 6 修正,四个门电路产生进位信号 C,这个信号也就是修正控制信号,它使 74LS283(Ⅱ)加法器在进位输出 C=1 时进行加(0110)修正。十进制进位信号 C=1 产生的条件是:①当 C4=1 时(16~19);②当 S4 和 S3 同为 1 时(12~15);③S4 和 S2 同为 1 时(10~11)。如果写成表达式,则得到:$C=C4+S4S3+S4S2$。

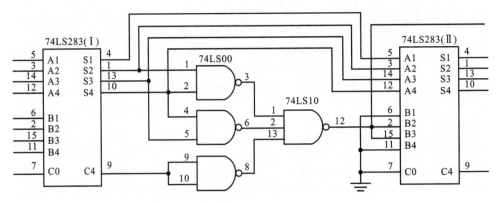

图 7-15　用四位二进制加法器完成一位 8421BCD 码加法器的功能

五、实验内容及步骤

(1)用图 7-12 所示的一位全加器进行实验,输入用 0-1 开关,输出用 LED 显示。列表验证一位全加器真值表。利用该电路实现如下逻辑功能:

①$S = A \oplus B$;

②$S = \overline{A}$。

(2)实验箱上显示译码实验线路内部已接好,加电测试其功能,随意输入 1～2 组 BCD 码,观察 LED 数码管显示结果是否正确。

(3)按图 7-13 所示连接实验线路,C4 用发光二极管显示,和 S 用数码管显示,按表 7-2 的内容进行加法实验,将实验显示结果填入表中。

表 7-2　　　　　　　　　　　　**加法实验数据**

A4 A3 A2 A1	B4 B3 B2 B1	C4	数码显示	结果转换成十进制数
0　0　1　0	0　1　0　1			
0　1　0　0	0　1　0　1			
1　0　1　0	1　1　0　1			

(4)按图 7-14 所示连接实验线路,按表 7-3 的内容进行减法实验,将实验显示结果填入表中。

表 7-3　　　　　　　　　　　　**减法实验数据**

A4 A3 A2 A1	B4 B3 B2 B1	数码显示
0　1　0　0	0　0　1　0	
1　0　0　1	0　0　1　0	

(5)用四位全加器实现 8421 码到余 3 码的转换,将实验数据填入表 7-4,验证其真值表。

表 7-4　　　　　　　　**8421 码到余 3 码的转换实验数据**

A4 A3 A2 A1	B4 B3 B2 B1	进位 C	和 S 数码显示
0　1　0　1	0　1　0　0		
1　1　0　1	0　1　0　0		

六、实验报告要求

(1)画出各实验步骤的实验线路图,并说明其工作原理。

(2)整理、分析各实验结果数据,它们是否与理论相等?

(3)总结全加器在组合逻辑中的应用。

实验 5　数据选择器及其应用

一、实验目的

(1)掌握中规模集成数据选择器的逻辑功能及使用方法；
(2)学习用数据选择器构成组合逻辑电路的方法。

二、实验仪器及器材

(1)数字电路实验箱。
(2)数字万用表。
(3)74LS151、74LS153 若干。

三、预习要求

(1)复习数据选择器的工作原理；
(2)用数据选择器对实验中各函数式进行预设计。

四、实验原理

数据选择器又叫"多路开关"。数据选择器在地址码(或称选择控制)电位的控制下,从几个数据输入中选择一个并将其送到一个公共的输出端。数据选择器的功能类似一个多掷开关。数据选择器为目前逻辑设计中应用十分广泛的逻辑部件,它有二选一、四选一、八选一、十六选一等类别。

74LS151 为互补输出的八选一数据选择器,引脚排列如图 7-16 所示。双四选一数据选择器 74LS153 就是在一块集成芯片上有两个四选一数据选择器的器件,其引脚排列如图 7-17 所示。数据选择器的用途很多,如多通道传输、数码比较、并行码变串行码、实现逻辑函数等。

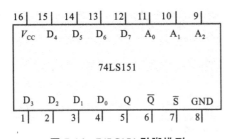

图 7-16　74LS151 引脚排列　　　　图 7-17　74LS153 引脚排列

五、实验内容及步骤

1. 测试八选一数据选择器 74LS151 的逻辑功能

接图 7-18 接线,地址端 A_2、A_1、A_0,数据端 $D_0 \sim D_7$,使能端 $\overline{S}$ 接逻辑开关,输出端 Q 接

逻辑电平显示器,按 74LS151 功能表逐项进行测试,记录测试结果。

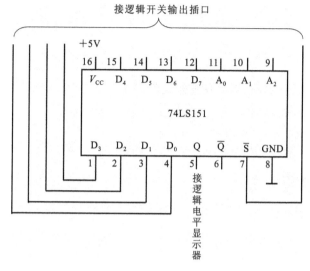

图 7-18　74LS151 逻辑功能测试

2.测试双四选一数据选择器 74LS153 的逻辑功能

测试方法及步骤同上,记录之。

3.用八选一数据选择器 74LS151 设计三输入多数表决电路

(1)写出设计过程。

(2)画出接线图。

(3)验证逻辑功能。

4.用八选一数据选择器实现逻辑函数

(1)写出设计过程。

(2)画出接线图。

(3)验证逻辑功能。

5.用双四选一数据选择器 74LS153 实现全加器

(1)写出设计过程。

(2)画出接线图。

(3)验证逻辑功能。

六、实验报告要求

(1)用数据选择器对实验内容进行设计,写出设计全过程,画出接线图,进行逻辑功能测试。

(2)总结数据选择器在组合逻辑中的应用。

实验 6 集成计数器及其应用

一、实验目的

(1)熟悉集成计数器逻辑功能和各控制端作用。
(2)掌握计数器使用方法。
(3)掌握移位寄存器的原理、逻辑功能及应用。
(4)熟悉移位型计数器的状态转换图及其自启动性能。

二、实验仪器及器材

(1)数字电路实验箱;
(2)数字万用表;
(3)双踪示波器;
(4)十进制计数器 74LS290×2、四 2 输入与非门 74LS00×1。

三、预习要求

(1)认真阅读计数器的原理与内容。
(2)画出设计电路逻辑图及连线图。

四、实验原理

计数器是对输入脉冲进行计数的时序电路,是由各类触发器级联而成的。它是数字系统中的基本部分,可用于计时单元、控制电路、信号发生器或其他设备,用途相当广泛。实验采用异步二—五—十进制计数器 74LS90、74LS290。这两种型号的计数器功能完全相同,只有引脚的排列不同,它们的引脚排列如图 7-19 所示。图中左边的触发器和右边的三个触发器分别构成二进制和五进制计数器。另外,除计数输入 $\overline{CP_A}$ 和 $\overline{CP_B}$ 为下降沿作用外,置 0 端 $R_{0(1)}$ 和 $R_{0(2)}$、置 9 端 $S_{9(1)}$ 和 $S_{9(2)}$ 都是高电平起作用,因此在使用中,不要将它们随便悬空。

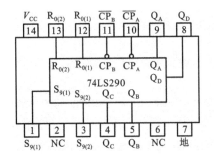
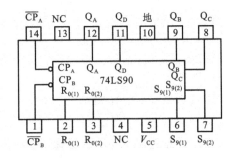

图 7-19 异步二—五—十进制计数器引脚排列图

该计数器的基本用途是获得模 M＝2、5、10 的三种计数功能,若引入适当反馈就可构成模 10 以内的任意进制计数器。这种反馈法常被称为脉冲反馈法,其又分为复位法和置位法。例如,用 74LS90 构成模 M=7 的计数器。

(1)反馈清"0"法:计数到 n,异步清"0"。

$$S_n = S_7 = \begin{cases} Q_D Q_C Q_B Q_A = 0111(8421\ 码) \\ Q_A Q_D Q_C Q_B = 0111(5421\ 码) \end{cases}$$

图 7-20 所示是以 5421 码形式设计的七进制计数器,若用 8421 码形式,则需加逻辑门,故不可取。图 7-21 所示是以 8421 码形式设计的七进制计数器。

(2)反馈置数法:计数到 $n-1$,异步置"9"。

$$S_{n-1} = S_6 = \begin{cases} Q_D Q_C Q_B Q_A = 0110(8421\ 码) \\ Q_A Q_D Q_C Q_B = 1001(5421\ 码) \end{cases}$$

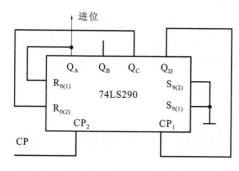 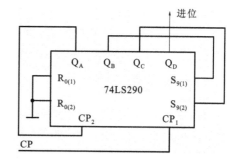

图 7-20　以 5421 码形式设计的七进制计数器　　图 7-21　以 8421 码形式设计的七进制计数器

上面介绍的计数器,其计数能力是有限的,一只十进制计数器只能表示 0～9 十个数,而一只十六进制计数器最多也只能表示 0～15 十六个数,在实际应用中,需计的数往往很大,这时需要把几只相同的计数器级联起来。

五、实验内容及步骤

1. 集成计数器 74LS290 功能测试

74LS290 具有下述功能:

(1)直接置"0"$[R_{0(1)} \cdot R_{0(2)} = 1]$,直接置"9"$[S_{9(1)} \cdot S_{9(2)} = 1]$。

(2)二进制计数(CP_1 输入,Q_A 输出)。

(3)五进制计数(CP_2 输入,Q_D、Q_C、Q_B 输出)。

(4)十进制计数(两种接法),按芯片引脚图测试上述功能。

2. 计数器级联

分别用 2 片 74LS290 计数器级联成二—五混合进制、十进制计数器。

(1)画出连接电路图。

(2)按图接线,并将输出端接到数码显示器的相应输入端,用单脉冲作为输入脉冲检验设计是否正确。

(3)画出四位十进制计数器连接图并总结多级计数器级联规律。

3. 任意进制计数器设计法

(1)采用脉冲反馈法,用 74LS290 组成模 M=8 的加法计数器。画出计数器逻辑图,检验计数器的功能,并将输出接到显示器上进行验证。记录上述实验各级同步波形。

(2)如果想要实现 10 以上进制的计数器,可将多片 74LS290 计数器级联使用。按图 7-22 接线,检验计数器的功能,并将输出接到显示器上进行验证。记录上述实验各级同步波形。

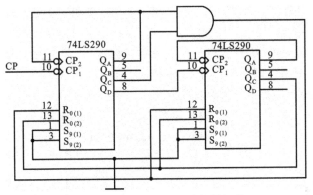

图 7-22　两片 74LS290 计数器级联

六、实验报告要求

(1)列表整理实验内容 1 的实验数据。

(2)画出实验内容"计数器级联""任意进制计数器设计法"要求的电路图及波形图。

实 验 7　触 发 器 逻 辑 功 能 测 试 及 其 应 用

一、实验目的

(1)熟悉常用触发器的逻辑功能,掌握触发器逻辑功能的测试方法;

(2)熟悉触发器间逻辑功能的转换方法;

(3)了解触发器的一些简单应用。

二、实验仪器及器材

(1)数字电路实验箱;

(2)数字万用表;

(3)双踪示波器 1 台;

(4)74LS00×1、74LS73×1、74LS74×1。

三、预习要求

(1)认真阅读触发器的原理与内容。

(2)绘制实验所需的表格。

四、实验原理

触发器是时序逻辑电路中存储部分的基本单元。利用触发器可以构成计数器、分频器、寄存器、移位寄存器、时钟脉冲控制器等。按触发方式来分,触发器可分为电平触发方式和边沿触发方式两种。锁定触发器就是一种电平触发的触发器,如 D 型锁存器 74LS75 在 $CP=1$ 时,$Q^{n+1}=D$,而在 $CP=0$ 时,触发器状态被锁定(保持)。

基本 RS 触发器的用途之一是构成无抖动开关,以消除手动有触点机械开关因触点抖动而产生的不必要脉冲输出,其电路与波形如图 7-23(a)、(b)所示。

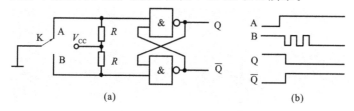

图 7-23　无抖动开关电路及其波形

(a)电路;(b)波形

触发器的另一个用途是构成分频器和倍频器。分频器的输出频率是输入频率的若干分之一,而倍频器的输出频率则是输入频率的若干倍。图 7-24 所示为用 D 触发器构成二分频器和二倍频器的电路及其波形。

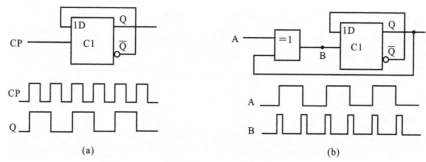

图 7-24　二分频器、二倍频器的电路及其波形

(a)二分频器的电路及其波形;(b)二倍频器的电路及其波形

触发器与门电路的组合,可构成许多应用电路,这里不再列举。任何触发器均存在传输延迟时间,所以输入信号与时钟信号(CP)在作用时间上应当很好地配合,否则触发器就不能可靠工作。一般要求输入信号应在 CP 有效边沿作用前一段时间内建立。

五、实验内容及步骤

(1)基本 RS 触发器逻辑功能测试。

用与非门构成一个基本 RS 触发器,分别使 RS 为 00、01、10、11,用电平显示电路观察对应的输出端 Q 和 $\overline{Q}$ 的状态,画表格记录测试结果。

(2)集成 JK 触发器 74LS73 逻辑功能测试。

①测试直接置"0"($\overline{R}_D$)和置"1"($\overline{S}_D$)功能,测试方法同基本 RS 触发器。

②静态测试:CP 接单次脉冲,$\overline{R}_D=\overline{S}_D=1$,分别使 JK 为 00、01、10、11,用电平显示电路观察对应的输出端 Q 和 $\overline{Q}$ 的状态,将测试结果填入表格。

③动态测试:CP 接 1kHz 连续脉冲,$\overline{R}_D=\overline{S}_D=1$,J=K=1,用示波器观察 Q 与 CP 的波形,注意其对应关系。

(3)二倍频器功能测试:按照图 7-24(b)所示接好电路,A 接 1kHz 连接脉冲,$\overline{R}_D = \overline{S}_D = 1$,用示波器观察 B 与 A 的波形,注意其对应关系。

(4)触发器逻辑功能转换:将 JK 触发器转换为 D 触发器并检验其逻辑功能。

六、实验报告要求

(1)画出各个实验电路,列表整理实验测量结果并绘制观测所得的波形。

(2)总结本次实验体会。

(3)如何将 D 触发器转换为 JK 触发器、T 触发器和 TF 触发器?画出逻辑电路图。

(4)比较基本 RS 触发器、JK 触发器、D 触发器的逻辑功能、触发方式有何不同。

实验 8　移位寄存器

一、实验目的

(1)掌握 4 位双向移位寄存器的原理、逻辑功能及应用。

(2)熟悉移位计数器的状态转换图及其自启动功能。

(3)熟悉用移位寄存器组成环形计数器、扭环形计数器和顺序脉冲发生器的方法。

二、实验仪器及器材

(1)数字电路实验箱;

(2)数字万用表;

(3)双踪示波器;

(4)十进制计数器 74LS194×1、四 2 输入与非门 74LS27×1。

三、预习要求

(1)认真阅读移位寄存器的原理与内容。

(2)画出设计电路逻辑图及连线图。

四、实验原理

移位寄存器是由多级触发器以链型连接组成的同步时序电路,每个触发器的输出端连到下一个触发器的输入端。在移位脉冲作用下,原来存储在移位寄存器中的代码就会按规定的方向同步左移或右移一位。中规模四位双向移位寄存器 74LS194,除了具有双向移位(左移、右移)功能外,还有并行置数、保持和清零功能,是一种功能较强、使用广泛的中规模集成移位寄存器。其逻辑功能测试电路如图 7-25 所示。

移位寄存器在数字系统中被广泛用作缓冲寄存器、数码串并变换器、数码并串变换器、计数器、脉冲分配器、序列码发生器、序列码检测器等。利用移位寄存器构成的计数器中,常用的有环形计数器和扭环形计数器两种。环形计数器不需要译码硬件,便能将计数器的状态识别出来,扭环形计数器的译码逻辑也比二进制码计数器的简单。

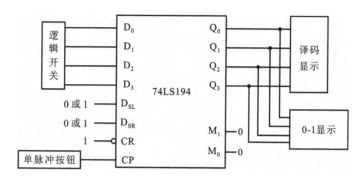

图 7-25　74LS194 逻辑功能测试电路

环形计数器具有如下特点:其进位模数与移位寄存器触发器级数相等;其反馈函数是用 74LS194 构成的四位环形计数器(图 7-26)及其状态迁移图。

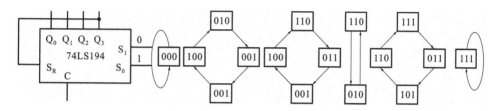

图 7-26　四位环形计数器

如起始态为 $Q_0Q_1Q_2Q_3=1000$,其状态迁移为 $1000 \rightarrow 0100 \rightarrow 0010 \rightarrow 0001$,但存在无效循环和死态(如 0 和 15),即无自校正能力。图 7-27 给出了使计数器具有自校正能力的一种修正方案,它利用预置功能,有效地消除了无效循环。由于我们规定环形计数器每个状态只有一个"1"(或规定每个状态只有一个"0"),因此它无须译码即可直接用于顺序脉冲发生器。但环形计数器状态利用率低,16 个状态仅利用了 4 个状态。

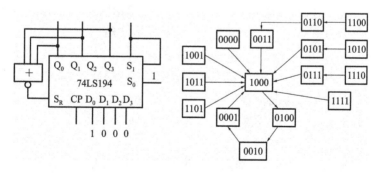

图 7-27　具有自校正能力的环形计数器

扭环形计数器(又称约翰逊计数器)的特点是:进位模为移位寄存器触发器级数 n 的 2 倍,即 $2n$;电路结构上反馈函数为 $f(Q_1Q_2Q_3\cdots Q_n)=\overline{Q_n}$;相邻两个态仅有一位代码不同。图 7-28 所示是用 74LS194 构成的扭环形计数器,由于其存在一个无效循环,故无自校正能力。

图 7-29 所示是具有自校正能力的两种扭环形计数器。图 7-29(a)所示计数器是通过将无效循环引入有效循环实现自校正的;图 7-29(b)所示计数器是利用预置功能破坏无效循环实现自校正的。它们的状态迁移关系,读者不难做出。

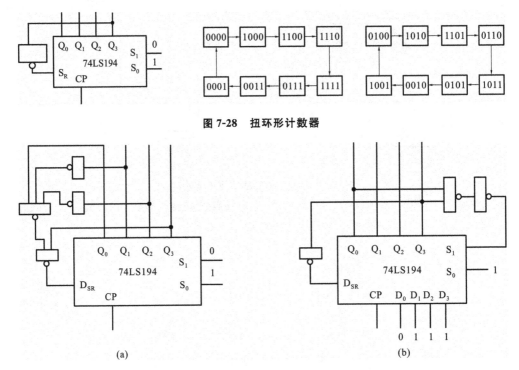

图 7-28　扭环形计数器

图 7-29　具有自校正能力的两种扭环形计数器

五、实验内容及步骤

(1)74LS194 逻辑功能测试。

①数据的并行输入、并行输出。先将寄存器清零,再将 $\overline{CR}$、M_1、M_0 都置"1",用逻辑开关输入任意一个 4 位二进制数,如 $D_3D_2D_1D_0=0111$,用单拍脉冲按钮发 1 个时钟脉冲,观察发光二极管和数码管显示的 Q_3、Q_2、Q_1、Q_0 状态,记录显示结果。

②数据的串行输入、串行输出,即数据的右移和左移。清零,置 $M_1M_0=01$,串行输入一个数,如 $D_3D_2D_1D_0=0010$,使 $D_{SR}=1$(或 0),连续发 4 个时钟脉冲,观察发光二极管和数码管显示的变化,将显示变化情况记录下来。再清零,置 $M_1M_0=10$,串行输入一个数,如 $D_3D_2D_1D_0=1010$,使 $D_{SL}=1$(或 0),连续发 4 个时钟脉冲,观察发光二极管和数码管显示的变化,将显示变化情况记录下来。

③数据的串行输入、并行输出。输入两个最低位在前、最高位在后的 4 位二进制数码,如 $D_3D_2D_1D_0=0101$ 和 $D_3D_2D_1D_0=1001$,记录实验结果,写出数码的变化过程。再输入两个最高位在前、最低位在后的 4 位二进制数码,如 $D_3D_2D_1D_0=1101$ 和 $D_3D_2D_1D_0=0011$,记录实验结果,写出数码的变化过程。

④数据的保持。清零,置 $M_1M_0=00$,任意输入一个 4 位二进制数,然后连续发 4 个时钟脉冲,观察并记录显示结果。

(2)用 74LS194 构成一个环形计数器,并测试电路功能。

(3)用 74LS194 构成一个具有自启动特性的扭环形计数器,并测试电路功能。

(4)(选做)用 74LS194 设计一个顺序脉冲发生器:用 1 片 74LS194 和 5 片 74LS00 设计一个顺序脉冲发生器。其中用 74LS194 和一个反相器组成扭环形计数器,用 8 个与非门和 8 个反相器组成译码器。由计数器输入端送入频率为 1kHz 的连续计数脉冲,通过译码器 8 个输出端的状态变化,测试电路功能。

六、实验报告要求

(1)整理实验数据,总结本次实验的收获和体会。

(2)用 2 片集成双向 4 位移位寄存器 74LS194 设计一个可实现右移 8 位数据的串行输入、并行输出的电路,画出电路图。

实验 9　智力竞赛抢答器设计

一、实验目的

(1)学习数字电路中 D 触发器、分频电路、多谐振荡器、CP 时钟脉冲源等单元电路的综合运用。

(2)熟悉智力竞赛抢答器的工作原理。

(3)了解简单数字系统实验、调试及故障排除方法。

二、实验仪器及器材

(1)数字电路实验箱;

(2)数字万用表;

(3)双踪示波器;

(4)数字频率计;

(5)74LS175×1,74LS20×1,74LS74×1,74LS00×1,电位器、电阻、电容若干。

三、预习要求

(1)查阅智力竞赛抢答器的相关资料。

(2)根据实验讲义设计电路逻辑图及连线图。

四、实验原理

图 7-30 所示为供四人用的智力竞赛抢答装置原理图,它可以用来判断抢答顺序。

图 7-30 中 F_1 为四 D 触发器 74LS175,它具有公共置"0"端和公共 CP 端;F_2 为二 4 输入与非门 74LS20;F_3 是由 74LS00 组成的多谐振荡器;F_4 是由 74LS74 组成的四分频电路。F_3、F_4 组成抢答电路中的 CP 时钟脉冲源。抢答开始时,由主持人清除信号,按下复位开关 S,使 74LS175 的输出 $Q_1 \sim Q_4$ 全为 0,所有发光二极管 LED 均熄灭,当主持人宣布"抢答开始"后,首先做出判断的参赛者立即按下开关,对应的发光二极管点亮,同时,通过与非门 F_2 送出信号,锁住其余三个抢答者的电路,使其不再接受其他信号,直到主持人再次清除信号为止。

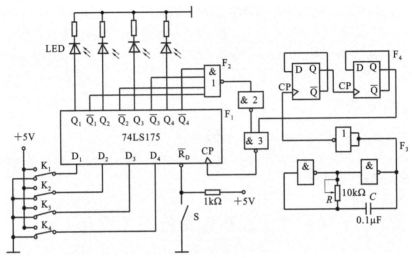

图 7-30   智力竞赛抢答装置原理图

五、实验内容及步骤

(1)测试各触发器及各逻辑门的逻辑功能,判断器件的好坏。

(2)按图 7-30 接线,抢答器五个开关接实验装置上的逻辑开关、发光二极管接逻辑电平显示器。

(3)断开抢答器电路中 CP 脉冲源电路,单独对多谐振荡器 F_3 及分频器 F_4 进行调试,调整多谐振荡器 $10\text{k}\Omega$ 电位器,使其输出脉冲频率约为 4kHz,观察 F_3 及 F_4 输出波形并测试其频率。

(4)测试抢答器电路功能。接通 $+5\text{V}$ 电源,CP 端接实验装置上的连续脉冲源,取重复频率约 1kHz。

①抢答开始前,开关 K_1、K_2、K_3、K_4 均置"0",准备抢答,将开关 S 置"0",发光二极管全熄灭,再将 S 置"1"。抢答开始,K_1、K_2、K_3、K_4 某一开关置"1",观察发光二极管的亮、灭情况,然后将其他三个开关中任意一个置"1",观察发光二极管的亮、灭情况是否改变。

②重复①的内容,改变 K_1、K_2、K_3、K_4 任意一个开关状态,观察抢答器的工作情况。

③整体测试。

断开实验装置上的连续脉冲源,接入 F_3 及 F_4,再进行实验。

六、实验报告要求

(1)分析智力竞赛抢答装置各部分功能及工作原理。

(2)总结数字系统的设计、调试方法。

(3)分析实验中出现的故障及解决办法。

(4)若想在图 7-30 所示电路中加入计时功能,要求计时电路显示时间精确到秒,时间上限为 2min,一旦超出时限,则取消抢答权,那么电路应如何改进?

实验 10　电子秒表设计

一、实验目的

(1)学习数字电路中基本 RS 触发器、单稳态触发器、时钟发生器及计数、译码显示等单元电路的综合应用。

(2)学习电子秒表的调试方法。

二、实验仪器及器材

(1)数字电路实验箱；

(2)数字万用表；

(3)双踪示波器；

(4)数字频率计；

(5)74LS00×2,555 定时器×1,74LS90×3,电位器、电阻、电容若干。

三、预习要求

(1)复习数字电路中 RS 触发器、单稳态触发器、时钟发生器、计数器等部分内容。

(2)除了本实验所采用的时钟源外,选用另外两种不同类型的时钟源,在实验中使用。画出电路图,选取元件。

(3)列出电子秒表单元电路的测试表格。

(4)列出调试电子秒表的步骤。

四、实验原理

图 7-31 为电子秒表原理图。我们按功能将其分成四个单元电路进行分析。

1. 基本 RS 触发器

图 7-31 中单元 Ⅰ 为用集成与非门构成的基本 RS 触发器。基本 RS 触发器在电子秒表中的职能是启动和停止秒表的工作。

2. 单稳态触发器

图 7-31 中单元 Ⅱ 为用集成与非门构成的微分型单稳态触发器。

单稳态触发器的输入触发负脉冲信号 V_i 由基本 RS 触发器 $\overline{Q}$ 端提供,输出负脉冲 V_o 通过非门加到计数器的清除端 R。静态时,门 4 应处于截止状态,故电阻 R 必须小于门的关门电阻 R_{off}。定时元件 R、C 取值不同,输出脉冲宽度也不同。当触发脉冲宽度小于输出脉冲宽度时,可以省去输入微分电路的 R_P 和 C_P。单稳态触发器在电子秒表中的职能是为计数器提供清零信号。

3. 时钟发生器

图 7-31 中单元 Ⅲ 为用 555 定时器构成的多谐振荡器,是一种性能较好的时钟源。

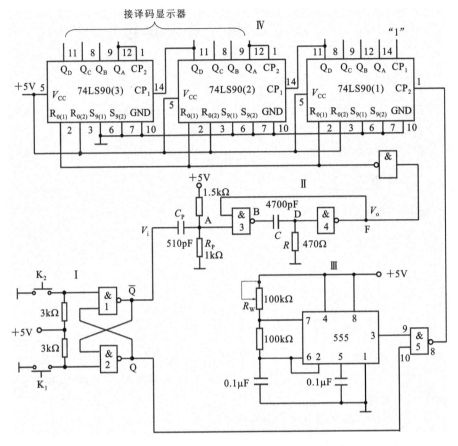

图 7-31　电子秒表原理图

4. 计数及译码显示

计数器 74LS90 构成电子秒表的计数单元,如图 7-31 中单元 Ⅳ 所示。其中 74LS90(1) 接成五进制形式,对频率为 50Hz 的时钟脉冲进行五分频,在输出端 Q_D 取得周期为 0.1s 的矩形脉冲,作为 74LS90(2) 的时钟输入。74LS90(2) 及 74LS90(3) 接成 8421 码十进制形式,其输出端与实验装置上译码显示单元的相应输入端连接,可显示 0.1~0.9s、1~9.9s 计时。

五、实验内容及步骤

1. 基本 RS 触发器的测试

用与非门构成一个基本 RS 触发器,分别使 RS 为 00、01、10、11,用电平显示电路观察对应的输出端 Q 和 $\overline{Q}$ 的状态,画表格记录测试结果。

2. 单稳态触发器的测试

(1)静态测试。

用直流数字电压表测量 A、B、D、F 各点电位值。记录之。

(2)动态测试。

输入端接 1kHz 连续脉冲源,用示波器观察并描绘 D 点(V_D)、F 点(V_o)波形,如单稳输出脉冲持续时间太短,难以观察,可适当加大微分电容 C(如改为 $0.1\mu F$),待测试完毕,再恢复为 4700pF。

3.时钟发生器的测试

用示波器观察输出电压波形并测量其频率,调节 R_W,使输出矩形波频率为 50Hz。

4.计数器的测试

(1)74LS90(1)计数器接成五进制形式,$R_{0(1)}$、$R_{0(2)}$、$S_{9(1)}$、$S_{9(2)}$ 接逻辑开关输出插口,CP_2 接单次脉冲源,CP_1 接高电平"1",Q_D、Q_C、Q_B、Q_A 接实验设备上译码显示输入端 D、C、B、A,测试其逻辑功能。记录之。

(2)74LS90(2)计数器及 74LS90(3)计数器接成 8421 码十进制形式,同实验内容(1)进行逻辑功能测试。记录之。

(3)将 74LS90(1)计数器、74LS90(2)计数器、74LS90(3)计数器级联,进行逻辑功能测试。记录之。

5.电子秒表的整体测试

各单元电路测试正常后,按图 7-31 把几个单元电路连接起来,进行电子秒表的总体测试。先按一下按钮开关 K_2,此时电子秒表不工作,再按一下按钮开关 K_1,则计数器清零后开始计时,观察数码管显示计数情况是否正常。

6.电子秒表准确度的测试

利用电子钟或手表的秒计时功能对电子秒表进行校准。

六、实验报告要求

(1)总结电子秒表的整个调试过程。

(2)分析调试中发现的问题及故障排除方法。

实验 11　数字频率计设计

一、实验目的

学习数字频率计的设计方法。

二、实验仪器及器材

(1)数字电路实验箱。

(2)数字万用表。

(3)双踪示波器。

(4)数字频率计。

三、预习要求

(1)复习数字频率计的原理。

(2)复习相关数字集成电路的功能。

四、实验原理

1.数字频率计原理框图

脉冲信号的频率就是在单位时间内产生的脉冲个数,其表达式为 $f=N/T$,其中 f 为被测信号的频率,N 为计数器所累计的脉冲个数,T 为产生 N 个脉冲所需的时间。计数器所记录的结果,就是被测信号的频率。如在 1s 内记录 1000 个脉冲,则被测信号的频率为 1000Hz。本实验仅讨论一种简单易制的数字频率计,其原理框图如图 7-32 所示。

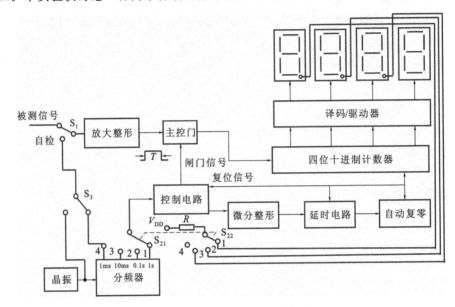

图 7-32   数字频率计原理框图

2.单元电路的设计及工作原理

(1)控制电路。

主控电路由双 D 触发器 CC4013 及与非门 CC4011 构成。CC4013(a)的任务是输出闸门控制信号,以控制主控门 2 的开启与关闭。如果通过开关 S_2 选择一个时基信号,当给与非门 1 输入一个时基信号的下降沿时,门 1 就输出一个上升沿,CC4013(a)的 Q_1 端就由低电平变为高电平,将主控门 2 开启,允许被测信号通过该主控门并送至计数器输入端进行计数。利用 Q_2 端的上升沿送到下一级的延时、整形单元电路。当到达所调节的延时时间时,延时电路输出端立即输出一个正脉冲,将计数器和所有 D 触发器全部置"0"。复位后,$Q_1=0$,$\overline{Q_1}=1$,为下一次测量做好准备。当时基信号又产生下降沿时,电路重复上述过程。

(2)微分、整形电路。

CC4013(b)的 Q_2 端所产生的上升沿经微分电路后,送到由与非门 CC4011 组成的斯密特整形电路的输入端,在其输出端可得到一个边沿十分陡峭且具有一定脉冲宽度的负脉冲,然后送至下一级延时电路。

（3）延时电路。

延时电路由 D 触发器 CC4013(c)、积分电路（由电位器 R_{w1} 和电容器 C_2 组成）、非门 3 以及单稳态电路组成。

（4）自动清零电路。

P_3 点产生的正脉冲送到由或门组成的自动清零电路。

五、实验内容及步骤

1. 设计要求

使用中、小规模集成电路设计并制作一台简易的数字频率计。其应具有下述功能：

（1）位数：计 4 位十进制数。

（2）量程：第一挡，最小量程挡，最大读数是 9.999kHz，闸门信号的采样时间为 1s。第二挡，最大读数为 99.99kHz，闸门信号的采样时间为 0.1s。第三挡，最大读数为 999.9kHz，闸门信号的采样时间为 10ms。第四挡，最大读数为 9999kHz，闸门信号的采样时间为 1ms。

（3）显示方式：用七段 LED 数码管显示读数，做到显示稳定、不跳变。

（4）具有"自检"功能。

（5）被测信号为方波信号。

2. 画出数字频率计的电路总图

图 7-33 所示为数字频率计参考电路图。

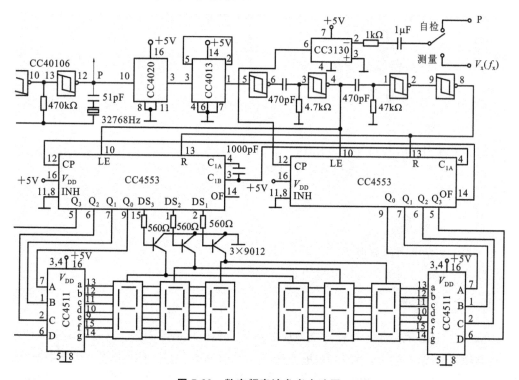

图 7-33　数字频率计参考电路图

3.组装和调试

(1)通常使用石英晶体振荡器输出的标准频率信号,经分频电路获得时基信号。为了实验调试方便,可用实验设备上脉冲信号源输出的 1kHz 方波信号,经 3 次 10 分频获得时基信号。

(2)按设计的数字频率计逻辑图在实验装置上布线。

(3)将 1kHz 方波信号送入分频器的 CP 端,用数字频率计检查各分频级的工作是否正常。用周期为 1s 的信号作控制电路的时基信号输入,用周期等于 1ms 的信号作被测信号,用示波器观察和记录控制电路输入、输出波形,检查控制电路所产生的各控制信号能否按正确的时序要求控制各个子系统。将周期为 1s 的信号送入各计数器的 CP 端,用发光二极管作指示,检查各计数器的工作是否正常。用周期为 1s 的信号作延时、整形单元电路的输入,用两只发光二极管作指示,检查延时、整形单元电路的工作是否正常。若各个子系统的工作都正常,再将各子系统连起来统调。

六、实验报告要求

(1)总结数字频率计的整个调试过程。

(2)分析调试中发现的问题及故障排除方法。

实验 12   光控路灯设计

一、实验目的

(1)熟悉 555 定时器和光敏电阻的工作原理及特点。

(2)学习光控电路的设计方法。

二、实验仪器及器材

(1)数字电路实验箱;

(2)数字万用表;

(3)555 定时器×1、光敏电阻×1、继电器×1、二极管 1N4007×1、电位器×1、电容×1、发光二极管×1。

三、预习要求

(1)了解光敏电阻的原理。

(2)学习 555 定时器的功能及应用。

四、实验原理

光敏电阻器是利用半导体的光电效应制成的一种电阻值随入射光的强弱而改变的电阻器。入射光强,电阻减小;入射光弱,电阻增大。光敏电阻器对光的敏感性(即光谱特性)与人眼对可见光($0.4\sim0.76\mu m$)的响应很接近,只要是人眼可感受的光,都会引起它的阻值变化。设计光控电路时,一般用白炽灯泡(小电珠)产生的光线或自然光线作控制光源,使设计大为简化。图 7-34 所示是光敏电阻的外观。

555 定时器是一种集成电路芯片,常被用于定时器、脉冲产生器和振荡电路。555 定时器可作为电路中的延时器件、触发器或起振元件。图 7-35 所示是 555 定时器内部电路。

图 7-34　光敏电阻外观

五、实验内容及步骤

光控路灯总体电路设计如图 7-36 所示。调整 $100k\Omega$ 电位计,使发光二极管处于临界不发光状态,此时用手遮挡光敏电阻(模拟天黑),使发光二极管处于发光状态。

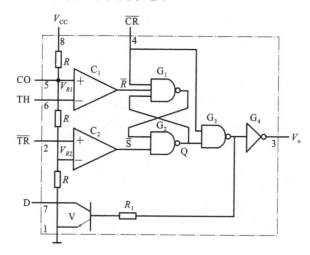

图 7-35　555 定时器内部电路

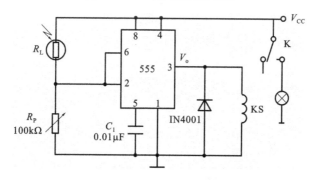

图 7-36　光控路灯实验电路图

六、实验报告要求

(1)独立完成光控路灯实验的设计、装配及调试。

(2)阐明组装、调试步骤。

(3)说明调试过程中遇到的问题和解决的方法。

(4)写出组装、调试数字电压表的心得体会。

第 5 篇　高频电子线路实验

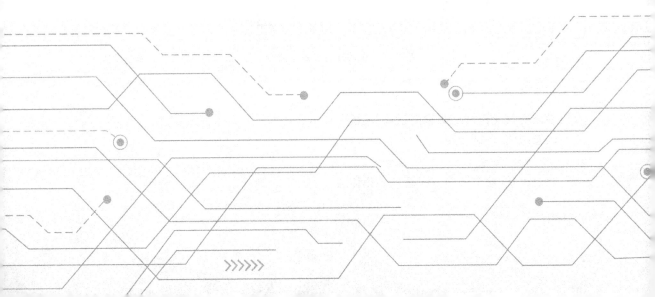

第 8 章　高频电子线路实验基础

第 1 节　实验平台简介

RZ9653 高频电子技术平台,是为适应当前高频电子理论教学及实验教学的发展趋势,精心研发的新一代高频电子技术实验平台。该平台不仅具备了完成常规实验的功能,还结合了当前教学技术发展的几大趋势,即实验教学的工程化、实验设备的网络化、课堂教学的智能化。

系统具备软硬件升级功能,可以方便高校在购买实验设备后的几年内进行实验内容的扩展及升级。

一、实验平台特点

实验平台(图 8-1)不仅在功能上进行了革命性的改进,在结构上也进行了创新设计,该实验平台在结构上具备以下特点:

(1)采用主控系统＋实验模块形式,方便扩展及维护升级。

(2)采用一体化开模工艺,结构设计合理,整体协调美观。

图 8-1　实验平台实物图

(3)实验模块通过触点式电源及通信总线连接,不需接插件,更换方便,性能稳定、可靠。

(4)每个模块均用翻盖式有机玻璃保护,不用螺丝固定,操作便捷,并且配有专用锁具,可以防止模块被随意更换。

(5)备用模块等备件可放置在实验箱左侧储物盒中,储物盒有盖子锁定,方便物件管理。

(6)为便于实验测量,所有实验测量孔均为铆孔和测量针相组合的形式,便于连线和示波器的测量。

二、实验场景设置

在使用 RZ9653 高频电子技术平台进行实验时,可以重新定义实验场景,摆脱早期实验内容设置单调,仅仅完成实验连线,然后测量波形的模式。在 RZ9653 高频电子技术平台上,应按照下面流程进行实验,如图 8-2 所示:

图 8-2　实验教学课堂流程

(1)理论预习:系统自带交互式预习系统,学生通过实验框图、文字说明、理论波形等内容,结合配套的实验教材,完成对当前课时实验理论的预习。

(2)实验交互:在进行实验时,学生能在框图界面上通过双击鼠标调整实验参数,如输入模拟信号幅度、频率、波形、工作点等,信号处理流程与原理展示清晰。

(3)测评考核:实验平台独创通信电子电路在线考核系统,教师可通过手机 App 软件配置或修改实验系统工作参数,考核学生对通信电子电路中工作点、谐振回路、负载、增益、振荡条件、信号失真、反馈等知识点的理解。

第 2 节　各实验模块介绍

一、实验平台的组成模块

RZ9653 高频电子技术平台采用智能中控系统和实验模块结构,形象地展示实验原理、操作步骤,有助于理解实验原理、维护设备和升级扩展功能。配置模块支持高频电子课程的原理实验、系统实验等,既能帮助学生完成对应的实验内容,还能在多模块级联配置后构成完整的无线调频或调幅收发信机系统。

实验平台配备了以下几种实验模块:

(1)智能主控系统;

(2)无线接收与小信号放大模块——A1;

(3)正弦振荡器与晶体管混频模块——A2;

(4)高频功放与无线发射模块——A3;

(5)变容管调频与相位鉴频模块——A4;

(6)中放 AGC 与二极管检波模块——A5;

(7)集成乘法器调幅、混频与同步解调模块——A6。

二、实验模块介绍

1.智能主控系统

主控系统主要实现平台的智能管理与人机交互功能,配备了 ARM 处理器,运行智能操作系统,界面采用 7 寸彩色液晶屏,配备网络接口、USB 接口、扬声器、无线 Wi-Fi 模块等,以完成对整个平台的功能管理,如实验功能选择、模块在位情况监测、模块通断电操作、上位机互联等。

主控模块内置双路 DDS 信号源(低频和高频),可以生成各种类型的信号,生成的低频信号包括正弦波、方波、三角波、调幅、调频、双边带、音乐信号等。低频信号频率为 $100\sim200kHz$(正弦波),高频信号频率为 $1\sim20MHz$,幅度为 $50\sim1500MV_{pp}$。

实验平台的右外侧预留了主控模块的外部接口,如图 8-3 所示,包括网络接口、USB 接口等。

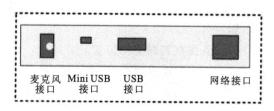

图 8-3　实验箱外部右侧扩展接口

(1)网络接口:可以实现实验平台的联网功能,完成实验的远程操控、二次开发软件在线定点加载、固件远程升级。

(2)USB 接口:可以外接鼠标。

(3)Mini USB 接口:固件升级接口,可用来对实验箱进行固件升级。

(4)麦克风接口:连接外部麦克风,采集真实的语音数据。

主控面板旋钮与接口如图 8-4 所示。

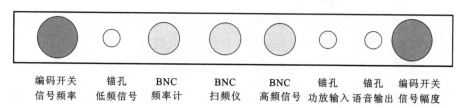

图 8-4　主控面板旋钮与接口

2.无线接收与小信号放大模块——A1

组成:单调谐、双调谐电路。完成小信号接收。

3.正弦振荡器与晶体管混频模块——A2

组成:LC 振荡器电路、晶体振荡器电路、晶体管混频电路。完成本振和混频。

4.高频功放与无线发射模块——A3

组成:丙类功放电路。完成丙类功放三种条件下过压、欠压、临界状态研究。

5. 变容管调频与相位鉴频模块——A4

组成：变容管调频电路、电容耦合相位鉴频电路。完成频率调制与解调。

6. 中放 AGC 与二极管检波模块——A5

组成：中放电路、二极管检波电路。完成中频信号放大与调幅信号解调。

7. 集成乘法器调幅、混频与同步解调模块——A6

完成乘法器调幅、乘法器混频与同步解调。

第 3 节　实验平台操作及注意事项

一、实验平台基本操作方法

在使用 RZ9653 高频电子技术平台进行实验时，要按照标准的规范进行实验操作，一般的实验流程包含以下几个步骤：

(1)将实验台面整理干净，设备摆放到对应的位置。

(2)打开实验箱箱盖，或取下箱盖放置到合适的位置(要注意不同的实验箱盖不能混淆)。

(3)简单检查实验箱是否有明显的损坏。如有损坏，须告知教师，以便教师判断是否可以正常进行实验。

(4)根据当前需要进行的实验内容，由教师或自行更换实验模块；更换模块需要的专用钥匙，请妥善保管。

(5)为实验箱加电，并开启电源；开启电源过程中，需要注意观察实验箱电源指示灯(每个模块均有电源指示灯)，如果指示灯状态异常，需要关闭电源，检查原因。

(6)实验箱开启过程需要大约 20s，开启后可以开始实验。

(7)实验内容等选择需用鼠标操作。

(8)在实验过程中，可以打开置物槽，选择对应的配件完成实验。

(9)实验完成后，关闭电源，整理实验配件并放置到置物槽中。

(10)盖上箱盖，将实验箱还原到位。

二、实验平台系统功能介绍

RZ9653 高频电子技术平台系统分为八大功能板块，分别为设备入门、实验项目、低频信号源、高频信号源、频率计、扫频仪、高频故障(实验测评)、系统设置，如图 8-5 所示。

1. 设备入门

设备入门分为四项，分别是平台基本操作、平台标识说明、实验注意事项、平台特点概述，如图 8-6 所示。

2. 实验项目

实验项目是指实验箱支持的实验课程项目，根据可以完成的实验内容列表，分为高频原

图 8-5　RZ9653 高频电子技术平台系统界面

理实验和高频系统实验,如图 8-7 所示。

　　高频原理实验细分为八大实验类别,分别是小信号调谐放大电路实验、非线性丙类功率放大电路实验、振荡器实验、中频放大器实验、混频器实验、幅度解调实验、变容二极管调频实验、鉴频器实验。如图 8-8 所示。

　　点击每个实验类别,可进入详细的实验列表,如图 8-9 所示。

图 8-6　设备入门界面

图 8-7　实验项目界面

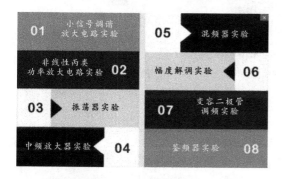

图 8-8　高频原理实验类别

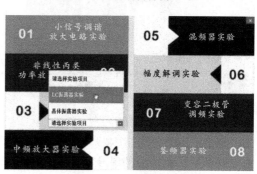

图 8-9　高频原理实验列表

3. 低频信号源

　　低频信号源界面如图 8-10 所示。

4. 高频信号源

高频信号源界面如图 8-11 所示。

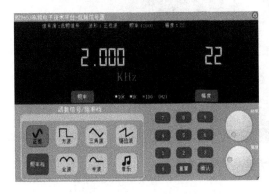

图 8-10 低频信号源界面

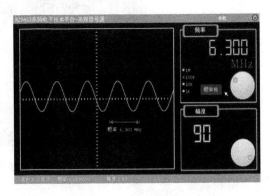

图 8-11 高频信号源界面

5. 频率计

频率计界面如图 8-12 所示。

6. 扫频仪

在 RZ9653 高频电子技术平台系统中,用鼠标点击显示屏,选择扫频仪,系统可作为频谱分析仪测量被测信号的幅频特性曲线及带宽,此时显示屏下方的高频信号源即为扫频信号源。以小信号放大器为例,将扫频信号源接入放大器的输入端(1P1),将显示屏下方的"扫频仪"与小信号放大的输出(1P8)相连,显示屏可显示放大器的幅频特性曲线。

7. 高频故障(实验测评)

高频电路故障诊断系统界面如图 8-13 所示。

图 8-12 频率计界面

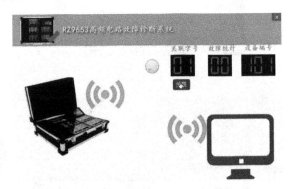

图 8-13 高频电路故障诊断系统界面

在学生实验过程中,教师可以通过无线网络接入并控制实验平台,改变实验系统参数,完成对学生实验课程的考核与测评,实验箱会记录故障的数目和实验箱的编号。

8. 系统设置

系统设置界面如图 8-14 所示。

在系统设置中教师可以对平台系统的一些硬件进行管理控制，如实验系统网络的 IP 地址管理、无线 Wi-Fi 网络管理、实验模块的状态监测和复位以及实验系统的还原初始保护。

进入"网络设置"功能，可以查看和修改当前实验系统网络 IP（图 8-15），这一功能在二次开发和固件升级过程中会用到。

进入"系统模块"功能，可以查看当前实验模块的工作状态，以及对模块电源进行控制管理，如图 8-16 所示。

图 8-14　系统设置界面

图 8-15　网络设置界面

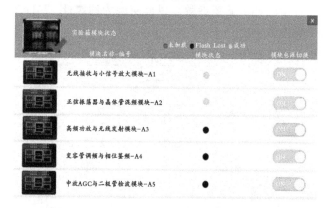

图 8-16　系统模块界面

三、实验平台系统实验方法

实验箱右侧预留了鼠标接口，在实验时，学生主要通过鼠标操作完成实验，实验前可以先熟悉一下实验箱的操作使用习惯。

实验平台采用以实验原理框图为主线引导的方式，展现实验的原理、过程，并将实验过程中的细节展开，涉及的实验参数可在框图上调整。不同于以往传统实验箱，本实验平台中的实验参数都是在实验原理的基础上,通过上位机软件展现实验过程,旋钮、拨码开关、电位器等器件的调节都能在上位机软件中实现。

下面以小信号调谐放大电路实验为例说明一些实验中应注意的细节。

(1)进入小信号调谐放大电路实验(图 8-17)。在系统平台主界面选择"实验项目",由于系统将小信号调谐放大电路实验归类为原理实验,所以接着选择"高频原理实验"。在实验分类中找到"小信号调谐放大",选择并进入实验。其他实验进入方式同此。

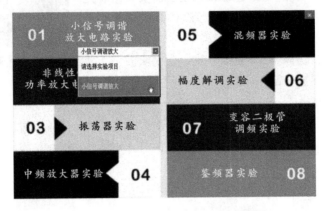

图 8-17　进入小信号调谐放大电路实验

(2)进入小信号调谐放大电路实验后,看到的是与实验原理相对应的实验原理框图(图 8-18),框图中展示了实验的实现原理以及实验测量点位号,位号与实验模块上的位号一致。原理框图中的可调电阻样式和开关样式表示此处可以点击设置实验输入参数,当前闪烁的指示灯表示设置焦点在此处,调节相应的实验模块上的电位器旋钮可调节参数,或者直接使用鼠标,滚动鼠标滑轮亦可调节参数。以此实验为例,"1K1""1K2""1W1""1W2""高放输入"为五个实验可调参数点。

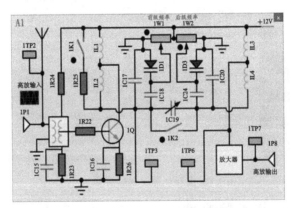

图 8-18　小信号调谐放大电路实验原理框图

(3)依据原理框图用铆孔线连线,主控模块的高频信号源连接 A1 模块的 1P1 输入信号端。

(4)分别点击参数设置点。点击"高放输入"弹出信号源设置界面,如图 8-19 所示。

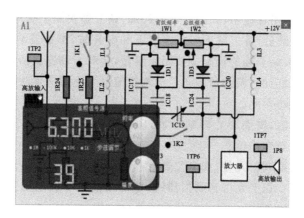

图 8-19　信号源设置界面

（5）点击"可调电位器 1W1"，弹出电阻设置界面，如图 8-20 所示。

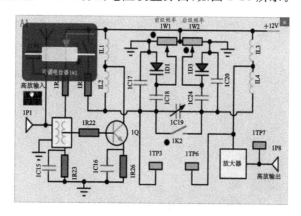

图 8-20　电阻设置界面

（6）依据实验框图，用示波器测量各个位号点的信号波形。

四、习惯用法

在平台研发及教材编写过程中，默认采用了一些习惯用法，下面对部分习惯用法给出说明，以便理解。

（1）在实验中，每个板子均有测量点和对应的铆孔，测量点和对应铆孔在电路板短接，信号相同；测量铆孔采用×P××的命名规则，其中 P 前面的数字代表板号，P 后面的数字代表该铆孔在板子上的序号。例如，1P1 和 2P2 分别对应板 1 上的测量孔和板 2 上的测量孔。

（2）实验中连线时需要注意，连线铆孔分输入孔和输出孔。在实验室先要确定每个铆孔的功能，原则上不能将两个输出孔连接在一起。

（3）实验中，对应的实验步骤选用示波器默认为双通道示波器，但实际中用四通道示波器会有更好的实验效果。

五、实验注意事项

（1）为实验箱加电前，要检查一下实验箱是否有明显的损坏现象；加电时，观察实验箱右上角的电源指示灯是否正常显示,如果指示灯闪烁,请立即关闭实验箱,并检查故障原因。

（2）实验箱盖子翻开后,可以取下。但是取下和安装时,都需要注意后端的卡轴是否完全卡好。在没有完全卡好卡轴的情况下关闭实验箱,会对卡轴造成损坏。另外,每台实验箱的盖子和箱体编号是对应的(箱体和盖子后端均有编号),不对应无法安装,因此实验时应妥善保管实验箱盖子,以防弄混。

（3）实验模块更换时,需要小心轻拿轻放,确认模块完全放置妥当,再下压有机玻璃盖子,以免损坏电路板和对应槽位。

（4）实验箱上参数可调的元件,如电位器、拨码开关、轻触开关,要小心使用,尽量避免用力过大,造成元件损坏。以上元件为磨损器件,在使用前应掌握使用技巧,请不要频繁按动或旋转。

第 9 章　高频电子线路实验项目

实验 1　小信号调谐放大器实验

一、实验目的

(1)熟悉电子元件和高频电子线路实验系统;

(2)掌握单调谐和双调谐放大器的基本工作原理;

(3)掌握测量放大器幅频特性的方法;

(4)熟悉放大器集电极负载对单调谐和双调谐放大器幅频特性的影响;

(5)了解放大器动态范围的概念和测量方法。

二、实验仪器及器材

(1)低频信号源;

(2)高频信号源;

(3)晶体管毫伏表;

(4)频率计;

(5)扫频仪。

三、预习要求

(1)复习小信号调谐放大器的工作原理;

(2)掌握 LC 振荡回路的选频特性;

(3)了解互感耦合与电容耦合回路的选频特性。

四、实验原理

在无线电技术中,经常会遇到这样的问题——所接收到的信号很弱,而这样的信号又往往与干扰信号同时进入接收机。我们希望将有用的信号放大,把其他无用的干扰信号抑制掉。借助选频放大器,便可达到此目的。小信号调谐放大器便是最常用的一种选频放大器,即有选择地对某一频率的信号进行放大的放大器。

小信号调谐放大器是构成无线电通信设备的主要电路,其作用是放大信道中的高频小信号。所谓小信号,通常是指电压在微伏至毫伏数量级的输入信号,放大这种信号的放大器工作在线性范围内。所谓调谐,主要是指放大器的集电极负载为调谐回路(如 LC 振荡回

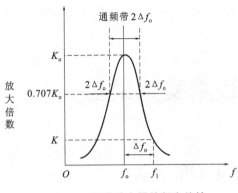

图 9-1 调谐放大器的频率特性

路）。这种放大器对谐振频率 f_0 的信号具有最强的放大作用，而对其他频率远离 f_0 的信号放大作用很差。调谐放大器的频率特性如图 9-1 所示。

调谐放大器主要由放大器和调谐回路两部分组成。因此，调谐放大器不仅有放大作用，而且有选频作用。下面讨论的小信号调谐放大器，一般工作在甲类状态，多用在接收机中进行高频和中频放大，其主要指标要求是：有足够的增益，满足通频带和选择性要求，工作稳定等。

小信号调谐放大器的种类很多，按调谐回路区分，有单调谐回路放大器、双调谐回路放大器和参差调谐回路放大器。按晶体管连接方法区分，有共基极、共发射极和共集电极调谐放大器。

1. 单调谐回路放大器

共发射极单调谐回路放大器原理电路如图 9-2 所示。

图 9-2 中晶体管 T 起放大信号的作用，R_{B1}、R_{B2}、R_E 为直流偏置电阻，用以保证晶体管工作于放大区域，从而使放大器工作于甲类状态。C_E 是 R_E 的旁路电容，C_B、C_C 是输入、输出耦合电容，LC 是谐振回路，作为放大器的集电极负载，起选频作用，它采用抽头接入法，以减轻晶体管输出电阻对谐振回路 Q 值的影响，R_C 是集电极（交流）电阻，它决定了回路 Q 值和带宽。

2. 双调谐回路放大器

双调谐回路放大器具有频带宽、选择性好的优点。顾名思义，双调谐回路有两个调谐回路：一个靠近"信源"端（如晶体管输出端），称为初级；另一个靠近"负载"端（如下级输入端），称为次级。两者之间，可采用互感耦合或电容耦合。与单调谐回路相比，双调谐回路的矩形系数较小，即它的谐振曲线更接近矩形。图 9-3 所示为电容耦合双调谐回路放大器原理电路。

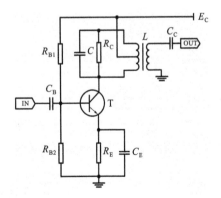

图 9-2 共发射极单调谐回路放大器原理电路

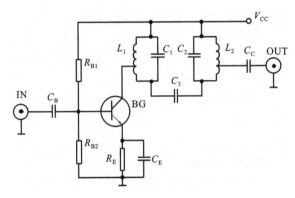

图 9-3 电容耦合双调谐回路放大器原理电路

图 9-3 中，R_{B1}、R_{B2}、R_E 为直流偏置电阻，用以保证晶体管工作于放大区域，且放大器工作于甲类状态，C_E 为 R_E 的旁通电容，C_B 和 C_C 为输入、输出耦合电容。图 9-3 中有两个谐振回路：L_1、C_1 组成了初级回路，L_2、C_2 组成了次级回路。两者之间并无互感耦合（必要时，可分别对 L_1、L_2 加以屏蔽），而是由电容 C_3 进行耦合，故称为电容耦合。

五、实验电路

图 9-4 所示为小信号调谐放大器实验电路。图 9-4 中，1P1 为信号输入口，做实验时，高频信号由此输入。1TP2 为输入信号测试点。接收天线用于构成收发系统时接收发方发出的信号。变压器 1T1 和电容 1C13、电容 1C14 组成输入选频回路，用来选出所需要的信号。晶体三极管 1Q1 用于放大信号，1R24、1R23 和 1R26 为三极管 1Q1 的直流偏置电阻，用以保证晶体管工作于放大区域，且放大器工作于甲类状态。三极管 1Q1 集电极接 LC 调谐回路，以谐振于某一工作频率。本实验电路设计有单调谐与双调谐回路，由开关 1K2 控制。当 1K2 断开时，为电容耦合双调谐回路，1L1、1L2、1C17 和变容管 1D1 组成了初级回路，1L3、1L4、1C20、变容管 1D3 组成了次级回路，两回路之间由电容 1C19 进行耦合，调节 1C19 可改变其耦合度。当开关 1K2 接通，即电容 1C19 被短路时，两个回路合并成单个回路，该电路变为单调谐回路。1W1、1W2 用来调整变容管上直流电压，通过改变直流电压，即可改变变容二极管的电容，达到对回路调谐的目的。开关 1K1 控制 1R25 是否接入集电极回路，1K1 接通时，电阻 1R25(2kΩ) 并入回路，使集电极负载电阻减小，回路 Q 值降低，放大器增益减小。1R29、1R30、1R31 和三极管 1Q2 组成放大器，用来将所选信号进一步放大。1TP7 为输出信号测试点，1P8 为信号输出口。

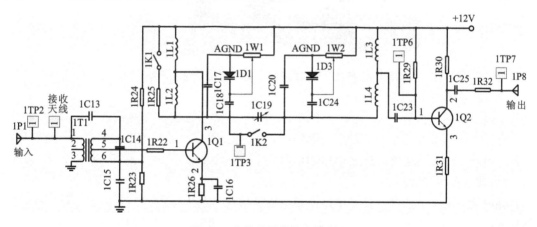

图 9-4　小信号调谐放大器电路

六、实验内容及步骤

在实验箱主板上插装好无线接收与小信号放大模块，插好鼠标，接通实验箱上电源开关，此时模块上电源指示灯和运行指示灯闪亮。

1.采用点测法测量单调谐和双调谐放大器的幅频特性

(1)单调谐回路谐振放大器幅频特性测量。

测量幅频特性通常有两种方法,即扫频法和点测法。扫频法简单直观,可直接观察到单调谐放大特性曲线,但需要扫频仪。点测法采用示波器进行测试,即保持输入信号幅度不变,改变输入信号的频率,测出与频率相对应的单调谐回路谐振放大器的输出电压幅度,然后画出频率与幅度的关系曲线,该曲线即为单调谐回路谐振放大器的幅频特性。

扫频法,即用扫频仪直接测量放大器的幅频特性曲线。利用本实验箱上的扫频仪测试的方法是:用鼠标点击显示屏,选择"扫频仪",将显示屏下方的高频信号源(此时为扫频信号源)接入小信号放大电路的输入端(1P1),将显示屏下方的"扫频仪"与小信号放大电路的输出端(1P8)相连。按动无线接收与小信号放大模块上的编码器1SS1,选择1K2,使其指示灯闪亮,并旋转编码器1SS1使1K2指示灯长亮,此时小信号放大电路为单调谐状态,显示屏上显示的曲线即为单调谐放大器幅频特性曲线,调整1W1、1W2曲线会有变化。用扫频仪测出的单调谐放大器幅频特性曲线如图9-5所示。

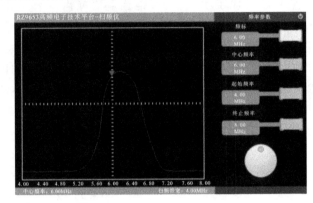

图 9-5 扫频仪测出的单调谐放大器幅频特性曲线

点测法步骤如下:

①使用鼠标点击显示屏,选择"实验项目"中的"高频原理实验",然后选择"小信号调谐放大电路实验",接着选择"小信号调谐放大",显示屏上显示小信号调谐放大器原理电路图。用鼠标点击1K2开关,1K2开关接通,且模块上对应的1K2指示灯点亮,此时1C19被短路,放大器为单调谐回路。

②将显示屏下方的高频信号源连接到小信号放大器输入端(1P1),示波器CH1接放大器输入端1TP2,示波器CH2接放大器输出端1TP7。调整高频信号源频率为6.3MHz(用鼠标点击原理图左侧"高放输入",频率显示为6.3MHz,高频信号源频率开机默认值为6.3MHz),调整高频信号源输出幅度(峰-峰值)为200mV(示波器CH1监测),用鼠标点击原理图左侧"高放输入",用鼠标调整幅度或直接调节显示屏下方右侧"幅度"旋钮,即可调整其幅度。调整1W1和1W2,使放大器输出为最大值(示波器CH2监测),用鼠标点击1W1或1W2,相应指示灯点亮,拨动鼠标滑轮,即可调整电位器阻值。调整1W1、1W2使放大器输出幅度达到最大,此时放大器谐振回路谐振于6.3MHz。比较此时输入、输出幅度大小,并算出放大倍数。

　　注: 旋转模块上编码器 1SS1 旋钮同样可以调整电位器电阻,首先按动编码器,使相应的指示灯点亮,然后旋转旋钮就可调整其阻值。我们建议用鼠标调整,因为长期用编码器调整,可能会造成编码器机械性损坏。

　　③按照表 9-1 所示改变高频信号源的频率,保持高频信号源输出幅度为 200mV(示波器 CH1 监测),从示波器 CH2 上读出与频率相对应的单调谐回路放大器的电压幅值,并把数据填入表 9-1。调频率时,用鼠标点击原理图左侧"高放输入",选择"步进调节"为 100kHz,旋转显示屏下方左侧"频率"旋钮,每旋一挡即改变 100kHz。

表 9-1　　　　　　　　　　　　　　**单调谐回路放大器实验数据**

输入信号频率 f/MHz	5.8	5.9	6.0	6.1	6.2	6.3	6.4	6.5	6.6	6.7	6.8
输出电压幅值 U/mV											

　　④以横轴为频率,纵轴为电压幅值,按表 9-1 中数据画出单调谐放大器的幅频特性曲线。

　　(2)双调谐回路谐振放大器幅频特性测量。

　　与单调谐的测量方法完全相同,可用扫频法和点测法对双调谐回路谐振放大器进行幅频特性测量。图 9-6 为用扫频仪测得的双调谐回路放大器幅频特性曲线。

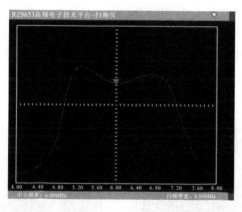

图 9-6　扫频仪测得的双调谐回路放大器幅频特性曲线

　　点测法步骤如下:

　　①1K2 置"双调谐",用鼠标点击 1K2,1K2 指示灯熄灭时,接通 1C19,将 1K1 调至"OFF"(用鼠标点击 1K1,使 1K1 指示灯熄灭)。调节高频信号源输出频率 6.3MHz,幅度 200mV,然后将其接入调谐放大器的输入端(1P1)。示波器 CH1 接 1TP2,示波器 CH2 接放大器的输出端(1TP7)。

　　②按照表 9-2 所示改变高频信号源的频率,保持高频信号源输出幅度峰-峰值为 200mV(示波器 CH1 监视),从示波器 CH2 上读出与频率相对应的双调谐回路放大器的电压幅值,并把数据填入表 9-2。

表 9-2　　　　　　　　　　　　　　**双调谐回路放大器实验数据**

输入信号频率 f/MHz	5.8	5.9	6.0	6.1	6.2	6.3	6.4	6.5	6.6	6.7
输出电压幅值 U/mV										

③测出两峰之间凹陷点的大致频率。

④以横轴为频率,纵轴为电压幅值,按照表 9-2 中数据画出双调谐放大器的幅频特性曲线。

2. 测量通频带 $BW_{0.7}$

保持输入信号幅度不变,改变其频率,分别测出放大器输出电压下降到最大值的 0.707 倍时所对应的 f_H 和 f_L,即得 $BW_{0.7} = f_H - f_L$。

3. 测量矩形系数 $K_{0.1}$

保持输入信号幅度不变,改变其频率,分别测出放大器输出电压下降到最大值的 0.1 倍时所对应的 f_H 和 f_L,即得 $BW_{0.1} = f_H - f_L$,由此可得矩形系数

$$K_{0.1} = \frac{BW_{0.1}}{BW_{0.7}}$$

4. 用示波器(或毫伏表)测量输入、输出信号幅度,并计算放大器的放大倍数

用示波器(或毫伏表)测量输入、输出信号幅度,并计算放大器的放大倍数。

5. 观察集电极负载对单调谐放大器幅频特性的影响

当放大器工作于放大状态时,按照上述幅频特性的测量方法测出放大器接通与不接通 1R25 的幅频特性曲线(用鼠标点击 1K1,模块上 1K1 指示灯点亮时为接通,不亮时为断开)。可以发现:当不接 1R25 时,集电极负载增大,幅频特性幅值加大,曲线变"瘦",Q 值增高,带宽减小。而当接通 1R25 时,幅频特性幅值减小,曲线变"胖",Q 值降低,带宽加大。

用扫频仪测出的放大器接通与不接通 1R25 时的幅频特性曲线,分别如图 9-7 和图 9-8 所示。

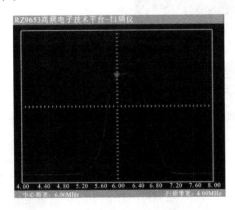
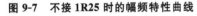
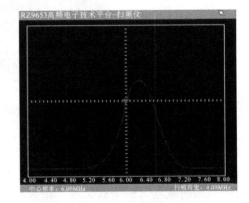

图 9-7　不接 1R25 时的幅频特性曲线　　　　图 9-8　接 1R25 时的幅频特性曲线

6. 用示波器观察耦合电容对双调谐回路放大器幅频特性的影响

调整 1C19 的电容,按照上述方法测出改变 1C19 时放大器的幅频特性曲线。图 9-9～图 9-11 为用扫频仪测得的不同 1C19 下的幅频特性曲线。

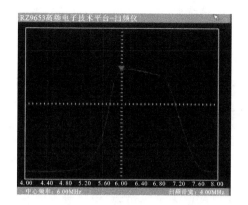

图 9-9　耦合电容减小时的扫频曲线

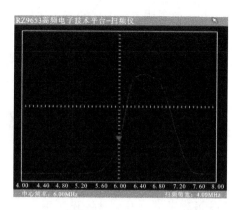

图 9-10　耦合电容为某一值时的扫频曲线

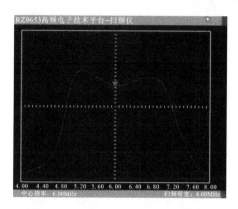

图 9-11　耦合电容增大时的扫频曲线

7. 放大器动态范围测量

1K1 置"OFF",用鼠标点击 1K1,使 1K1 指示灯熄灭。1K2 置"单调谐",用鼠标点击 1K2,使 1K2 指示灯点亮。高频信号源输出接调谐放大器的输入端(1P1),调整高频信号源频率至 6.3MHz,幅度 100mV。示波器 CH1 接 1TP2,示波器 CH2 接调谐放大器的输出端(1TP7),调整 1W1、1W2 使放大器输出为最大。按照表 9-3 所示的放大器输入幅度,改变高频信号源的输出幅度(由 CH1 监测)。从示波器 CH2 读出放大器输出幅度值,把数据填入表 9-3,并计算放大器电压放大倍数。可以发现,当放大器的输入增大到一定数值时,放大倍数开始下降,输出波形开始畸变(失真)。

表 9-3　　　　　　　　　　　**双调谐放大器实验数据**

输入/mV	200	250	300	350	400	450	500	600	700	800
输出/V										
电压放大倍数										

七、实验报告要求

(1)画出单调谐和双调谐放大器的幅频特性曲线,计算幅值从最大值下降到 0.707 倍时的带宽,并由此说明二者的优缺点。比较单调谐和双调谐放大器在特性曲线上有何不同。

(2)画出放大器电压放大倍数与输入电压幅度之间的关系曲线。

(3)当放大器输入幅度增大到一定程度时,输出波形会发生什么变化?为什么?

(4)总结由本实验获得的体会。

实验 2　正弦波振荡器实验

一、实验目的

(1)掌握电容三点式 LC 振荡电路和晶体振荡器的基本工作原理,熟悉其各元件的功能;

(2)掌握 LC 振荡器幅频特性的测量方法;

(3)熟悉电源电压变化对振荡器振荡幅度和频率的影响;

(4)了解静态工作点对晶体振荡器工作的影响,感受晶体振荡器频率稳定度高的特点。

二、实验仪器及器材

(1)晶体管毫伏表;

(2)频率计;

(3)扫频仪。

三、预习要求

(1)复习正弦波振荡器的工作原理。

(2)掌握正弦波振荡器的类型及其特点。

(3)了解正弦波振荡器的频率稳定原理。

四、实验原理

振荡器是指在没有外加信号作用下,自动将直流电源的能量变换为一定波形的交变振荡能量的装置。

正弦波振荡器在电子技术领域有着广泛的应用。信息传输系统的各种发射机就是经过放大、调制而把主振器(振荡器)所产生的载波发送出去的。在超外差式的各种接收机中,是由振荡器产生一个本地振荡信号,送入混频器,从而将高频信号变成中频信号的。

振荡器的种类很多。从所采用的分析方法和振荡器的特性来看,可以把振荡器分为反馈式振荡器和负阻式振荡器两大类。我们只讨论反馈式振荡器。根据振荡器所产生的波形,又可以把振荡器分为正弦波振荡器与非正弦波振荡器。下面只介绍正弦波振荡器。

常用正弦波振荡器主要由决定振荡频率的选频网络和维持振荡的正反馈放大器组成,这就是反馈振荡器。按照选频网络所采用元件的不同,正弦波振荡器可分为 LC 振荡器、RC 振荡器、晶体振荡器等。

（1）反馈型正弦波自激振荡器基本工作原理。

以互感反馈振荡器为例,分析反馈型正弦波自激振荡器的基本原理,其原理电路如图 9-12 所示。

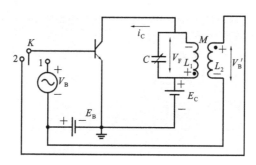

图 9-12　反馈型正弦波自激振荡器原理图

当开关 K 接"1"时,信号源 V_B 加到晶体管输入端,这就是一个调谐放大器电路,集电极回路得到一个放大了的信号 V_F。

当开关 K 接"2"时,信号源 V_B 不加入晶体管,输入晶体管的电压是 V_F 的一部分 V_B'。若适当选择互感 M 和 V_F 的极性,使 V_B 和 V_B' 大小相等、相位相同,那么电路一定能维持高频振荡,达到自激振荡的目的。实际上起振并不需要外加激励信号,靠电路内部扰动即可起振。

产生自激振荡必须具备以下两个条件:

①反馈必须是正反馈,即反馈到输入端的反馈电压与输入电压同相,也就是 V_B 和 V_B'同相。

②反馈信号必须足够大,如果从输出端送回到输入端的信号太弱,就不会产生振荡,也就是说,反馈电压 V_B' 在数值上应大于或等于所需要的输入信号电压 V_B。

（2）电容三点式 LC 振荡器。

LC 振荡器实质上是满足振荡条件的正反馈放大器。LC 振荡器是指振荡回路由 LC 元件组成的振荡器。从交流等效电路可知,由 LC 振荡回路引出的三个端子,分别接振荡管的三个电极,构成反馈式自激振荡器,因此 LC 振荡器又被称为三点式振荡器。如果反馈电压取自分压电感,则称为电感反馈 LC 振荡器或电感三点式振荡器;如果反馈电压取自分压电容,则称为电容反馈 LC 振荡器或电容三点式振荡器。

在几种基本高频振荡回路中,电容反馈 LC 振荡器具有较好的振荡波形和稳定度,电路形式简单,适于在较高的频段工作,尤其是以晶体管极间分布电容构成反馈支路时,其振荡频率可达几百兆赫兹至几吉赫兹。

LC 振荡器的起振条件:一个振荡器能否起振,主要取决于振荡电路自激振荡的两个基本条件,即振幅起振平衡条件和相位平衡条件。

LC 振荡器的频率稳定度:频率稳定度表示在一定时间或一定温度、电压等变化范围内振荡频率的相对变化程度,常用 $\Delta f_o/f_o$ 来表示（f_o 为所选择的测试频率;Δf_o 为振荡频率的频率误差,$\Delta f_o = f_{o2} - f_{o1}$;$f_{o2}$ 和 f_{o1} 为不同时刻的 f_o）,频率相对变化量越小,表明振荡频率的稳定度越高。由于振荡回路的元件是决定频率的主要因素,所以要提高频率稳定度,就要设法提高振荡回路的标准性,除了采用高稳定和高 Q 值的回路电容和电感外,其振荡管可以采用部分接入的方法,以减小晶体管极间电容和分布电容对振荡回路的影响,还可采用负温度系数元件实现温度补偿。

LC 振荡器的调整和参数选择:以实验采用的改进型电容三点式振荡电路(西勒振荡电路)为例,其交流等效电路如图 9-13 所示。

从图 9-13 可知,该电路 C_2 上的电压为反馈电压,即该电压加在三极管 B、E 极之间。该电压形成正反馈,符合振荡器的相位平衡条件。

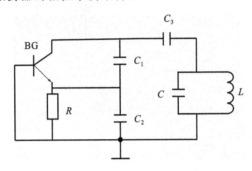

图 9-13　电容三点式 LC 振荡器交流等效电路

①静态工作点的调整。

能否合理选择振荡管的静态工作点,对振荡器工作的稳定性及波形的好坏有一定的影响,偏置电路一般采用分压式电路。

当振荡器稳定工作时,振荡管工作在非线性状态,通常依靠晶体管本身的非线性实现稳幅。若选择使晶体管进入饱和区来实现稳幅,则振荡回路的等效 Q 值将降低,输出波形将变差,频率稳定度将降低。因此,一般在小功率振荡器中总是使静态工作点远离饱和区,靠近截止区。

②振荡频率 f 的计算。

$$f = \frac{1}{2\pi \sqrt{L(C + C_T)}}$$

式中,C_T 为 C_1、C_2 和 C_3 的串联值,因 $C_1(300\text{pF}) \gg C_3(75\text{pF})$,$C_2(1000\text{pF}) \gg C_3(75\text{pF})$,故 $C_T \approx C_3$,所以,振荡频率主要由 L、C 和 C_3 决定。

③反馈系数 F 的选择。

$$F = \frac{C_1}{C_2}$$

反馈系数 F 不宜过大或过小,一般经验数据 $F \approx 0.1 \sim 0.5$,本实验取

$$F = \frac{300\text{pF}}{1000\text{pF}} = 0.3$$

(3)西勒振荡电路和克拉泼振荡电路。

图 9-14 所示为并联改进型电容三点式振荡电路——西勒振荡电路。

图 9-15 所示为串联改进型电容三点式振荡电路——克拉泼振荡电路。

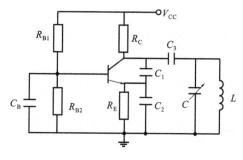

图 9-14　西勒振荡电路

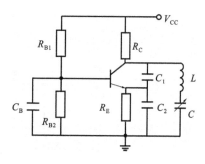

图 9-15　克拉泼振荡电路

(4)石英晶体振荡器。

LC 振荡器的频率稳定度主要取决于振荡回路的标准性和品质因数(Q 值),在采取了稳频措施后,频率稳定度一般只能达到 10^{-4} 数量级。为了得到更高的频率稳定度,人们发明了一种采用石英晶体的振荡器(又称石英晶体振荡器),它的频率稳定度可达 $10^{-8} \sim 10^{-7}$ 数量级。石英晶体振荡器之所以具有极高的频率稳定度,是因为采用了石英晶体这种具有高 Q 值的谐振元件。

图 9-16 是一种晶体振荡器的交流等效电路图。这种电路类似于电容三点式振荡器,区别仅在于两个分压电容的抽头是经过石英谐振器接到晶体管发射极的,由此构成正反馈通路。C_3 与 C_4 并联,再与 C_2 串联,然后与 L_1 组成并联谐振回路,调谐在振荡频率。当振荡频率等于石英谐振器的串联谐振频率时,晶体呈现纯电阻性质,阻抗最小,正反馈最强,相移为零,满足相位条件。因此振荡器的频率稳定度主要由石英谐振器决定。在其他频率,不能满足振荡条件。

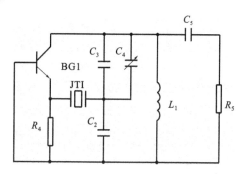

图 9-16　晶体振荡器的交流等效电路图

五、实验电路

图 9-17 所示为电容三点式 LC 振荡器实验电路。图 9-17 中,左侧部分为 LC 振荡器,右侧部分为射极跟随器。

三极管 2Q1 为 LC 振荡器的振荡管,2R21、2R22 和 2R24 为三极管 2Q1 的直流偏置电阻,用以保证振荡管 2Q1 正常工作。图 9-17 中开关 2K1A 和 2K1B 打到"S"位置时,电路为改进型克拉泼振荡电路;打到"P"位置时,为改进型西勒振荡电路。图 9-17 中 2D2 为变容二极管,调整 2W2 即可改变变容管上的直流电压,从而改变变容管的电容,也即控制振荡频率的变化。调整电位器 2W1 可改变振荡器三极管 2Q1 的电源电压。

当需要 LC 振荡器输出时,需将 2P2、2P4 用铆孔线连接起来。三极管 2Q3 为射极跟随器,可以提高带负载的能力。电位器 2W4 用来调整振荡器输出幅度。2TP5 为输出测量点,2P5 为振荡器输出口。

图 9-18 所示为晶体振荡器实验电路,2Q2 为振荡管,2W3、2R27、2R28 和 2R30 为三极

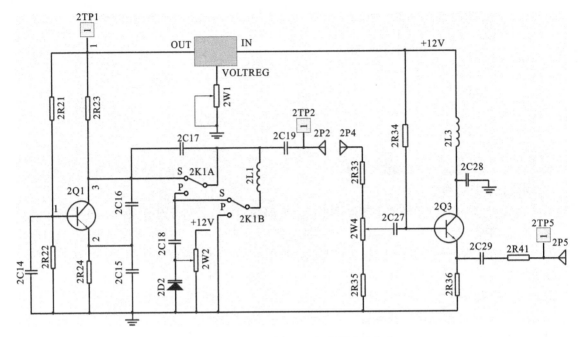

图 9-17　电容三点式 LC 振荡器实验电路

管 2Q2 直流偏置电阻,用以保证 2Q2 正常工作,调整 2W3 可以改变 2Q2 的静态工作点。图 9-18 中 2R31、2C23 为去耦元件,2C22 为旁路电容,并构成共基接法。2L2、2C24、2C25 构成振荡回路,其谐振频率应与晶体频率基本一致。2C26 为输出耦合电容。2TP3 为晶体振荡器测试点。该晶体振荡器的交流等效电路与图 9-16 基本相同。

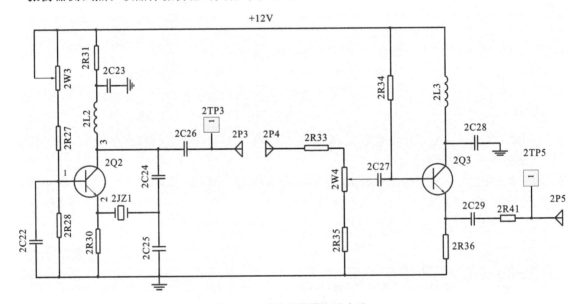

图 9-18　晶体振荡器实验电路

图 9-18 中 2Q3 构成的射极跟随器与 LC 振荡器共用。当需要晶体振荡器输出时,需将 2P3、2P4 用铆孔线连接起来,经射极跟随器后由 2P5 输出。

六、实验内容及步骤

1. 实验准备

插装好正弦振荡器与晶体管混频模块,接通实验箱电源,此时模块上电源指示灯和运行指示灯闪亮。用鼠标点击显示屏,选择"实验项目"中的"高频原理实验",然后选择"振荡器实验"中的"LC 振荡器实验",显示屏会显示 LC 振荡器原理实验图。

说明:电路图中各可调元件的调整方法是,用鼠标点击要调整的原件,模块上对应的指示灯点亮,然后滑动鼠标滑轮,即可调整该元件的参数。利用模块上编码器调整与鼠标调整效果完全相同。用编码器调整的方法是,按动编码器,选择要调整的元件,模块上对应的指示灯点亮,然后旋转编码器旋钮,即可调整其参数。建议采用鼠标调整,因为长时间采用编码器调整,可能会造成编码器损坏。本实验箱中,各模块可调元件的调整方法与此完全相同,后面不再说明。

2. LC 振荡实验

为防止晶体振荡对 LC 振荡器产生影响,应使晶振停止,即调 2W3 使晶振停止。

(1)西勒振荡电路幅频特性测量。

如图 9-17 所示,用铆孔线将 2P2 与 2P4 相连,示波器接 2TP5,频率计与 2P5 相连。开关 2K1A 和 2K1B 拨至"P"(往下拨),此时振荡电路为西勒振荡电路。调整 2W4 使输出幅度最大(用鼠标点击 2W4,滑动鼠标滑轮来调整)。调整 2W2 可调整变容管 2D2 的直流电压,从而改变变容管的电容,达到改变振荡器的振荡频率的目的。变容管上电压最高时,变容管电容最小,此时输出频率最高。按照表 9-4 电压测出与电压相对应的振荡频率和输出电压(峰-峰值 V_{P-P}),并将测量结果记于表中,表中电压为变容管 2D2 上的电压,调整 2W2 即可调整其电压,调整 2W2 时,显示屏上会显示其电压。

表 9-4　　　　　　　　　　　　**西勒振荡电路幅频特性测量数据**

电压/V	4	5	6	7	8	9	10	11	12
振荡频率 f/MHz									
输出电压 V_{P-P}/V									

根据所测数据,分析振荡频率与电容变化有何关系,输出幅度与振荡频率有何关系,并画出振荡频率与输出幅度的关系曲线。

(2)克拉泼振荡电路幅频特性测量。

如图 9-17 所示,将开关 2K1A 和 2K1B 拨至"S"(往上拨),振荡电路转换为克拉泼振荡电路。按照上述(1)的方法,测出振荡频率和输出电压,并将测量结果记于表 9-5 中。

表 9-5　　　　　　　　　　　　**克拉泼振荡电路幅频特性测量数据**

电压/V	0	1	2	3	4	5	6	7	8	9	10
振荡频率 f/MHz											
输出电压 V_{P-P}/V											

根据所测数据,分析振荡频率与电容变化有何关系,输出幅度与振荡频率有何关系,并画出振荡频率与输出幅度的关系曲线。

(3)测量电源电压变化对振荡器频率的影响。

如图 9-17 所示,分别将开关 2K1A 和 2K1B 打至"S"和"P"位置,改变电源电压 E_c,测出不同 E_c 下的振荡频率。并将测量结果记于表 9-6 中。

其方法是:用铆孔线将 2P2 与 2P4 相连,频率计接射极跟随器输出 2P5,调整电位器 2W4 使输出最大,用示波器监测输出,测好后去掉。调整 2W2 使变容管 2D2 上电压为 5V。用三用表直流电压挡测 2TP1 测量点电压,按照表 9-6 给出的电压值 E_c,调整 2W1 电位器,分别测出与电压相对应的频率。表 9-6 中 Δf 为改变 E_c 时振荡频率的偏移,假定 $E_c=10.5V$ 时,$\Delta f=0$,则 $\Delta f=f-f_{10.5V}$。

表 9-6 电源电压变化对振荡器频率的影响

	E_c/V	10	9	8	7	6	5	4
串联(S)	f/MHz							
	$\Delta f/kHz$							
并联(P)	E_c/V	10	9	8	7	6	5	4
	f/MHz							
	$\Delta f/kHz$							

根据所测数据,分析电源电压变化对振荡频率有何影响。

3. 晶体振荡器实验

用鼠标点击显示屏,选择"实验项目"中的"高频原理实验",然后选择"振荡器实验"中的"晶体振荡器实验",显示屏会显示晶体振荡器实验原理图。图中的可调元件可利用鼠标进行调节。

(1)如图 9-17 所示,用铆孔线将 2P3 与 2P4 相连,将示波器探头接到 2TP5 端,观察晶体振荡器波形,如果没有波形,应调整 2W3 电位器。然后用频率计测量其输出端 2P5 频率,看是否与晶体频率一致。

(2)如图 9-17 所示,将示波器接 2TP5 端,频率计接 2P5 输出口,调节 2W3 以改变晶体管静态工作点,观察振荡波形及振荡频率有无变化。

七、实验报告要求

(1)根据测试数据,分别绘制西勒振荡电路、克拉泼振荡电路的幅频特性曲线,并进行分析比较;

(2)根据测试数据,计算频率稳定度,分别绘制西勒振荡电路、克拉泼振荡电路的 $\frac{\Delta f}{f}$-E_c 曲线;

(3)根据实验数据,分析静态工作点对晶体振荡器工作的影响;

(4)总结由本实验获得的体会。

实验 3　混 频 器 实 验

一、实 验 目 的

(1)掌握三极管混频器的基本工作原理;

(2)掌握集成混频器的基本工作原理;

(3)掌握用 MC1496 实现混频的方法;

(4)了解混频器的寄生干扰。

二、实 验 仪 器 及 器 材

(1)低频信号源;

(2)高频信号源;

(3)晶体管毫伏表;

(4)频率计。

三、预 习 要 求

(1)复习三极管混频器的工作原理;

(2)复习集成混频器的基本工作原理;

(3)了解 MC1496 乘法器。

四、实 验 原 理

1.混频器的基本工作原理

在通信技术中,经常需要将信号自某一频率变换为另一频率,用得较多的方法是把一个已调的高频信号变成另一个较低频率的同类已调信号,完成这种频率变换的电路称混频器。在超外差接收机中的混频器的作用是使波段工作的高频信号,通过与本机振荡信号相混,得到一个固定不变的中频信号。

采用混频器后,接收机的性能将得到提高,这是由于:

(1)混频器将信号从高频变换成中频,在中频上放大信号,放大器的增益可以变得很高而不产生自激,电路工作稳定;经中频放大后,输入到检波器的信号幅度可以达到伏特数量级,有助于提高接收机的灵敏度。

(2)混频后所得的中频频率是固定的,这样可以使电路结构简化。

(3)要求接收机在频率很宽的范围内选择性好,有一定困难,而对于某一固定频率,接收机的选择性可以做得很好。

混频器的电路模型如图 9-19 所示。

混频器常用的非线性器件有二极管、三极管、场效应

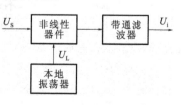

图 9-19　混频器的电路模型

管和乘法器。本地振荡器用于产生一个等幅的高频信号,并与输入信号 U_s 经混频后产生的差频信号再经带通滤波器滤出,这个差频通常叫作中频。输出的中频信号 U_i 与输入信号 U_s 载波振幅的包络形状完全相同,唯一的差别是信号载波频率 f_s 变换成中频频率 f_i。

目前,高质量的通信接收机广泛采用二极管环形混频器和由差分对管平衡调制器构成的混频器,而在一般接收机(如广播收音机)中,为了简化电路,还是采用简单的三极管混频器。

2. 三极管混频的基本工作原理

采用三极管作为非线性元件即可构成三极管混频器,它是最简单的混频器之一,应用又广,我们以它为例来分析混频器的基本工作原理。

三极管混频器的原理图如图 9-20 所示。

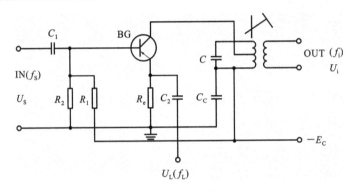

图 9-20 三极管混频器原理图

从图 9-20 可知,输入的高频信号 $U_s(f_s)$,通过 C_1 加到三极管的 B 极,而本振信号 U_L (f_L) 经 C_C 耦合,加在三极管的 E 极,这样加在三极管输入端(BE 之间)的信号为

$$U_{BE} = U_s + U_L$$

即两信号在三极管输入端互相叠加。由于三极管的 i_C-U_{BE} 特性(即转移特性)存在非线性,因此两信号相互作用,产生很多新的频率成分,其中就包括有用的中频成分 $f_L - f_s$ 和 $f_L + f_s$,输出中频回路(带通滤波器)将其选出,从而实现混频。

通常混频器集电极谐振回路的谐振频率选择差频即 $f_L - f_s$,此时输出中频信号 f_i 比输入信号频率 f_s 低。根据需要有时集电极谐振回路选择和频即 $f_L + f_s$,此时输出中频信号 f_i 比输入信号频率 f_s 高,即将信号频率往高处搬移,有的混频器就取和频。

3. 混频干扰及其抑制方法

为了实现混频功能,混频器件必须工作在非线性状态,而作用在混频器上的除了输入信号电压 U_s 和本振电压 U_L 外,不可避免地还存在干扰和噪声。它们之间任意两者都有可能产生组合频率信号,这些信号的组合频率如果等于或接近中频,将与输入信号一起通过中频放大器和检波器,对输出级产生干扰,影响输入信号的接收。

干扰是由于混频不满足线性时变工作条件而形成的,因此干扰的产生不可避免,其中,影响最大的是中频干扰、镜像干扰和组合频率干扰。

通常减弱这些干扰的方法有三种:

（1）适当选择混频电路的工作点,尤其注意 U_L 不要过大;

（2）输入信号电压幅值不能过大,否则谐波幅值也大,使干扰增强;

（3）合理选择中频频率,选择中频时应考虑各种干扰的影响。

五、实验电路

1.晶体三极管混频器实验电路

图 9-21 所示是晶体三极管混频器实验电路,由图可看出,本振电压 U_L 从 2P8 输入,经 2R50、2C32 送往晶体三极管的发射极。信号电压 U_s(频率为 6.3MHz)从 2P6 输入,经 2R49、2C30 送往晶体三极管的基极。混频后的中频信号由晶体三极管的集电极输出,集电极的负载由 2L5、2C36 和变容管 2D8 构成的谐振回路组成,该谐振回路调谐在中频 f_L-f_s 上。由于本实验本振频率 f_i 为 8.8MHz,信号频率 $f_s=6.3$MHz,所以中频频率 $f_i=f_L-f_s=8.8$MHz-6.3MHz$=2.5$MHz。谐振回路选出的中频经 2C38 耦合,由 2P9 输出。

电位器 2W5 用来调整晶体三极管 2Q4 静态工作点,2W6 用来调整变容管 2D8 上的偏压,从而调整中频的谐振频率。

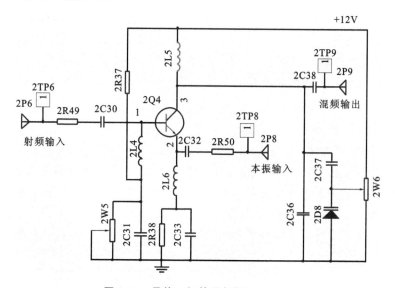

图 9-21　晶体三极管混频器实验电路

2.用 MC1496 集成电路构成的混频器

图 9-22 所示是用 MC1496 集成电路构成的混频器,该电路利用 MC1496 集成块构成两个实验电路,即幅度解调电路和混频电路,本节只讨论混频电路。MC1496 是一种四象限模拟相乘器(简称乘法器),其内部电路在振幅调制中已做介绍。图 9-22 中,6P4 为本振信号 U_L 输入口,本振信号经 6C6 从乘法器的一个输入端(10 脚)输入。6P5 为射频信号 U_s 输入口,射频信号电压 U_s 从乘法器的另一个输入端(1 脚)输入,混频后的中频信号 f_i 由乘法器输出端(12 脚)输出。输出端的带通滤波器由 6L2、6C12 和 6C13 组成,带通滤波器必须调谐在中频频率 f_i 上,本实验的中频频率为 2.5MHz。由于中频频率 f_i 固定不变,当射频信号频率 f_s 改变时,本振频率 f_L 也应跟着改变。乘法器(12 脚)输出的组合频率成分很多,

信号经带通滤波器滤波后,只选出所需要的中频 2.5MHz,其他频率成分被滤波器滤除。图 9-22 中三极管 6Q2 为射极跟随器,它的作用是提高混频器带负载的能力。带通滤波器选出的中频,经射极跟随器后由 6P7 输出,6TP7 为混频器输出测量点。

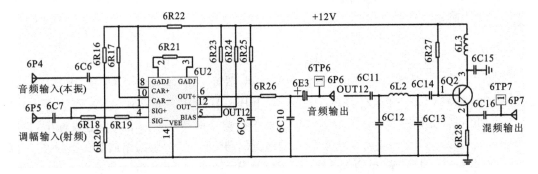

图 9-22　集成乘法器幅度解调及混频电路图

六、实验内容及步骤

1. 实验准备

插装好正弦振荡器、晶体管混频模块,以及乘法器调幅混频同步解调模块。接通实验箱电源,此时模块上电源指示灯和运行指示灯闪亮。用鼠标点击显示屏,选择"实验项目"中的"高频原理实验",然后选择"混频器实验"中的"三极管混频实验",显示屏会显示三极管混频器原理实验图。

2. 中频频率的观测

(1)晶体三极管混频器。

将 LC 振荡器输出信号频率设置为 8.8MHz,或利用晶体振荡器输出 8.8MHz 信号(幅度 V_{P-P} 大于1.5V),将其作为本实验的本振信号 U_L 输入混频器的一个输入端(2P8),混频器的另一个输入端(2P6)接高频信号发生器的输出信号,把它作为本实验的射频信号 U_S(6.3MHz,$V_{P-P}=2$V)。用示波器观测混频器输出 2TP9,调整 2W5 和 2W6 使混频输出达到最大值,并用频率计测量 2TP6、2TP8、2TP9 的频率。计算各频率是否符合 $f_i = f_L - f_s$。注意观察当改变高频信号源的频率时,输出中频 2TP9 的波形有何变化,为什么?

(2)集成乘法器混频器。

将 LC 振荡器输出频率调至 8.8MHz 左右,或利用晶体振荡器输出 8.8MHz 信号,幅度 $V_{P-P}=1.5$V 左右,将其作为本实验的本振信号 U_L,送入乘法器的一个输入端(6P4)。将高频信号发生器输出信号频率调整为 6.3MHz,幅度峰-峰值调至 $V_{P-P}=2$V 左右,将其作为射频信号 U_S 输入乘法的另一个输入端(6P5)。用示波器观测 6TP7 的波形,用频率计测量 6P4、6P5、6P7 的频率,并计算各频率是否符合 $f_i = f_L - f_s$。注意观察当改变高频信号源的频率时,输出中频 6TP7 的波形有何变化,为什么?

3. 射频信号为调幅波时混频器的输出波形观测

将射频信号设置为调制信号为 1kHz,载波频率为 6.3MHz 的调幅波,作为本实验的射频输入信号 U_S,本振信号 U_L 频率仍为 8.8MHz,用示波器分别观察晶体三极管混频器和集成乘法器混频器输入、输出各点波形,特别注意观察晶体三极管 2TP6 和 2TP9 以及集成乘法器混频 6P5 和 6TP7 两点波形的包络是否一致。

七、实验报告要求

(1)根据观测结果,绘制所测各点波形图,并做分析。
(2)归纳并总结信号混频的过程。

实验 4 中频放大器实验

一、实验目的

(1)熟悉电子元件和高频电子线路实验系统;
(2)了解中频放大器的作用、要求及工作原理;
(3)掌握中频放大器的测试方法。

二、实验仪器及器材

(1)低频信号源;
(2)高频信号源;
(3)晶体管毫伏表;
(4)频率计;
(5)扫频仪。

三、预习要求

(1)复习谐振放大器的工作原理;
(2)掌握对中频放大器的要求(增益要高、工作要稳定、选择性要好)。

四、实验原理

中频放大器位于混频器之后、检波器之前,是专门对固定中频信号进行放大的器件。中频放大器和高频放大器都是谐振放大器,它们有许多共同点。由于中频放大器的工作频率是固定的,而且频率一般都较低,因此有其特殊之处。

(1)中频放大器的作用。
①进一步放大信号。

接收机的增益,主要是中频放大器的增益。由于中频放大器工作频率较低,因此容易获得较高而又稳定的增益。

②进一步选择信号,抑制邻道干扰。

接收机的选择性主要由中频放大器的选择性来保证,因为高频放大器及输入回路工作频率较高,因而通带较宽,中频放大器工作频率较低,且是固定的,因而可采用较复杂的谐振回路或带通滤波器,将通带做得较窄,使谐振曲线接近理想矩形,所以中频放大器的选择性好,对邻道干扰有较强的抑制。

(2)中频放大器的分类及工作过程。

中频放大器按照负载回路的构成可分为单调谐中频放大器和双调谐中频放大器,按照三极管的接法可分为共发射极、共基极和共集电极等中频放大器。

中频放大器的工作过程与高频小信号谐振放大器相同,它们都是小信号放大器,工作在甲类(A类)状态,它们都采用谐振回路作负载。

五、实 验 电 路

图 9-23 是中频放大器实验电路图。从图 9-23 可看出,本实验电路采用两级中频放大器,而且都是共发射极放大,这样可以获得较大的增益。图 9-23 中 5P1 为中频信号输入口,5TP1 为输入信号测试点。5L2、5L3、5C5 和变容管 5D2 构成第一级谐振回路,5L9、5C16A 组成第二级谐振回路,其谐振频率为 2.5MHz。5W1 用来调整变容管的偏压,从而调整其谐振频率。5W2 用来调整中频放大器输出幅度。5P5 为中频信号输出口,5TP5 为输出测量点。5P2 为自动增益控制(AGC)连接孔。

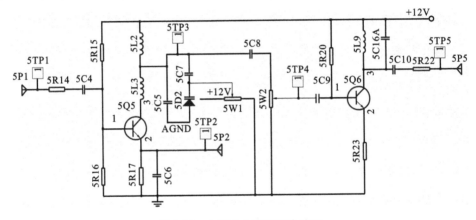

图 9-23　中频放大器实验电路图

六、实 验 内 容 及 步 骤

1.实验准备

插装好中频放大器 AGC 与二极管检波模块,打开实验箱电源,此时模块上电源指示灯和运行指示灯闪亮。用鼠标点击显示屏,选择"实验项目"中的"高频原理实验",然后选择"中频放大器实验",显示屏会显示中频放大器原理实验图,图中的可调元件可利用鼠标进行调节。

2.中频放大器输入输出波形观察及放大倍数测量

在中频放大器原理图中设置高频信号源频率 2.5MHz,把幅度调到 25,对应的幅度峰-峰值 $V_{P-P}=200mV$(此处由于信号源幅度较小不建议直接观测,把幅度调节到 25 即可),其输出送入中频放大器的输入端(5P1),用示波器测量中频放大器输出 5P5 点的波形,微调电位器 5W1 使中频放大器输出幅度最大。调整 5W2,使中频放大器输出幅度最大且不失真,并记下此时的幅度大小,然后测量中频放大器此时的输入幅度,即可算出中频放大器的电压放大倍数。

3.测量中频放大器的谐振曲线(幅频特性)

(1)点测法。

保持上述状态不变,按照表 9-7 改变高频信号源的频率,保持高频信号源输出幅度为 200mV(示波器 CH1 监视),从示波器 CH2(接 5P5)上读出与频率相对应的幅值,并把数据填入表 9-7,然后以频率为横轴,以幅度为纵轴,画出中频放大器的幅频特性曲线,并从曲线上算出中频放大器的通频带(幅度最大值下降到 0.707 倍时所对应的频率范围为通频带)。

表 9-7　　　　　　　　　　　　　　　　　　　点测法实验数据

频率/MHz	2.0	2.1	2.2	2.3	2.4	2.5	2.6	2.7	2.8	2.9	3.0
输出幅度 U/mV											

(2)扫频法。

用本实验箱上的扫频仪测试谐振曲线。在显示屏上选择"扫频仪",扫频仪起始频率设置为1.5MHz,高频信号源(此时为扫频信号源)接中频放大器输入(5P1),扫频仪与中频放大器输出 5P5 相连。此时显示屏上显示中频放大器的谐振曲线,调整中频放大器电位器 5W1 和 5W2,谐振曲线会有变化。用扫频仪测出的曲线如图 9-24 所示。

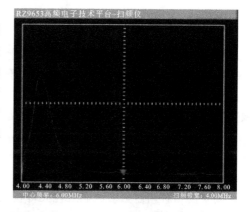

图 9-24　扫频法测得的谐振曲线

4.输入信号为调幅波的观察

在上述状态下,将输入信号设置为调幅波,其载波频率为 2.5MHz。用示波器观察中频放大器输出 5P5 点的波形是否为调幅波。

七、实验报告要求

(1)根据实验数据计算中频放大器的放大倍数。

(2)根据实验数据绘制中频放大器幅频特性曲线,并算出通频带。

(3)总结由本实验获得的体会。

实验 5　集成乘法器振幅调制实验

一、实验目的

(1)通过实验了解振幅调制的工作原理。

(2)掌握用 MC1496 来产生 AM 和 DSB 振幅调制信号的方法,并研究已调信号与调制信号、载波之间的关系。

(3)掌握用示波器测量调幅系数的方法。

二、实验仪器及器材

(1)低频信号源。

(2)高频信号源。

(3)晶体管毫伏表。

(4)频率计。

(5)扫频仪。

三、预习要求

(1)复习振幅调制的工作原理。

(2)掌握 AM、DSB 振幅调制信号的产生原理。

(3)掌握调幅系数与调制信号、载波振幅的关系及测量原理。

四、实验原理

根据电磁波理论,只有频率较高的振荡才能被天线有效地辐射。但是由人的讲话声音变换的相应电信号(音频信号)频率较低,不适于直接从天线上辐射。因此,为了传递信息,就必须将要传递的信息"寄载"到高频振荡上去。这一"寄载"过程称为调制。调制后的高频振荡称为已调信号,未调制的高频振荡称为载波。需要"寄载"的信息称为调制信号。

调制过程是用被传递的低频信号控制高频振荡信号,使高频输出信号的参数(幅度、频率、相位)随低频信号的变化而变化,从而实现将低频信号搬移到高频段,被高频信号携带传播的目的。完成调制过程的装置叫调制器。

调制器和解调器必须由非线性元件构成,它们可以是二极管或三极管。近年来集成电路在模拟通信中得到了广泛应用,调制器和解调器都可以用模拟乘法器来实现。

振幅调制就是用低频调制信号去控制高频载波信号的振幅,使载波的振幅随调制信号成正比地变化。经过振幅调制的高频载波称为振幅调制波(简称调幅波)。调幅波有普通调幅波(AM)、抑制载波的双边带调幅波(DSB)和抑制载波的单边带调幅波(SSB)三种。以下主要介绍前两种。

1. 普通调幅波(AM)

(1)调幅波的表达式、波形。

设调制信号为单一频率的正弦波

$$u_\Omega(t) = U_{\Omega m}\cos(\Omega t) = U_{\Omega m}\cos(2\pi F t) \tag{9-1}$$

载波信号为

$$u_c(t) = U_{cm}\cos(\omega_c t) = U_{cm}\cos(2\pi f_c t) \tag{9-2}$$

为了简化分析,设两者波形的初相角均为零,因为调幅波的振幅和调制信号成正比,由此可得调幅波的振幅为

$$U_{AM}(t) = U_{cm} + k_a U_{\Omega m}\cos(\Omega t) = U_{cm}\left[1 + k_a \frac{U_{\Omega m}}{U_{cm}}\cos(\Omega t)\right] = U_{cm}[1 + m_a\cos(\Omega t)]$$

$$\tag{9-3}$$

式中，$m_a = k_a \dfrac{U_{\Omega m}}{U_{cm}}$，称为调幅指数或调幅度，表示载波振幅受调制信号控制程度；k_a 为由调制电路决定的比例常数。

由于实现振幅调制后载波频率保持不变，因此已调波的表达式为

$$u_{AM}(t) = U_{AM}(t)\cos(\omega_c t) = U_{cm}[1 + m_a\cos(\Omega t)]\cos(\omega_c t) \tag{9-4}$$

可见，调幅波也是一个高频振荡，而它的振幅变化规律（即包络变化）是与调制信号完全一致的，因此调幅波携带着原调制信号的信息。由于调幅指数 m_a 与调制电压的振幅成正比，即 $U_{\Omega m}$ 越大，m_a 越大，调幅波幅度变化越大，一般 $m_a \leqslant 1$。如果 $m_a > 1$，调幅波就会失真，这种情况称为过调幅，在实际工作中应该避免产生过调幅。调幅波的波形如图 9-25 所示。

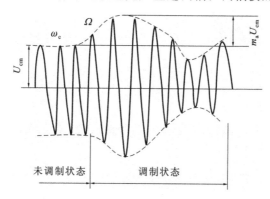

图 9-25　调幅波的波形

（2）调幅波的频谱。

式（9-4）展开得

$$U_{AM}(t) = U_{cm}\cos(\omega_c t) + \frac{1}{2}m_a U_{cm}\cos(\omega_c + \Omega)t + \frac{1}{2}m_a U_{cm}\cos(\omega_c - \Omega)t$$

可见，用单音频信号调制后的已调波，由三个高频分量组成，除角频率为 ω_c 的载波以外，还有 $\omega_c + \Omega$ 和 $\omega_c - \Omega$ 两个新角频率分量。其中一个比 ω_c 高，称为上边频分量；一个比 ω_c 低，称为下边频分量。载波频率分量的振幅仍为 U_{cm}，而两个边频分量的振幅均为 $\frac{1}{2}m_a U_{cm}$。因为 m_a 的最大值只能等于 1，所以边频振幅的最大值不能超过 $\frac{1}{2}U_{cm}$，将这三个频率分量用图画出，便可得到如图 9-26 所示的频谱图。在这个图上，调幅波的每一个正弦分量用一个线段表示，线段的长度代表其幅度，线段在横轴上的位置代表其频率。

以上分析表明，调幅的过程就是在频谱上将低频调制信号搬移到高频载波分量两侧的过程。

显然，在调幅波中，载波并不含任何有用信息，要传送的信息只包含于边频分量中。边频的振幅反映了调制信号幅度的大小，边频的频谱虽属于高频范畴，但反映了调制信号频率的高低。

由图 9-26 可见，在单频调制时，其调幅波的频带宽度为调制信号频谱的两倍，即 $BW = 2F$。实际上调制信号不是单一频率的正弦波，而是包含若干频率分量的复杂波形（例如，实际的话音信号就很复杂），在多频调制时，如由若干个不同角频率 Ω_1、Ω_2、…、Ω_k 的信号调

制,其调幅波方程为

$$u_{\mathrm{AM}}(t) = U_{\mathrm{cm}}[1 + m_{\mathrm{a1}}\cos(\Omega_1 t) + m_{\mathrm{a2}}\cos(\Omega_2 t) + \cdots + m_{\mathrm{ak}}\cos(\Omega_k t)]\cos(\omega_c t)$$

相乘展开后可知,调幅波含有一个载频分量及一系列高低边频分量 $\omega_c \pm \Omega_1$、$\omega_c \pm \Omega_2$、$\cdots$、$\omega_c \pm \Omega_k$。多频调制调幅波的频谱图如图 9-27 所示。由此可以看出,一个调幅波实际上占有某一个频率范围,这个范围称为频带。总的频带宽度为最高调制频率的两倍,即 $BW = 2F_{\max}$,这个结论很重要。因为在接收和发送调幅波的通信设备中,所有选频网络应当不仅能通过载频成分,还要能通过边频成分。选频网络的通频带太窄将导致调幅波的失真。

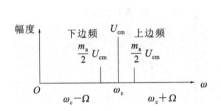

图 9-26 普通调幅波的频谱图   图 9-27 多频调制调幅波的频谱图

调制后调制信号的频谱被线性地搬移到载频的两边,成为调幅波上、下边带。所以,调幅的过程实质上是一种频谱搬移的过程。

2. 抑制载波的双边带调幅波(DSB)

由于载波不携带信息,因此,为了节省发射功率,可以只发射含有信息的上、下两个边带,而不发射载波,这种调制方式称为抑制载波的双边带调幅,简称双边带调幅,用 DSB 表示。它可通过将调制信号 u_Ω 和载波信号 u_c 直接加到乘法器或平衡调幅器电路上而得到。双边带调幅信号为

$$u_{\mathrm{DSB}}(t) = Au_\Omega u_c = AU_{\Omega m}U_{\mathrm{cm}}\cos(\Omega t)\cos(\omega_c t) = \frac{1}{2}U_{\Omega m}U_{\mathrm{cm}}[\cos(\omega_c + \Omega)t + \cos(\omega_c - \Omega)t]$$

式中,A 为由调幅电路决定的系数;$AU_{\Omega m}U_{\mathrm{cm}}\cos(\Omega t)$ 是双边带高频信号的振幅,它与调制信号成正比。高频信号的振幅按调制信号的规律变化,不是在 U_{cm} 的基础上,而是在零值的基础上变化,可正可负。因此,在调制信号从正半周进入负半周的瞬间(即调幅包络线过零点时),相应高频振荡的相位发生 $180°$ 的突变。双边带调幅的调制信号、调幅波如图 9-28 所示。由图可见,双边带调幅波的包络已不再反映调制信号的变化规律。

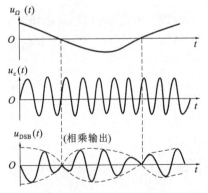

图 9-28 双边带调幅的调制信号及调幅波

由以上讨论可以看出 DSB 调制信号有如下特点：

(1)DSB 信号的幅值仍随调制信号而变化,但与普通调幅波不同,DSB 的包络不再反映调制信号的形状,仍保持调幅波频谱搬移的特征。

(2)在调制信号的正负半周,载波的相位反相,即高频振荡的相位在 $f(t)=0$ 瞬间有 $180°$ 的突变。

(3)对 DSB 调制来说,信号仍集中在载频 ω_c 附近,所占频带为 $BW_{DSB}=2F_{max}$。

三种调幅波时域、频域波形如表 9-8 所示。

表 9-8　　　　　　　　　　　　**三种调幅波时域、频域波形**

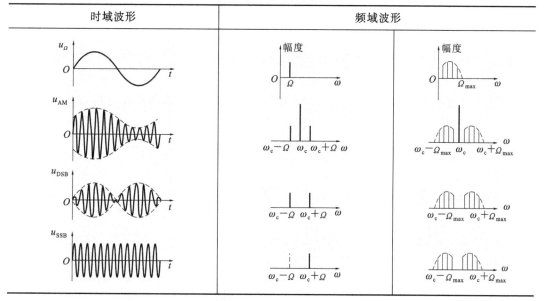

3. 普通调幅波的产生电路

在无线电发射机中,振幅调制的方法按功率电平的高低分为高电平调制电路和低电平调制电路两大类。前者是在发射机的最后一级直接产生达到输出功率要求的已调波,后者多在发射机的前级产生小功率的已调波,再经过线性功率放大器放大,使其达到所需的发射功率电平。

普通调幅波的产生多用高电平调制电路。它的优点是不需要采用效率低的线性放大器,有利于提高整机效率。但它必须兼顾输出功率、效率和调制线性的要求。低电平调制电路的优点是调幅器的功率小,电路简单。它由于输出功率小,常被用在双边带调制和低电平输出系统中。低电平调幅电路可采用集成高频放大器产生调幅波,也可利用模拟乘法器产生调幅波。

下面介绍一种高电平调幅电路。高电平调幅电路是以调谐功率放大器为基础构成的,实际上它是一个输出电压振幅受调制信号控制的调谐功率放大器,根据调制信号注入调幅器方式的不同,分为基极调幅、发射极调幅和集电极调幅三种,下面仅介绍基极调幅。

基极调幅电路如图 9-29 所示。由图可见,高频载波信号 u_c 通过高频变压器 T1 加到晶体管基极回路,低频调制信号 u_Ω 通过低频变压器 T2 加到晶体管基极回路,C_B 为高频旁路电容,用来为载波信号提供通路。

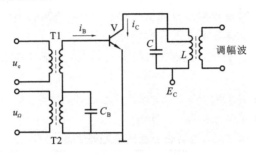

图 9-29 基极调幅电路

在调制过程中,调制信号 u_Ω 相当于一个缓慢变化的偏压(因为反偏压 $E_B=0$,否则综合偏压应是 E_B+u_Ω),使放大器的集电极脉冲电流的最大值 i_{Cmax} 和导通角 θ 按调制信号的大小而变化。在 u_Ω 往正向增大时,i_{Cmax} 和 θ 增大;在 u_Ω 往反向减小时,i_{Cmax} 和 θ 减少,故输出电压幅值正好反映调制信号波形。晶体管的集电极电流 i_C 波形和调谐回路输出的电压波形如图 9-30 所示,将集电极谐振回路调谐到载频 f_C 上,放大器的输出端便获得调幅波。

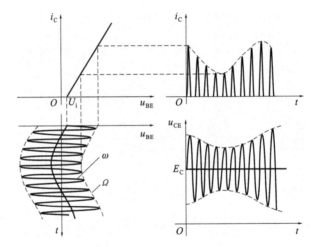

图 9-30 基极调幅波形图

4. 抑制载波调幅波的产生电路

产生抑制载波调幅波的电路采用平衡、抵消的办法把载波抑制掉,故这种电路叫抑制载波调幅电路或平衡调幅电路。

实现这种调幅的电路很多,目前广泛应用的是二极管环形调制器,电路如图 9-31 所示。

随着集成电路的发展,由线性组件构成的平衡调幅器已被采用,图 9-32 所示是用模拟乘法器实现抑制载波的实际电路,它是由 MC1596G 构成的。这个电路的特点是工作频带宽,输出频率较纯,而且省去了变压器,调整简单。

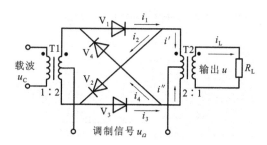

图 9-31　二极管环形调制器

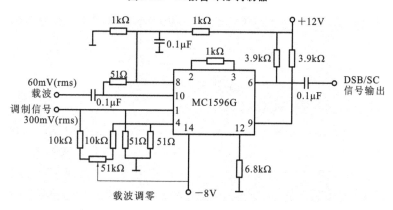

图 9-32　用模拟乘法器实现抑制载波的实际电路

五、实验电路

由于集成电路的发展,集成模拟乘法器得到广泛应用,本实验采用 MC1496 集成模拟乘法器来实现调幅功能。

1. MC1496 简介

MC1496 是一种四象限模拟乘法器,其内部电路以及用作振幅调制器时的外部连接如图 9-33 所示。由图可见,电路中采用了以反极性方式连接的两组差分对(T1～T4),且这两组差分对的恒流源管(T5、T6)又组成了一个差分对,因而该乘法器亦称为双差分对模拟乘法器。其典型用法是:

8、10 脚间接一路输入(称为上输入 v_1),1、4 脚间接另一路输入(称为下输入 v_2),6、12 脚分别经集电极电阻 R_C 接到 +12V 正电源上,并从 6、12 脚间取输出 v_o。

2、3 脚间接负反馈电阻 R_t。5 脚到地之间接电阻 R_B,它决定了恒流源电流 I_7、I_8 的数值,典型值为 6.8kΩ。14 脚接 -8V 负电源。7、9、11、13 脚悬空不用。由于两路输入 v_1、v_2 的极性皆可取正或负,因而称之为四象限模拟乘法器。可以证明

$$v_o = \frac{2R_C}{R_t} v_2 \, \mathrm{th}\left(\frac{v_1}{2V_T}\right)$$

因而,仅当上输入满足 $v_1 \leqslant V_T (26\mathrm{mV})$ 时,方有

$$v_o = \frac{R_C}{R_t V_T} v_1 v_2$$

MC1496 才是真正的模拟乘法器。本实验即为此例。

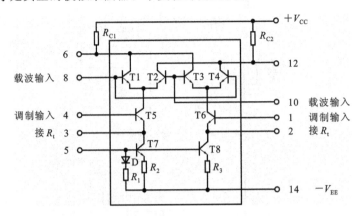

图 9-33　MC1496 内部电路及外部连接

2. MC1496 组成的调幅器实验电路

用 MC1496 组成的调幅器实验电路如图 9-34 所示。图 9-34 中 6P1 为载波输入口，6TP1 为其测量点。6P2 为高频输入口，6TP2 为测量点。6W1 用来调整接入 MC1496 芯片 1 脚的直流电压。当 1 脚直流电压为零时，其输出为双边带调幅波（DSB）；当 1 脚加有直流电压时，其输出为普通调幅波（AM）。调整 6W1 电位器，可以调整调幅波的调制度。图 9-34 中 6Q1 为射极跟随器，用来对调幅信号进行放大，并提高带负载能力。6W2 用以调整射极跟随器的工作点电压。调幅信号经射极跟随器后由 6P3 输出，6TP3 为其测量点。

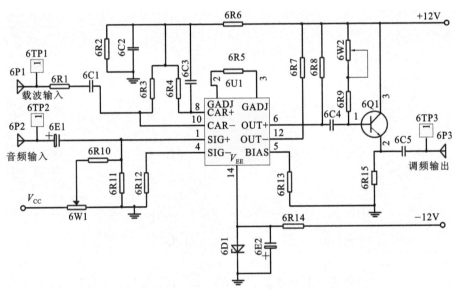

图 9-34　MC1496 组成的调幅器实验电路

六、实验内容及步骤

1. 实验准备

(1)插装好集成乘法器调幅、混频与同步解调模块,接通实验箱电源,模块上电源指示灯和运行指示灯闪亮。

(2)调制信号源:采用实验箱上的低频信号源,其参数调节如下(示波器监测)。

①频率范围:1kHz。

②波形选择:正弦波。

③输出峰-峰值:4V。

(3)载波源:采用实验箱上的高频信号源。

①工作频率:2.1MHz(也可采用其他频率);

②输出幅度(峰-峰值):200mV,用示波器观测。

2. DSB(抑制载波双边带调幅)波形观察

用鼠标点击显示屏,选择"实验项目"中的"高频原理实验",然后选择"集成乘法器调幅实验",显示屏上会显示集成乘法器调幅的原理实验电路,图中的可调电位器可通过鼠标来调整。

(1)DSB 信号波形观察。

将高频信号源输出的载波接入载波输入端(6P1),低频调制信号接入音频输入端(6P2)。

示波器 CH1 接调制信号 6P2,示波器 CH2 接调幅输出端(6TP3),调整 6W1 即可观察到调制信号及其对应的 DSB 信号波形,其波形如图 9-35 所示。如果观察到的 DSB 波形不对称,应微调 6W1 电位器。

(2)DSB 信号反相点观察。

为了清楚地观察双边带信号过零点的反相现象,必须降低载波的频率。本实验可将载波频率降低为 100kHz,幅度仍为 200mV。调制信号频率仍为 1kHz(幅度峰-峰值 4V)。

增大示波器 x 轴扫描速率,仔细观察调制信号过零点时刻所对应的 DSB 信号,过零点时刻的波形应该反相,如图 9-36 所示。

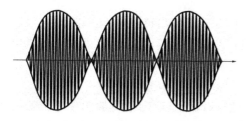
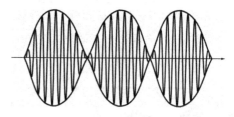

图 9-35　DSB 信号波形　　　　　　图 9-36　DSB 信号反相示意

(3)DSB 信号波形与载波波形的相位比较。

在上述实验的基础上,比较调制器的输入载波波形与输出 DSB 波形的相位,可发现:在调制信号正半周期间,两者同相;在调制信号负半周期间,两者反相。

3. AM(常规调幅)波形测量

(1)AM 正常波形观察。

载波频率仍设置为 2.1MHz(幅度 200mV),调制信号频率 1kHz(幅度峰-峰值 4V)。示波器 CH1 接 6P2、CH2 接 6TP3,调整 6W1 即可观察到正常的 AM 波形,如图 9-37 所示。

调整电位器 6W1,可以改变调幅波的调制度。在观察输出波形时,改变音频调制信号的频率及幅度,输出波形应随之变化。图 9-38 所示为用示波器测出的普通调幅波波形与调制信号波形的对应关系。

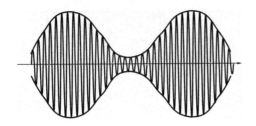

图 9-37　AM 波形

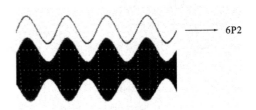

图 9-38　普通调幅波波形与调制信号波形对比

(2)过调制时的 AM 波形观察。

在上述实验的基础上,即载波频率 2.1MHz(幅度 200mV),音频调制信号频率 1kHz(幅度 4V),示波器 CH1 接 6P2,示波器 CH2 接 6TP3,调整 6W1 使调制度为 100%,然后增大音频调制信号的幅度,此时可以观察到过调制 AM 波形,将其与调制信号波形作比较。图 9-39 所示为调制度为 100%的 AM 波形和过调制 AM 波形。

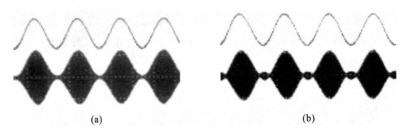

(a)　　　　　　　　　　　　　　　(b)

图 9-39　调制度为 100%的 AM 波形和过调制 AM 波形

(a)调制度为 100%的 AM 波形;(b)过调制 AM 波形

(3)增大载波幅度时的调幅波观察。

保持调制信号输入不变,逐步增大载波幅度,并观察输出已调波。可以发现:当载波幅度增大到某值时,已调波形开始出现失真;而当载波幅度继续增大时,已调波形包络出现模糊。最后把载波幅度复原(200mV)。

图 9-40　三角波调制时的调幅波波形

(4)调制信号为三角波时的调幅波观察。

保持载波源输出不变,但将调制信号源输出的调制信号改为三角波(峰-峰值 4V),并改变其频率,观察已调波形的变化,调整 6W1,观察输出波形调制度的变化。图 9-40 所示为调制信号为三角波时的调幅波波形。

4.调制度 m_a 的测试

我们可以通过直接测量调制包络来测 m_a。将被测的调幅信号加到示波器 CH1 或 CH2,并使其同步。调节时间旋钮使荧光屏显示几个周期的调幅波波形,如图 9-41 所示。根据 m_a 的定义,测出 A、B,即可由下式计算得到 m_a。

$$m_a = \frac{A - B}{A + B} \times 100\%$$

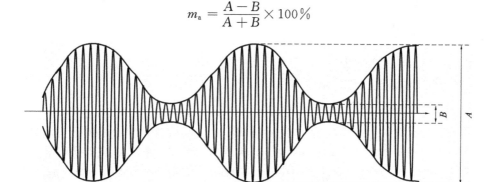

图 9-41　调制度 m_a 的测试图

七、实验报告要求

(1)整理按实验步骤得到的数据,绘制记录的波形,并得出相应的结论。

(2)画出 DSB 波形和 $m_a = 100\%$ 时的 AM 波形,比较两者的区别。

(3)总结由本实验获得的体会。

实验 6　振幅检波器实验

一、实验目的

(1)掌握用包络检波器实现 AM 波解调的方法。了解滤波电容数值对 AM 波解调的影响。

(2)理解包络检波器只能解调 $m_a \leqslant 100\%$ 的 AM 波,而不能解调 $m_a > 100\%$ 的 AM 波,以及 DSB 波的概念。

(3)掌握用由 MC1496 模拟乘法器组成的同步检波器实现 AM 波和 DSB 波解调的方法。

(4)理解同步检波器能解调各种 AM 波以及 DSB 波的原理。

二、实验仪器及器材

(1)低频信号源。

(2)高频信号源。

(3)晶体管毫伏表。

(4)频率计。

(5)扫频仪。

三、预习要求

(1)复习振幅解调的工作原理。

(2)掌握包络检波、同步检波的适用条件。

(3)掌握包络检波中的惰性失真和负峰切割失真与调制信号和电路元件参数的关系。

四、实验原理

解调过程是调制的反过程,即把低频信号从高频载波上搬移下来的过程。解调过程在收信端,实现解调的装置叫解调器。

1.普通调幅波的解调

振幅调制的解调被称为检波,其作用是从调幅波中不失真地检出调制信号。由于普通调幅波的包络反映了调制信号的变化规律,因此解调时常用非相干解调方法。非相干解调有两种方式,即小信号平方律检波和大信号包络检波。下面只介绍大信号包络检波器。

(1)大信号检波基本工作原理。

大信号检波电路与小信号检波电路基本相同。由于大信号检波输入信号电压幅值一般在 500mV 以上,所以检波器的静态偏置就变得无关紧要了。下面以图 9-42 所示的简化电路为例进行分析。

大信号检波和二极管整流的过程相同。图 9-43 表明了大信号检波的工作原理。输入信号 $u_i(t)$ 为正且超过 C 和 R_L 上的电压 $u_o(t)$ 时,二极管导通,信号通过二极管向 C 充电,此时 $u_o(t)$ 随充电电压上升而升高。当 $u_i(t)$ 下降且小于 $u_o(t)$ 时,二极管反向截止,此时停止向 C 充电,$u_o(t)$ 通过 R_L 放电,并随放电而下降。

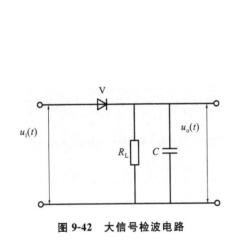

图 9-42　大信号检波电路

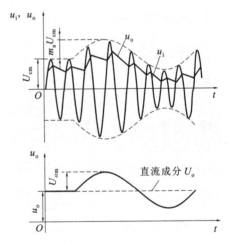

图 9-43　大信号峰值包络检波原理

充电时,二极管的正向电阻 r_D 较小,充电较快,$u_o(t)$ 迅速增大。放电时,因电阻 R_L 比 r_D 大得多(通常 $R_L = 5\sim10\text{k}\Omega$),放电慢,故 $u_o(t)$ 的波动小,并保持基本上接近 $u_i(t)$ 的峰值。

如果 $u_i(t)$ 是高频等幅波,则 $u_o(t)$ 是大小为 U_o 的直流电压(忽略了少量的高频成分),这正是带有滤波电容的整流电路。

当输入信号 $u_i(t)$ 的幅度增大或减少时,检波器输出电压 $u_o(t)$ 也将随之近似成比例地升高或降低。当输入信号为调幅波时,检波器输出电压 $u_o(t)$ 就随着调幅波的包络线而变化,从而获得调制信号,完成检波作用。由于输出电压 $u_o(t)$ 的大小与输入电压的峰值接近相等,故把这种检波器称为峰值包络检波器。

(2)大信号检波失真。

检波输出可能产生三种失真:第一种是检波二极管伏安特性弯曲引起的失真;第二种是滤波电容放电慢引起的失真,这种失真叫惰性失真(又叫对角线切割失真);第三种是输出耦合电容上所充的直流电压引起的失真,这种失真叫负峰切割失真(又叫底部切割失真)。其中第一种失真主要存在于小信号检波器中,并且是小信号检波器中不可避免的失真,对于大信号检波器这种失真影响不大,影响较大的主要是后两种失真,下面分别进行讨论。

①对角线切割失真。

参见图 9-42 所示的电路,在正常情况下,滤波电容 C 对高频每一周期充放电一次,每次充到接近包络线的电压,使检波输出基本能跟上包络线的变化。它的放电规律按指数曲线进行,时间常数为 $R_L C$。假设 $R_L C$ 很大,则放电很慢,可能在随后的若干高频周期内,包络线电压虽已下降,但 C 上的电压还大于包络线电压,这就使二极管反向截止,失去检波作用,直到包络线电压再次升到超过电容上的电压时,才恢复其检波功能。在二极管截止期间,检波输出波形是 C 的放电波形,呈倾斜的对角线形状,如图 9-44 所示,故叫对角线切割失真,也叫放电失真。非常明显,放电愈慢或包络线下降愈快,则愈易发生这种失真。

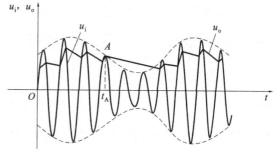

图 9-44 对角线切割失真

②底部切割失真。

一般在接收机中,检波器输出耦合到下级的电容很大($5\sim10\mu F$),图 9-45 中的 C_1 为耦合电容。

对检波器输出的直流而言,C_1 上充有一个直流电压 U_o。如果输入信号 $u_i(t)$ 的调制度很深,以至在一部分时间内其幅值比 C_1 上的电压 U_o 还小,则在此期间内,二极管将处于反向截止状态,产生失真。此时电容上电压等于 U_o,故输出波形底部被切去,如图 9-46 所示。

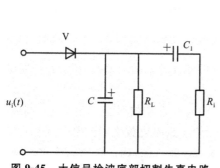

图 9-45 大信号检波底部切割失真电路

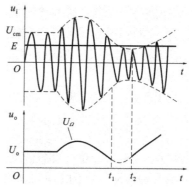

图 9-46 负峰切割失真波形图

2. 抑制载波调幅波的解调

包络检波器只能解调普通调幅波,而不能解调 DSB 和 SSB 信号。这是由于后两种已调信号的包络并不反映调制信号的变化规律,因此,抑制载波调幅波的解调必须采用同步检波电路,其中最常用的是乘积型同步检波电路。

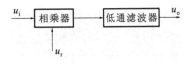

图 9-47 乘积型同步检波器组成

乘积型同步检波器的组成框图如图 9-47 所示。它与普通包络检波器的区别就在于接收端必须提供一个本地载波信号 u_r,而且要求它是与发端的载波信号同频、同相的同步信号。将这个外加的本地载波信号 u_r 与接收端输入的调幅信号 u_i 相乘,可以产生原调制信号分量和其他谐波组合分量,经低通滤波器后,就可解调出原调制信号。

乘积检波电路可以利用二极管环形调制器来实现。环形调制器既可用于调幅又可用于解调。用模拟乘法器构成的同步检波电路如图 9-48 所示。

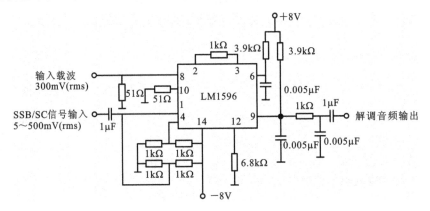

图 9-48 用模拟乘法器构成的同步检波电路

五、实验电路

解调过程是调制的反过程,即把低频信号从高频载波上搬移下来的过程。解调过程发生在收信端,实现解调的装置叫解调器。

1. 二极管包络检波

二极管包络检波器是包络检波器中最简单、最常用的一种电路。它适用于解调信号电平较大(俗称大信号,通常要求峰-峰值在 1.5V 以上)的 AM 波。它具有电路简单、检波线性好、易于实现等优点。本实验电路主要包括二极管、RC 低通滤波器和低频放大部分,实验电路如图 9-49 所示。

图 9-49 中,5D1 为检波管,5C2、5R2、5C3 构成低通滤波器,5R3、5W3 为二极管检波直流负载,5W3 用来调节直流负载大小。5Q1、5Q2 对检波后的音频进行放大,5W5 用来调整 5Q1 的工作点,也可用于改变检波的交流负载。放大后音频信号由 5P9 输出,调节 5W4 可调整输出幅度。该电路利用二极管的单向导电性使电路的充放电时间常数不同(实际上,相差很大)从而实现检波,所以 RC 时间常数的选择很重要。RC 时间常数过大,电路易产生对

角线切割失真。RC 常数太小,高频分量会滤不干净。综合考虑要求满足下式:

$$RC < \frac{\sqrt{1-m_a^2}}{m_a\Omega}$$

式中,m_a 为调幅系数、Ω 为调制信号角频率。

当检波器的直流负载电阻 R 与交流音频负载电阻 R_Ω 不相等,而且调幅系数 m_a 又相当大时,电路易产生底部切割失真,为了保证不产生底部切割失真,电路参数应满足 $m_a < \dfrac{R_\Omega}{R}$。

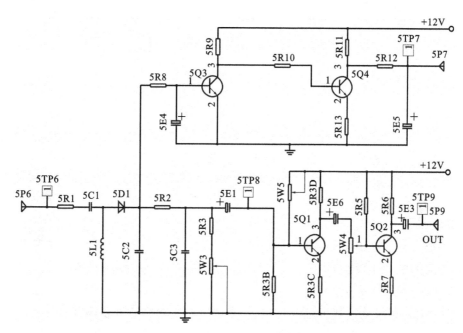

图 9-49　二极管包络检波电路

2.同步检波

同步检波又称相干检波。它通过将与已调幅波的载波同步(同频、同相)的一个恢复载波与已调幅波相乘,再用低通滤波器滤除高频分量,从而解调出调制信号。本实验采用 MC1496 集成电路来组成解调器,如图 9-50 所示。该电路利用一片 MC1496 集成块构成两个实验电路,即幅度解调电路和混频电路,混频电路在前面实验 3 中已做介绍,本节介绍幅度解调电路。图 9-50 中恢复载波加到输入端 6P4 上,再经过电容 6C6 加在 8、10 脚之间。调幅波加到输入端 6P5 上,再经过电容 6C7 加在 1、4 脚之间。相乘后的信号由 6 脚输出,再经过由 6C9、6C10、6R26 组成的 π 型低通滤波器滤除高频分量后,在解调输出端 6P6 提取出调制信号。

需要指出的是,在图 9-50 中对 MC1496 采用了单电源(+12V)供电,因而 14 脚需接地,且其他脚亦应偏置相应的正电位。

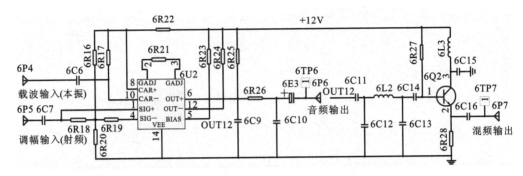

图 9-50 MC1496 组成的解调器实验电路

六、实 验 内 容 及 步 骤

1.实验准备

(1)插装好集成乘法器调幅、混频与同步解调模块,中放 AGC 与二极管检波模块,接通实验箱电源,模块上电源指示灯和运行指示灯闪亮。

(2)用鼠标点击显示屏,选择"实验项目"中的"高频原理实验",然后选择"幅度解调实验"中的"二极管检波实验",显示屏会显示二极管检波原理实验电路,图中可调电位器均可通过鼠标来调整。

注:做本实验时仍需重复调制实验中部分内容,可先产生调幅波,再供这里解调之用。

2.二极管包络检波

①AM 波的解调(m_a=30％)。

与"实验 5 集成乘法器振幅调制实验"中的"六、实验内容及步骤"的"3. AM(常规调幅)波形测量"之"(1)AM 正常波形观察"中的实验内容相同(参数改变一下)。低频信号源(输出 $1V_{pp}$ 的 1kHz 正弦波)以高频信号源作为载波源(输出 $50mV_{pp}$ 的 2.5MHz 正弦波),调节 6W1,便可从幅度调制电路(6P3)输出 m_a=30％的 AM 波,其输出幅度(峰-峰值)应为0.2V左右。

把上面得到的 AM 波(6P3)加到中频放大电路 5P1,中频输出 5P5 加到包络检波器输入端(5P6),即可用示波器在 5TP8 和 5P9 观察到包络检波器的输出,并记录输出波形。为了更好地观察包络检波器的解调性能,可用示波器 CH1 接包络检波器的输入 5TP6,而用示波器 CH2 接包络检波器的输出 5TP8 和 5P9(下同)。如果波形有失真,应调节 5W4。

②观察对角线切割失真。

保持以上输出,调节直流负载(即调整 5W3),使输出产生对角线切割失真,如果失真不明显可以加大调幅度(即调整 6W1),画出其波形,并计算此时的 m_a 值。

③观察底部切割失真。

先调节 5W3 使解调信号不失真。示波器 CH2 接 5P9。然后调节 5W5,使解调信号出现底部切割失真,如果失真不明显,可加大调幅度(即增大音频调制信号幅度),画出其相应的波形,并计算此时的 m_a。

④AM 波的解调($m_a = 100\%$)。

调节 6W1,使 $m_a = 100\%$,观察并记录检波器输出波形。

⑤AM 波的解调($m_a > 100\%$)。

加大音频调制信号幅度,使 $m_a > 100\%$,观察并记录检波器输出波形。

⑥调制信号为三角波和方波的解调。

在上述情况下,恢复 $m_a > 30\%$,调节 5W3、5W4 和 5W5,使解调输出波形不失真。然后将低频信号源的调制信号改为三角波和方波,即可在检波器输出端(5P9)观察到与调制信号相对应的波形,调节音频信号的频率,其波形也随之变化,如图 9-51 所示。

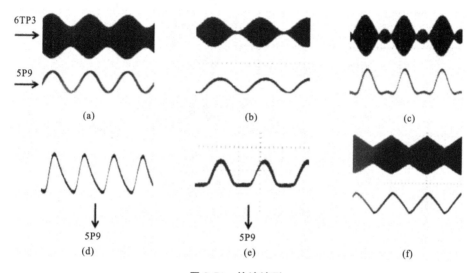

图 9-51　检波波形

(a)$m_a = 30\%$的 AM 波的解调;(b)$m_a = 100\%$的 AM 波的解调;(c)$m_a > 100\%$的 AM 波的解调;
(d)对角线切割失真波形;(e)底部切割失真波形;(f)调制信号为三角波的解调波形

3.集成电路(乘法器)构成的同步检波

(1)AM 波的解调。

将幅度调制电路的输出 6P3 接到幅度解调电路的调幅输入端(6P5)。解调电路的 6P4 与调制电路中载波输入相连,即 6P4 与 6P1 相连,示波器 CH1 接调幅信号 6P3,CH2 接同步检波器的输出 6P6。分别观察并记录当调制电路输出为 $m_a = 30\%$、$m_a = 100\%$、$m_a > 100\%$时三种 AM 波的解调输出波形,并与调制信号作比较,如图 9-52 所示。

(2)DSB 波的解调。

采用"实验 5　集成乘法器振幅调制实验"中的"六、实验内容及步骤"的"2.DSB(抑制载波双边带调幅)波形观察"中相同的方法来获得 DSB 波,并将其加到幅度解调电路的调幅输入端,而其他连线均保持不变,观察并记录解调输出波形,并与调制信号作比较。改变调制信号的频率及幅度,观察解调信号有何变化。将调制信号改成三角波和方波,再观察解调输出波形,如图 9-53 所示。

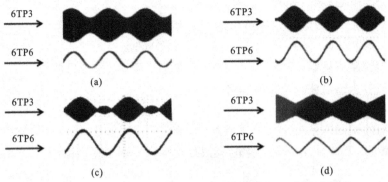

图 9-52 不同 m_a 的 AM 波所对应的检波器输入、输出波形

（a）$m_a=30\%$ 的 AM 波的解调；（b）$m_a=100\%$ 的 AM 波的解调；

（c）$m_a>100\%$ 的 AM 波的解调；（d）调制信号为三角波的解调波形

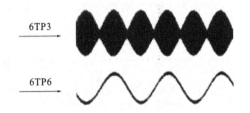

图 9-53 DSB 波所对应的检波器输入、输出波形

七、实验报告要求

（1）由本实验归纳出两种检波器的解调特性，以"能否正确解调"填入表 9-9 中。

表 9-9　　　　　　　　　　　　**两种检波器的解调特性**

输入的调幅波	AM 波			DSB
	$m_a=30\%$	$m_a=100\%$	$m_a>100\%$	
包络检波				
同步检波				

（2）观察对角线切割失真和底部切割失真现象并分析产生的原因。

（3）对实验中的两种解调方式进行总结。

实验 7　高频功率放大器实验

一、实验目的

（1）通过实验，加深对丙类功率放大器基本工作原理的理解，掌握丙类功率放大器的调谐特性。

（2）掌握输入激励电压、集电极电源电压及负载变化对放大器工作状态的影响。

(3)通过实验进一步了解调幅的工作原理。

二、实验仪器及器材

(1)低频信号源;

(2)高频信号源;

(3)晶体管毫伏表;

(4)频率计;

(5)扫频仪。

三、预习要求

(1)复习高频谐振功率放大器的工作原理;

(2)掌握高频功率放大器的工作状态(欠压、临界、过压);

(3)掌握功率放大器的外部特性;

(4)掌握功率放大器的输出功率和效率与工作状态的关系。

四、实验原理

高频功率放大器是一种能量转换器件,它是将电源供给的直流能量转换为高频交流输出的装置。高频功率放大器是通信系统中发送装置的重要组件,也是一种以谐振电路作负载的放大器。它和小信号调谐放大器的主要区别在于:小信号调谐放大器的输入信号很小,在微伏到毫伏数量级,晶体管工作于线性区域。小信号放大器一般工作在甲类状态,效率较低。而功率放大器的输入信号要大得多,为几百毫伏到几伏,晶体管工作延伸到非线性区域,即截止和饱和区,这种放大器的输出功率大、效率高,一般工作在丙类状态。

1.高频功率放大器的原理电路

高频功率放大器(共发射极放大器)的原理图如图 9-54 所示。

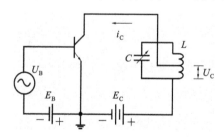

图 9-54　高频功率放大器的原理图

它主要由晶体管、LC 谐振回路、直流电源 E_C 和 E_B 等组成,U_B 为前级供给的高频输入电压,也称激励电压。

2.高频功率放大器的特点

(1)高频功率放大器通常工作在丙类(C 类)状态。

通角 θ:集电极电流流通角度的一半。

①甲类(A 类)$\theta=180°$,效率约 50%;

②乙类(B类)$\theta=90°$,效率可达 78.5%;

③甲乙类(AB类)$90°<\theta<180°$,50%<效率<78.5%;

④丙类(C类)$\theta<90°$,继续减小 θ,丙类功率放大器效率将继续提高。

(2)高频功率放大器通常采用谐振回路作集电极负载。

由于放大器工作在丙类时集电极电流 i_C 是余弦脉冲,因此集电极电流负载不能采用纯电阻,而必须接一个 LC 振荡回路,从而在集电极得到一个完整的余弦(或正弦)电压波。

对周期性的余弦脉冲 i_C,可用傅立叶级数展开:

$$i_C = I_{C0} + I_{C1} + i_{C2} + i_{C3} + \cdots + i_{Cn}$$
$$= I_{C0} + I_{Cm1}\cos\omega t + I_{Cm2}\cos2\omega t + I_{Cm3}\cos3\omega t + \cdots + I_{Cmn}\cos n\omega t$$

式中,I_{Cm1}、I_{Cm2}、I_{Cm3}、$\cdots$、I_{Cmn} 为基波和各次谐波的振幅;ω 为集电极余弦脉冲电流(也就是输入信号)的角频率。

LC 谐振回路被调谐于信号(角)频率,对基波电流 i_C 呈现为一个很大的纯阻,因而回路两端的基波压降很大。回路对直流成分和其他谐波失谐很大,相应的阻抗很小,因而相应的电压成分很小,因此直流和各次谐波在回路上的压降可以忽略不计。这样,尽管集电极电流 i_C 为一个余弦脉冲,但集电极电压 U_{CE} 却为一个完整的不失真的余弦波(基波成分)。

显然,LC 振荡回路起到了选频和滤波的作用:选出基波,滤除直流和各次谐波。

LC 振荡回路的另一个作用是阻抗匹配,也就是通过改变回路(电感)的接入参数,使功放管得到最佳的负载阻抗,从而输出最大的功率。

3.丙类调谐功率放大器的基本原理

由于丙类调谐功率放大器采用的是反向偏置,在静态时,管子处于截止状态。只有当激励信号 u_B 足够大,超过反偏压 E_B 及晶体管起始导通电压 u_i 之和时,管子才导通。这样,管子只有在一周期的一小部分时间内导通,所以集电极电流是周期性的余弦脉冲,波形如图 9-55 所示。

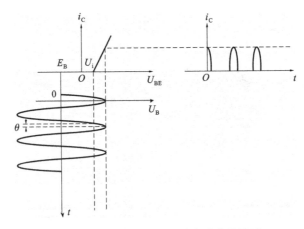

图 9-55　折线法分析非线性电路电流波形

根据调谐功率放大器在工作时是否进入饱和区,可将放大器分为欠压、过压和临界三种工作状态。若在整个周期内,晶体管工作不进入饱和区,也即在任何时刻都工作在放大区,称放大器工作在欠压状态;若晶体管刚刚进入饱和区的边缘,称放大器工作在临界状态;若晶体管工作时有部分时间进入饱和区,则称放大器工作在过压状态。放大器的这三种工作状态取决于电源电压 E_C、偏置电压 E_B、激励电压幅值 U_{Bm} 以及集电极等效负载电阻 R_C。

（1）激励电压幅值 U_{Bm} 变化对放大器工作状态的影响。

当调谐功率放大器的电源电压 E_C、偏置电压 E_B 和负载电阻 R_C 保持恒定时，激励电压幅值 U_{Bm} 变化对放大器工作状态的影响如图 9-56 所示。

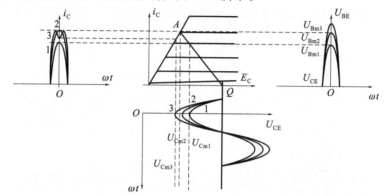

图 9-56　U_{Bm} 变化对放大器工作状态的影响

由图 9-56 可以看出，当 U_{Bm} 增大时，i_{Cmax}、U_{Cm} 也增大；当 U_{Bm} 增大到一定程度时，放大器的工作状态由欠压状态进入过压状态，电流波形出现凹陷，但此时 U_{Cm} 还会增大（如 U_{Cm1}）。

（2）负载电阻 R_C 变化对放大器工作状态的影响。

当 E_C、E_B、U_{Bm} 保持恒定时，改变集电极等效负载电阻 R_C 对放大器工作状态的影响如图 9-57 所示。

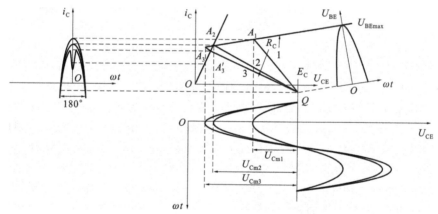

图 9-57　不同负载电阻时的动态特性

图 9-57 所示为在三种不同负载电阻 R_C 下的三条不同动态特性曲线 QA_1、QA_2、$QA_3A_3{}'$。其中 QA_1 对应欠压状态，QA_2 对应临界状态，$QA_3A_3{}'$ 对应过压状态。QA_1 相对应的负载电阻 R_C 较小，U_{Cm} 也较小，集电极电流波形是余弦脉冲。随着 R_C 增加，动态负载线的斜率逐渐减小，U_{Cm} 逐渐增大，放大器工作状态由欠压状态转变到临界状态，此时电流波形仍为余弦脉冲，只是幅值比欠压时略小。当 R_C 继续增大时，U_{Cm} 进一步增大，放大器进入过压状态，此时动态负载线 QA_3 与饱和线相交，此后电流 i_C 随 U_{Cm} 沿饱和线下降到 $A_3{}'$，电流波形顶端下凹，呈马鞍形。

（3）电源电压 E_C 变化对放大器工作状态的影响。

在 E_B、U_{Cm}、R_C 保持恒定时，集电极电源电压 E_C 变化对放大器工作状态的影响如

图 9-58 所示。

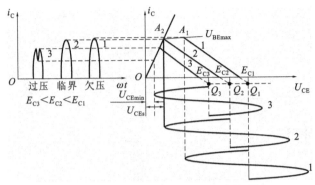

图 9-58 E_c 变化对放大器工作状态的影响

由图 9-58 可见,E_c 变化,U_{CEmin} 也随之变化,使得 U_{CEmin} 和 U_{CEs} 的相对大小发生变化。当 E_c 较大时,U_{CEmin} 具有较大数值,且远大于 U_{CEs},放大器工作在欠压状态。随着 E_c 减小,U_{CEmin} 也减小,当 U_{CEmin} 接近 U_{CEs} 时,放大器工作在临界状态。E_c 再减小,U_{CEmin} 小于 U_{CEs} 时,放大器工作在过压状态。图 9-58 中,$E_c > E_{C2}$ 时,放大器工作在欠压状态;$E_c = E_{C2}$ 时,放大器工作在临界状态;$E_c < E_{C2}$ 时,放大器工作在过压状态。即当 E_c 由大变小时,放大器的工作状态由欠压进入过压,i_c 波形也由余弦脉冲波形变为中间凹陷的脉冲波。

五、实验电路

高频功率放大器实验电路如图 9-59 所示。本实验单元由两级放大器组成,3Q1 是前置放大级,工作在甲类线性状态,以适应较小的输入信号电平。高频信号由 3P2 输入,经 3R26、3C21 加到 3Q1 的基极。3TP2、3TP3 为该级输入、输出测量点。由于该级负载是电阻,对输入信号没有滤波和调谐作用,因此既可作为调幅放大级,也可作为调频放大级。当 3K2 跳线去掉时(或跳线置 OFF 时),3Q2 为丙类高频功率放大电路,其基极偏置电压为零,通过发射极上的电压构成反偏。因此,载波只有在正半周且幅度足够大时才能使功率管导通。其集电极负载为 LC 选频谐振回路,谐振在载波频率上已选出的基波频率,因此可获得较大的功率输出。本实验功率放大器有两个选频回路,由 3K3 来选定。当 3K3 拨至左侧(1、2 接通)时,所选谐振回路由 3L2、3L4、3C16、3C17 和 3C20 组成,其谐振频率为 6.3MHz 左右,此时的功率放大器可用于构成无线收发系统。当 3K3 拨至右侧(2、3 接通)时,谐振回路由 3L1、3C10 组成,其谐振回路谐振频率为 2MHz 左右。此时功率放大器可用于测量三种状态(欠压、临界、过压)下的电流脉冲波形,因为频率较低时测量效果较好。在测量三种状态下的电流脉冲波形时,3K5 用于控制负载电阻的接通与否,3W4 电位器用来改变负载电阻的大小,3TP6 用于测量负载电阻大小。3W3 用来调整功率放大器集电极电源电压的大小,3TP7 为电压测量点。在谐振频率为 6.3MHz 时,3K4 用于控制是否接通 3R28,将 3K4 往上(OFF)断开 3R28,3K4 往下(ON)接通 3R28(100Ω),此时可测量输出功率的大小。3P1 为音频信号输入口,加入音频信号时可对功率放大器进行基极调幅。3TP4 为功率放大器输出测试点,3TP5 为发射极测试点,可在该点测量电流脉冲波形。当输入信号为调幅波时,3Q2 不能工作在丙类状态,因为当调幅波在波谷时幅度较小,3Q2 可能不导通,导致输出波形严重失真。因此,输入信号为调幅波时,3K2 跳线器必须接通,使 3Q2 工作在甲类状态。

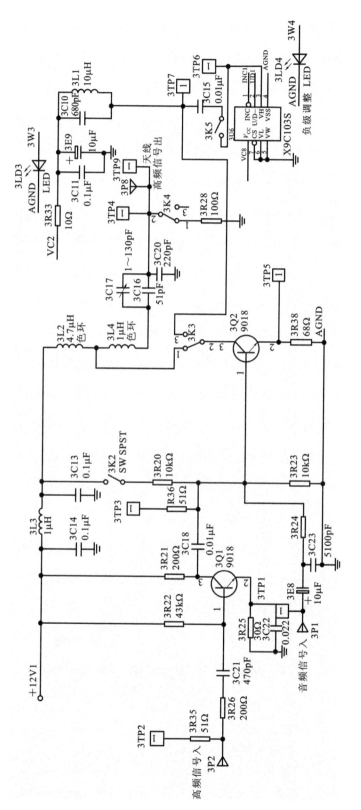

图 9-59 高频功率放大与发射实验电路图

六、实验内容及步骤

1.实验准备

插好高频功率放大器与无线发射模块,接通实验箱电源,此时模块上的电源指示灯和运行指示灯闪亮。

用鼠标点击显示屏,选择"实验项目"中的"高频原理实验",然后选择"非线性丙类功率放大电路实验",此时显示屏会显示高频功率放大器原理实验图,图中可调元件均可通过鼠标点击来调整。

2.测试前置放大级输入、输出波形

高频信号源频率设置为6.3MHz,幅度峰-峰值为300mV左右,用电缆线连接到高频输入端3P2,用示波器测试3TP2和3TP3的波形的幅度,并计算其放大倍数。由于该级集电极负载是电阻,因此没有选频作用。

3.激励电压、电源电压及负载电阻变化对丙类功率放大器工作状态的影响

(1)激励电压U_B对放大器工作状态的影响。

如图9-59所示,3K3置右侧。保持集电极电源电压E_C在5V左右(用万用表测3TP7直流电压,用鼠标点击3W3,滑轮调整使其电压为5V),负载电阻R_L在5kΩ左右(3K5置"OFF",用万用表测3TP6电阻,用鼠标点击3W4,滑轮调整,调好后3K5置"ON")不变。

调整高频信号源频率为2MHz左右,幅度为200mV(峰-峰值),连接至功率放大器模块输入端(3P2),示波器接3TP7。调整高频信号源频率,使功率放大器谐振即输出幅度(3TP7)最大。示波器改接3TP5,改变信号源幅度,即改变激励信号电压U_B,观察3TP5电压波形。信号源幅度变化时,应观察到欠压、临界、过压脉冲波形。其波形如图9-60所示(如果波形不对称,应微调高频信号源频率,如果高频信号源是DDS信号源,注意选择合适的频率步长挡位)。

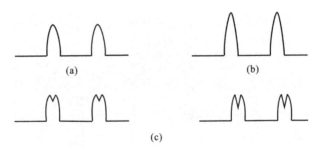

图9-60 三种状态下的电流脉冲波形
(a)欠压;(b)临界;(c)弱过压、过压

将激励信号电压U_b由小到大逐渐增加时,实际观察到的集电极余弦电流脉冲波形如图9-61所示。

(2)集电极电源电压E_C对放大器工作状态的影响。

保持激励电压U_B(3TP2电压为200mV峰-峰值)、负载电阻$R_L=5$kΩ不变,改变功率放大器集电极电源电压E_C(调整3W3电位器,使E_C在5~10V变化),观察3TP5电压波

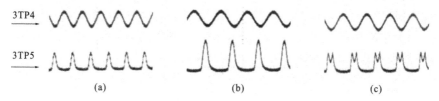

图 9-61　U_b 由小到大逐渐增加时集电极余弦电流脉冲波形

(a)欠压状态波形;(b)临界状态波形;(c)过压状态波形

形。E_C 由大到小逐渐减小时,仍可观察到与图 9-61 所示类似的波形,但此时欠压波形幅度比临界时稍大,如图 9-62 所示。

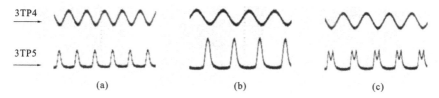

图 9-62　E_C 由大到小逐渐减小时集电极余弦电流脉冲波形

(a)欠压状态波形;(b)临界状态波形;(c)过压状态波形

(3)负载电阻 R_L 变化对放大器工作状态的影响。

保持功率放大器集电极电源电压 $E_C = 5V$,激励电压 U_B(3TP2 点电压、200mV 峰-峰值)不变,负载电阻 R_L 由小到大逐渐增加时(调整 3W4 电位器,注意将 3K5 调至"ON"),观察 3TP5 电压波形。同样能观察到如图 9-60 所示的脉冲波形,但欠压时波形幅度比临界时大。测出欠压、临界、过压时负载电阻的大小(测试电阻时必须将 3K5 拨至"OFF",测完后再拨至"ON")。

实际观察到的波形如图 9-63 所示。

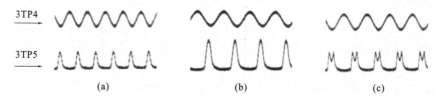

图 9-63　R_L 由小到大逐渐增加时集电极余弦电流脉冲波形

(a)欠压状态波形;(b)临界状态波形;(c)过压状态波形

(4)功放调谐特性测试。

3K3 置左侧,3K2 置"OFF",3K4 置"OFF"。高频信号源接入前置级输入端(3P2),峰-峰值 300mV。以 6.3MHz 的频率为中心点,以 400kHz 为频率间隔,向左右两侧各测量 5 个频率测量点所对应的输出电压,如表 9-10 所示。

表 9-10　　　　　　　　　　　　　　　　　　**调谐特性测试**

f/MHz	4.3	4.7	5.1	5.5	5.9	6.3	6.7	7.1	7.5	7.9	8.3
$V_C(V_{P\text{-}P})$/mV											

首先,将高频信号源设置为 6.3MHz,峰-峰值为 300mV,用示波器测试 3TP4;然后,使高频信号源按照表格上的频率变化,幅度峰-峰值为 300mV 左右(3P2),用示波器测量 3TP4 的电压值。测出与频率相对应的电压值,填入表格,并画出频率与电压的关系曲线。

(5)功率放大器基极调幅波的观察(高电平调幅)。

保持上述(4)的状态,调整高频信号源的频率,使功率放大器谐振,即使 3TP4 点输出幅度最大。然后从 3P1 输入音频调制信号,用示波器观察 3TP4 的波形。此时该点波形应为调幅波,改变音频调制信号的幅度,输出调幅波的调制度应发生变化(幅度太大时,波形可能会出现失真)。改变调制信号的频率,调幅波的包络亦随之变化。

实际观测的调幅波如图 9-64 所示:

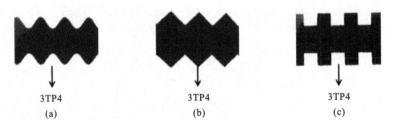

图 9-64　基极调幅波

(a)正弦波调幅;(b)三角波调幅;(a)方波调幅

(6)功率放大器输出功率的测试。

保持上述(4)的状态,将 3K4 置"ON",即接通 3R28(100Ω)。高频信号源的频率设置为 6.3MHz,用示波器测试功率放大器输出 3P8 或 3TP4。调整高频信号源输入幅度,使功率放大器输出幅度最大且不失真。测量出此时 3R28 上(即输出)的振幅值,将振幅值换算成有效值,即可算出功率放大器的输出功率 $P = \dfrac{U^2}{100}$。

七、实验报告要求

(1)认真整理实验数据,对实验参数和波形进行分析,说明输入激励电压、集电极电源电压、负载电阻对工作状态的影响。

(2)用实测参数分析丙类功率放大器的特点。

(3)总结由本实验获得的体会。

实验 8　变容二极管调频器实验

一、实验目的

(1)熟悉电子元件和高频电子线路实验系统;

(2)掌握用变容二极管调频振荡器实现调频的方法;

(3)理解静态调制特性、动态调制特性的概念和测试方法。

二、实验仪器及器材

(1)低频信号源；

(2)高频信号源；

(3)晶体管毫伏表；

(4)频率计；

(5)扫频仪。

三、预习要求

(1)复习变容二极管调频的工作原理；

(2)掌握调频信号的最大频偏、最大相偏与调制信号振幅和频率之间的关系；

(3)掌握调频信号的波形图；

(4)了解变容二极管调频器的静态调制特性和动态调制特性。

四、实验原理

使高频振荡的频率按调制信号作相应变化的调制方式,叫频率调制,简称调频(FM)。调制后的调频振荡称为频调波。通过频率调制来传递消息的通信方式称调频通信。

1. 调频信号及其数学表达式

设调制信号为 $u_\Omega(t) = U_{\Omega m}\cos\Omega t$,载波信号为 $u_c(t) = U_{cm}\cos\omega_c t$。

调频时,载波高频振荡的瞬时频率随调制信号 $u_\Omega(t)$ 呈线性变化,即

$$\omega(t) = \omega_c + k_f u_\Omega(t) = \omega_c + \Delta\omega(t)$$

式中,ω_c 是载波角频率,也是调频信号的中心角频率;k_f 为比例系数,即调频灵敏度。$\Delta\omega(t)$ 是由调制信号 $u_\Omega(t)$ 引起的角频率偏移,称频偏或频移。

$\Delta\omega(t)$ 与 $u_\Omega(t)$ 成正比,$\Delta\omega(t) = k_f u_\Omega(t)$。$\Delta\omega(t)$ 的最大值称为最大频偏,用 $\Delta\omega_m$ 表示。

单音频调制时,对于调频信号,它的瞬时频率

$$\omega(t) = \omega_c + k_f U_{\Omega m}\cos\Omega t = \omega_c + \Delta\omega_m\cos\Omega t$$

瞬时相位

$$\varphi(t) = \int \omega(t)\mathrm{d}t = \omega_c t + \frac{\Delta\omega_m}{\Omega}\sin\Omega t + \varphi$$

式中,$\dfrac{\Delta\omega_m}{\Omega} = m_f$ 叫调频波的调频指数,表示最大相偏,其值可以大于1(这与调幅波不同,调幅波调幅指数 $m_a \leqslant 1$)。

由此可得到调频信号的数学表达式(取 $\varphi = 0$):

$$u_{FM}(t) = U_{cm}\cos(\omega_c t + m_f\sin\Omega t)$$

调频信号的波形如图 9-65 所示。在调制信号的正半周,载波振荡频率随调制电压变化而高于载频,到调制电压的正峰值时,已调高频振荡角频率达到最大值,即

$$\omega_{max} = \omega_c + \Delta\omega_m$$

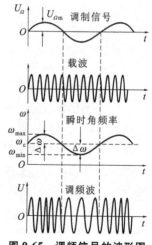

图 9-65　调频信号的波形图

在调制信号的负半周,载波振荡频率随调制电压变化而低于载频,到调制电压的负峰处,已调高频振荡角频率达到最小值,即

$$\omega_{\min} = \omega_c - \Delta\omega_m$$

2. 调频波的频谱

当 $m_f \ll 1$ 时,调频波的频谱和调幅波一样,也是由载频 ω_c 和一对边频 $\omega_c + \Omega$、$\omega_c - \Omega$ 组成的,如图 9-66(a)所示。但下边频的相位和上边频差 $180°$。如果调制信号是一个频带信号,则上下边频就成了上下边带。

当 m_f 逐渐增大时,边频数也逐步增大,实际上它是由载频和无数对边频分量组成的。

按照卡森公式,调频信号的带宽 $BW = 2(m_f + 1)\Omega$。如果 $m_f \ll 1$,$BW \approx 2\Omega$,如图 9-66(a)所示;如果 $m_f \gg 1$,$BW \approx 2m_f\Omega = 2\Delta\omega_m$,图 9-66(b)画出了 $m_f = 3$ 时调频波的振幅频谱。

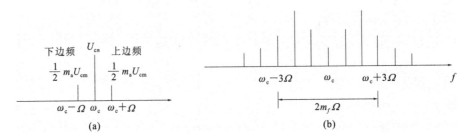

图 9-66 调频波的频谱

总之,调频波的频谱成分,理论上有无穷多,所以频率调制是一种非线性调制。

3. 调频信号的产生

(1)调频方法。

调频就是用调制电压去控制载波的频率。调频的方法和电路有很多,最常用的有两大类:直接调频法和间接调频法。

①直接调频法就是用调制电压直接去控制载频振荡器的频率,以产生调频信号。例如:被控电路是 LC 振荡器,那么,它的振荡频率主要由振荡回路电感 L 与电容 C 的数值来决定,在振荡回路中加入可变电抗,并用低频调制信号去控制可变电抗的参数,即可产生振荡频率随调制信号变化的调频波。在实际电路中,可变电抗元件的类型有许多种,如变容二极管、电抗管等。

②间接调频法就是通过调相器调相产生调频信号的方法。即先将调制信号积分,再对高频载波实现调相,调相器的输出信号相对于积分前的原调制信号而言即为调频信号。

目前采用最多的是变容二极管直接调频法,下面主要介绍这种方法。

(2)变容二极管的特性。

变容二极管是利用半导体 PN 结的结电容随外加反向电压变化而变化这一特性,制成的一种半导体二极管。它是一种电压控制可变电抗元件,与普通二极管相比,不同之处为其在反向电压 u_D 作用下的结电容 C_j 变化较大。

变容二极管的符号及其变容特性曲线如图 9-67 所示,图 9-68 是并联、串联电容时变容管的变容特性曲线。其中,曲线①代表变容二极管的变容特性曲线,曲线②、曲线③分别代表并联、串联电容后的变容特性曲线。

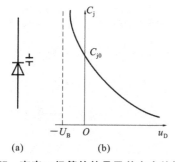

(a)　　　　(b)

图 9-67　变容二极管的符号及其变容特性曲线

(a)变容二极管的符号；(b)变容二极管的变容特性曲线

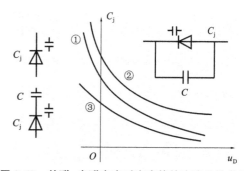

图 9-68　并联、串联电容时变容管的变容特性曲线

由图 9-68 可知，反偏压越大，则结电容越小。这种特性可表示为

$$C_j = \frac{C_{j0}}{\left(1 + \dfrac{u_D}{U_B}\right)^\gamma}$$

式中，U_B 是变容二极管的势垒电压，通常取 0.7V 左右。u_D 是加在二极管两端的反向电压。C_{j0} 是 $u_D = 0$ 时变容二极管的结电容。γ 是变容指数，不同的变容二极管由于 PN 结杂质掺杂浓度分布的不同，γ 也不同，γ 值越大，电容变化量随偏压变化越显著。$\gamma = 1/3$，二极管称为缓变结变容二极管；$\gamma = 1/2$，二极管称为突变结变容二极管；$\gamma = 1 \sim 5$，二极管称为超越突变结变容二极管。

（3）变容二极管调频电路。

图 9-69 所示为某发信机变容二极管的调频电路，其中，虚线框部分为共基极的西勒振荡器，图中仅画出了交流等效电路。框外部分为变容二极管调频器。下面讨论其工作原理。

直流电压 E 通过 R_1、R_2 分压后，经高频扼流圈 L_2 加到变容二极管 BG2 的负端，BG2 的正端接地，这样 BG2 就得到了反向偏置。L_2 对高频起扼流作用，对直流和低频可将其看作短路。C_6 为高频旁路电容，话音调制电压 V_Ω 经 L_2 也加到 BG2 的两端，使 BG2 的结电容随 V_Ω 而变。C_6 用于防止 L_2 高频电流流向 R_1、R_2、电源 E 和低频信号源 V_Ω。

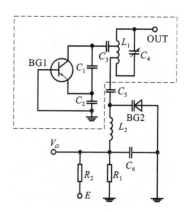

图 9-69　变容二极管调频电路

下面分析振荡器的频率（或频偏）和调制信号的关系。通常 $C_5 \gg C_j$，$C_3 \ll C_1$，$C_3 \ll C_2$，因此，C_5、C_1、C_2 均可忽略，振荡回路可等效为图 9-70 所示电路。

设 C_3 的接入系数为 P_3，C_j 的接入系数为 P_j，那么可把 C_3 和 C_j 折合到 L_1 两端，回路可进一步简化成图 9-71 所示电路。

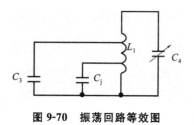

图 9-70　振荡回路等效图　　　　　**图 9-71　振荡回路简化图**

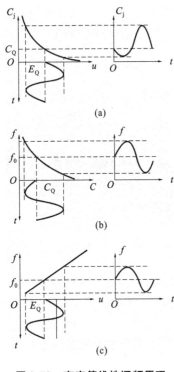

图 9-72 变容管线性调频原理

(a)变容特性曲线(时变电容);

(b)振荡频率随电容变化的曲线;

(c)线性调频特性曲线

图中,$C = P_3^2 C_3 + C_4$,$C_j' = P_j^2 C_j$,因而振荡器的振荡角频率

$$\omega = \frac{1}{\sqrt{L(C + C_j')}} = \frac{1}{\sqrt{L(P_3^2 C_3 + C_4 + P_j^2 C_j)}}$$

在进行调频时,C_j 将随调制信号 V_Ω 而变,因而 ω 也将随之而变。图 9-72 画出了 V_Ω 引起 ω 变化的工作过程。

当 V_Ω 按余弦规律变化时,C_j 也在 C_Q 基础上作相应变化,通过 ωC_j 曲线,可求得 ω 作相应变化的曲线。可以证明在工作点附近的区域内,ω 和 V_Ω 呈线性关系,因而 ω 也按余弦规律变化,即 $\omega(t) = \omega_c + k_f U_{\Omega m} \cos\Omega t$,实现了线性调频。当 $V_{\Omega m}$ 很大时,ω 与 V_Ω 就不能保持线性关系,一般 $V_{\Omega m}$ 不能过大,m_f 为 1～2,带宽在 20kHz 左右。变容二极管不能出现正向导通,否则,它的正向内阻很小,将使回路 Q 值大大降低,影响振荡器的稳定。

根据上面的分析,可以画出 Δf-U_Ω 关系曲线,如图 9-73 所示,即调制特性。当 U_Ω 较小时近似为线性调频。

曲线斜率表示调制电压对振荡频率的控制能力,叫作调频灵敏度。显然调频灵敏度越高越好。

变容二极管调频法的主要缺点是中心频率不稳。这一方面是因为振荡器本身是 LC 振荡器,稳定度不高,另一方面是因为变容二极管的 C_j 受外界的影响比较大。

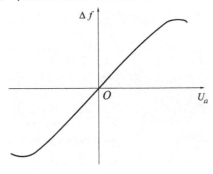

图 9-73 调制特性曲线

五、实验电路

1. 变容二极管调频器实验电路

变容二极管调频器实验电路如图 9-74 所示。图中,4Q1 本身为电容三点式振荡器,它与 4D1(变容二极管)一起组成了直接调频器。4Q2 为放大器,4Q3 为射极跟随器。4W1 用来调节变容二极管偏压,4W2 用来调整输出幅度。

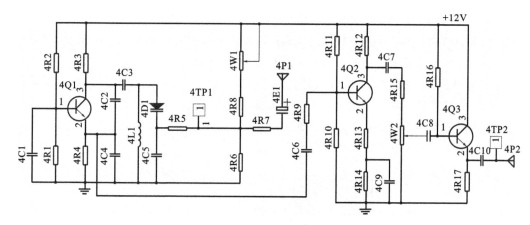

图 9-74　变容二极管调频器实验电路

2.变容二极管调频器工作分析

由图 9-74 可见,加到变容二极管上的直流偏置就是＋12V 经由 4W1、4R8 和 4R6 分压后,从 4R6 得到的电压,因而调节 4W1 即可调整偏压。由图可见,该调频器本质上是一个电容三点式振荡器(共基接法),由于电容 4C5 对高频短路,因此变容二极管实际上与 4L1 并联。调整电位器 4W1,可改变变容二极管的偏压,也改变变容二极管的容量,从而改变其振荡频率。因此变容二极管起着可变电容的作用。

图中 4P1 为音频信号(调制信号)输入口,音频信号通过 4E1、4R7、4R5 加到变容管 4D1 的负端,对输入音频信号而言,4C5 开路,因此音频信号可加到变容二极管两端。当变容二极管加有音频信号时,其等效电容按音频规律变化,因而振荡频率也按音频规律变化,从而达到调频的目的。

六、实验内容及步骤

1.实验准备

插装好变容管调频与相位鉴频模块,接通实验箱电源,模块上电源指示灯和运行指示灯闪亮。

用鼠标点击显示屏,选择"实验项目"中的"高频原理实验",然后选择"变容二极管调频实验",显示屏上会显示出变容二极管调频原理实验图,图中各可调电位器可通过鼠标来调节。

2.静态调制特性测量

输入端先不接音频信号,将示波器接到调频器单元的输出 4TP2。将频率计接到调频输出(4P2),用万用表测量 4TP1 点电位值,按表 9-11 所给的电压值调节电位器 4W1,使 4TP1 点电位在 1～6.3V 范围内变化,并把相应的频率值填入表 9-11。

表 9-11 　　　　　　　　　　　　　　　　**静态调制特性测量**

V_Ω/V	1.0	1.5	2.0	2.5	3.0	3.5	4.0	4.5	5.0	5.5	6.0	6.3
f_0/MHz												

3.动态调制特性测量

①调整 4W1 使变容二极管调频器输出频率 f_0 在 6.3MHz 左右。

②以实验箱上的低频信号源作为音频调制信号,输出频率 $f=2\text{kHz}$、峰-峰值 $V_{\text{P-P}}=1\text{V}$(用示波器监测)的正弦波。

③把实验箱上的低频信号源输出的音频调制信号加到调频器单元的音频输入端 4P1,便可在调频器单元的输出端 4TP2 端上观察到 FM 波。

用示波器观察到的调频波波形如图 9-75 所示。

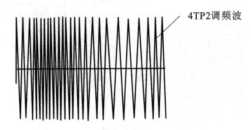

图 9-75 4TP2 端输出的调频波波形

④把调频器单元的调频输出端 4P2 连接到鉴频器单元的输入端(4P3),并将鉴频器单元的 4K1 拨向斜率鉴频,便可在鉴频器单元的输出端 4TP5 上观察到解调后的音频信号。如果没有波形或波形不好,应调整调频单元的 4W1 和鉴频单元的 4W4。

⑤将示波器 CH1 接调制信号源 4P1,CH2 接鉴频输出 4TP5,比较两个波形有何不同。改变调制信号源的幅度,观测鉴频器解调输出有何变化;调整调制信号源的频率,观测鉴频器输出波形的变化。

七、实验报告要求

(1)根据实验数据,在坐标纸上画出静态调制特性曲线,说明曲线斜率受哪些因素影响。

(2)说明 4W1 对于调频器工作的影响。

(3)总结由本实验获得的体会。

实验 9 鉴频器实验

一、实验目的

(1)了解调频波产生和解调的全过程以及整机调试方法,建立调频系统的初步概念;

(2)了解斜率鉴频与相位鉴频器的工作原理;

(3)熟悉初级回路电容、次级回路电容、耦合电容对电容耦合回路相位鉴频器工作的影响。

二、实验仪器及器材

(1)低频信号源;

(2)高频信号源;

(3)晶体管毫伏表;

(4)频率计;

(5)扫频仪。

三、预习要求

(1)复习斜率鉴频器和相位鉴频器的工作原理。

(2)掌握斜率鉴频方法和相位鉴频方法。

(3)了解鉴频器的鉴频特性。

四、实验原理

1.调频波解调的方法

从调频波中取出原来的调制信号,称为频率检波,又称鉴频。完成鉴频功能的电路称为鉴频器。

在调频波中,调制信号包含在高频振荡频率的变化量中,所以调频波的解调任务就是使鉴频器输出信号与输入调频波的瞬时频移呈线性关系。

鉴频器实际上包含两个部分,第一部分是借助谐振电路将等幅的调频波转换成幅度随瞬时频率变化而变化的调幅调频波,第二部分是用二极管检波器进行幅度检波,以还原出调制信号。

由于信号的最后检出还是利用高频振幅的变化,这就要求输入的调频波本身"干净",不带有寄生调幅。否则,这些寄生调幅将混在转换后的调幅调频波中,使最后检出的信号受到干扰。为此,输入到鉴频器的信号要经过限幅,使其幅度恒定。

因此,调频波的检波主要包含限幅器和鉴频器两个环节,可用图 9-76(a)所示的方框图表示。其对应各点的波形如图 9-76(b)所示。

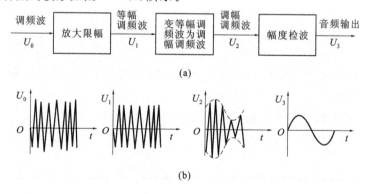

(a)

(b)

图 9-76　调频波的检波

有的鉴频器(如比例鉴频器),本身具有限幅作用,则可以省掉限幅器。

鉴频器的类型有很多,根据它们的工作原理,可分为斜率鉴频器、相位鉴频器、比例鉴频器和脉冲计数式鉴频器。下面只介绍斜率鉴频器。

斜率鉴频器由失谐单谐振回路和二极管包络检波器组成,如图 9-77 所示。其谐振回路的谐振频率比调频波的载波频率高或低一些,形成一定的失谐。这种鉴频器是利用并联LC回路幅频特性的倾斜部分将调频波变换成调幅调频波的。

在实际调整时,为了获得线性的鉴频特性曲线,使输入调频波的中心频率总是处于谐振特性曲线中接近线性段的中点,如图9-78中的M(或M')点。这样,谐振电路电压幅度的变化将与频率呈线性关系,使调频波转换成调幅调频波。再通过二极管对调幅波进行检波,便可得到调制信号U_Ω。

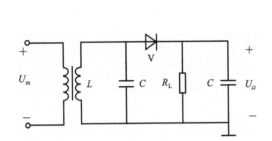

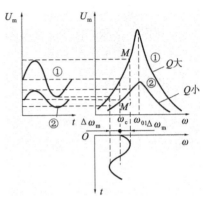

图 9-77　斜率鉴频器电路　　　　图 9-78　斜率鉴频器的工作原理

斜率鉴频器的性能在很大程度上取决于谐振电路的品质因数Q。图9-78上画出了两种不同Q值的曲线。由图9-78可见,如果Q值低,则谐振曲线倾斜部分的线性较好,将调频波转换为调幅调频波的过程中失真小。但是,转换后的调幅调频波幅度变化小,对于一定频移而言,所检得的低频电压也小,即鉴频灵敏度低。反之,如果Q值高,则鉴频灵敏度高,但谐振曲线的线性范围变窄。当调频波的频率偏大时,失真较大。图9-78中曲线①和②为上述两种情况的对比。

应该指出,该电路的线性范围与灵敏度都是不理想的。所以斜率鉴频器一般用于质量要求不高的简易接收机中。

2.调频制和调幅制的比较

和调幅制相比,调频制有许多优点。

(1)当调频指数m_f较大(如$m_f>3$)时,调频制的抗干扰及噪声性能比调幅制强得多。

(2)调频制的解调信号音质比调幅制好得多。

调频制的缺点是信号频带较宽,因此只适合超短波波段。

五、实验电路

图9-79所示为斜率鉴频与相位鉴频器实验电路。图中,4K1开关打向"1"和"4"时电路为斜率鉴频器。4Q4用来对FM波进行放大,4L4和4C19组成的回路为频率振幅转换网络,其中心频率为6.3MHz左右。4D7为包络检波二极管。

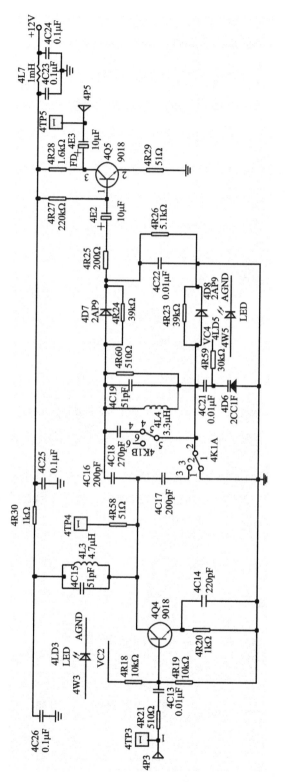

图 9-79　斜率鉴频与相位鉴频器实验电路

当开关 4K1 拨向"3"和"6"时电路为相位鉴频器,相位鉴频器由频相转换电路和鉴相器两部分组成。即它有两个谐振回路,初级回路由 4C15 和 4L3 组成,次级回路由 4L4 和变容管 4C19 组成。初级回路和次级回路都调谐在中心频率 6.3MHz 上。初级回路电压 U_1 直接加到次级回路中的串联电容 4C16、4C17 的中心点上,作为鉴相器的参考电压;同时,U_1 又经变容管 4LD5、4D6 组成的电容耦合到次级回路,作为鉴相器的输入电压,即加在 4L4 两端。鉴相器采用两个并联二极管检波电路。检波后的低频信号经 RC 滤波器输出。

图 9-79 中 4W5 用来调整耦合电容的大小。4Q5 用来对检波后的信号进行放大。4P3 为鉴频输入口,4P5 为鉴频输出口,4TP5 为输出测量点。4TP4 为调频信号放大测量点,4P6 为实验箱扫频仪信号输入接口。如果使用外加扫频仪,扫频仪的输入信号接 4P5,不可接 4P6,否则曲线可能反相。

六、实验内容及步骤

1.实验准备

插装好变容管调频和相位鉴频模块,接通实验箱电源,模块上电源指示灯和运行指示灯闪亮。

用鼠标点击显示屏,选择"实验项目"中的"高频原理实验",然后选择"鉴频器实验"中的"鉴频器",显示屏会显示鉴频器原理实验图,图中的可调电位器均可利用鼠标来调整。

2.相位鉴频实验

(1)该实验调频波由实验 8 变容二极管调频器产生。以实验 8 中的方法产生 FM 波,即音频调制信号频率为 1kHz,$V_{P-P}=1V$,加到 4P1 音频输入端,并将调频输出中心频率调至 6.3MHz 左右,然后将其输出 4P2 连接到鉴频单元的输入端 4P3。将鉴频器单元开关 4K1 拨向相位鉴频。

用示波器观察鉴频输出(4P5)波形,此时可观察到频率为 1kHz 的正弦波。如果没有波形或波形不好,应调整 4W1、4W3 和 4W5。建议采用示波器作双线观察:CH1 接调频器输入端 4P1,CH2 接鉴频器输出端 4P5,并作比较,如图 9-80 所示。

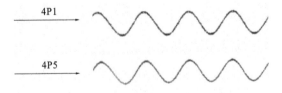

图 9-80 调频器输入与鉴频器输出比较

(2)若改变调制信号幅度,则鉴频器输出信号幅度亦会随之变大,但信号幅度过大时,输出将会出现失真。

(3)改变调制信号的频率,鉴频器输出频率应随之变化。将调制信号改成三角波和方波,再观察鉴频输出。

3.斜率鉴频实验

(1)将鉴频单元开关 4K1 拨向斜率鉴频。

(2)信号连接和测试方法与相位鉴频完全相同,但音频调制信号幅度应增大到 $V_{P-P}=2V$。

4.用扫频仪测量鉴频特性曲线

在显示屏上用鼠标点击选择"扫频仪",将显示屏下方的高频信号源(此时为扫频信号源)与鉴频输入 4P3 相连,显示屏下方的"扫频"输入与鉴频器输出 4P6 相连。此时显示屏上会显示出鉴频特性曲线,分别测出相位鉴频和斜率鉴频特性曲线,如图 9-81 所示。如果特性曲线不理想,应调整 4W3(注意按动 4SS1 编码器使 4W3 指示灯亮,然后调整),使鉴频特性曲线为最佳状态。

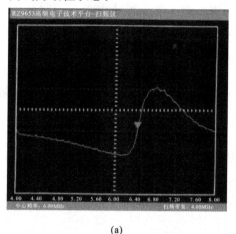
(a)

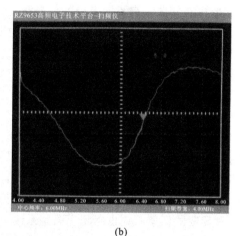
(b)

图 9-81　鉴频特性曲线
(a)相位鉴频特性曲线;(b)斜率鉴频特性曲线

七、实 验 报 告 要 求

(1)画出调频-鉴频系统正常工作时的调频器输入、输出波形和鉴频器输入、输出波形。
(2)总结由本实验获得的体会。

实验 10　自动增益控制实验

一、实 验 目 的

(1)了解自动增益控制(AGC)的作用;
(2)掌握自动增益控制(AGC)的工作原理。

二、实 验 仪 器 及 器 材

(1)低频信号源;
(2)高频信号源;
(3)晶体管毫伏表;
(4)频率计;
(5)扫频仪。

三、预习要求

(1)复习自动增益控制(AGC)的工作原理;

(2)掌握自动增益控制(AGC)电路的构成;

(3)了解自动增益控制方式。

四、实验原理

接收机在接收来自不同电台的信号时,由于各电台的功率不同,与接收机的距离又远近不一,所以接收的信号强度变化范围很大。如果接收机增益不能控制,一方面,在接收弱信号时不能保证接收机输出适当的声音强度;另一方面,在接收强信号时易引起晶体管过载,即产生大信号阻塞,甚至损坏晶体管或终端设备。因此,接收机需要有增益控制设备。常用的增益控制设备有人工和自动两种,本实验采用自动增益控制设备。自动增益控制电路简称 AGC 电路。

为实现自动增益控制,首先要有一个随外来信号强度变化的电压,然后用这一电压去改变被控制级增益。这一控制电压可以从二极管检波器中获得,因为检波器输出中,包含直流成分,并且其大小与输入信号的载波大小成正比,而载波的大小代表了信号的强弱,所以在检波器之后接一个 RC 低通滤波器,就可获得直流成分。自动增益控制的原理如图 9-82 所示,这种反馈式调整系统也称闭环调整系统。

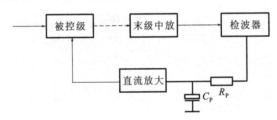

图 9-82　自动增益控制原理图

自动增益控制方式有很多种,一般常用以下三种:①改变被控级晶体管的工作状态;②改变晶体管的负载参数;③改变级间回路的衰减量。本实验采用第一种方式。

五、实验电路

自动增益控制电路如图 9-83 所示,其由滤波和直流放大电路组成。

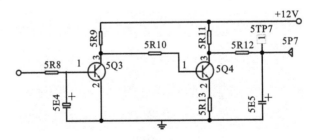

图 9-83　自动增益控制电路图

图 9-83 中 5R8、5E4 和 5R12、5E5 为 RC 滤波电路。5Q3、5Q4 为直流放大器。当采用 AGC 时,5P7 应与中频放大器中的 5P2 相连,这样就构成了一个闭合系统。

自动增益控制的过程:当信号增大时,中频放大器输出幅度增大,使得检波器直流分量增大,自动增益控制(AGC)电路输出端 5P7 的直流电压增大。该控制电压加到中频放大器第一级的发射极 5P2,使得该级增益减小,这样就使输出电压基本保持稳定。

六、实验内容及步骤

1.实验准备

插装好中放 AGC 与二极管检波模块,接通实验箱电源,模块上电源指示灯和运行指示灯闪亮。

2.控制电压的测试

高频信号源设置频率为 2.5MHz,其输出与中放的输入(5P1)相连,中放输出与二极管检波器输入相连(5P5 与 5P6 相连)。

用万用表直流电压挡或示波器直流位测试 AGC 的控制电压输出(5P7),改变高频信号源的输出幅度,观察 AGC 控制电压的变化。可以看到当高频信号源幅度增大时,AGC 控制电压也增大。

3.不接 AGC 时,输出信号的测试

上述步骤 2 的状态因为 AGC 输出没有与中放相连,即没有构成闭环,所以 AGC 没有起到控制作用。在上述状态中,用示波器测试中放输出(5P5)或检波器输入(5P6)波形,可以看出,当增大高频信号源输出幅度时,中放输出随之增大。

4.接通 AGC 时,输出信号的测试

在步骤 2 的状态下,再将 AGC 模块输出 5P7 与中放 5P2 相连,这样就构成了闭环,即 AGC 开始起作用。用示波器测试中放输出(5P5)或检波器输入(5P6)波形。可以看出,当增大高频信号源输出幅度时(小于 100mV),中放输出也随之增大;当高频信号源幅度继续增大时,中放输出幅度增加不明显。这说明 AGC 起到了控制作用。

七、实验报告要求

(1)在实验中测得的中放输入信号幅度为多大时,AGC 开始起控制作用。
(2)说明 AGC 电路中 RC 滤波器的作用。
(3)归纳总结 AGC 的控制过程。

实验 11　调幅发射与接收系统实验

一、实验目的

(1)掌握模拟通信系统中调幅发射机与调幅接收机的组成原理,建立调幅通信系统概念;
(2)掌握调幅收发系统联调的方法,培养解决实际问题的能力。

二、实验仪器及器材

(1)低频信号源;

(2)高频信号源;

(3)晶体管毫伏表;

(4)频率计;

(5)扫频仪。

三、预习要求

(1)复习无线电收发系统的组成及各部分的作用;

(2)掌握无线电发射设备和接收设备的工作原理;

(3)掌握振幅调制与检波在无线电发射设备和接收设备中的作用。

四、实验原理

1.无线电通信系统的组成

无线电通信的主要特点是利用电磁波在空间中的传播来传递信息,例如,将一个地方的语言消息传送到另一个地方。这个任务是由无线电发射设备、无线电接收设备和发射天线、接收天线等来完成的。这些设备和传播的空间,就构成了通常所说的无线电通信系统,图 9-84 所示是传送语言消息的无线电系统组成图。

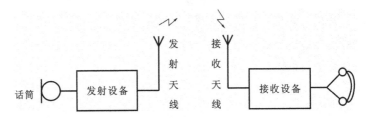

图 9-84 传送语言消息的无线电系统组成图

发射设备是无线电系统的重要组成部分,它是将电信号变换为适于空间传播的信号的一种装置。它首先要产生频率较高并且具有一定功率的振荡,因为只有频率较高的振荡才能被天线有效地辐射;还需要一定的功率才可能在空间中建立一定强度的电磁场,并将其传播到较远的地方去。高频功率的产生通常是利用电子管或晶体管,把直流能量转换为高频能量,这是由高频振荡器和高频功率放大器完成的。

通常通过转换设备(如话筒)把消息转变成电信号,这种电信号的频率都比较低,不适于直接从天线上辐射。因此,为了传递消息,就要使高频振荡的某一个参数随着上述电信号而变化,这个过程叫作调制。在无线电发射设备中,消息是"寄载"在载波上而传送出去的。

接收设备的功能和发射设备相反,它是将经信道传播后接收到的信号恢复成与发送设备输入信号相一致的信号的一种装置。

将接收天线架设在上述电磁波传播所能到达的地方,通过电磁感应就能在接收天线上得到高频信号的感应电动势,然后将它加到接收设备的输入端。由于接收天线同时处在其他电台所辐射的电磁场中,因此接收设备的首要任务是从所有信号中选择出需要的信号,而抑制不需要的信号。接收设备另一个任务是将天线上接收到的微弱信号放大,放大到所需要的程度。接收设备的最后一个任务是把被放大的高频信号还原为原来的调制信号,例如,将其通过扬声器(喇叭)或耳机还原成原来的声音信号(语言或音乐)。

2.调幅发射机的组成

图 9-85 所示为调幅发信机原理方框图。在这个图中,发信机由主振器、幅度调制器、中间放大器、功率放大器和调制器组成,电源部分在图上没有画出来。

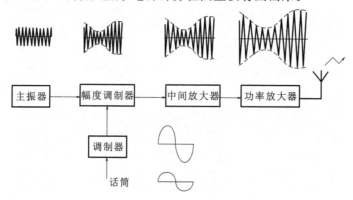

图 9-85　调幅发信机原理方框图

主振器用来产生最初的高频振荡,通常振荡功率是很小的,由于整个发信机的频率稳定度由它决定,因此要求它具有准确而稳定的频率。幅度调制器用来产生调幅波,即将调制信号调制到高频振荡频率上。中间放大器的作用是将幅度调制器输出的功率放大到功率放大器输入端所要求的大小。功率放大器是发信机的最后一级,它的主要作用是在激励信号的频率上,产生足够大的功率并将其送到天线上去,同时滤除不需要的频率(高次谐波),以免对其他电台造成干扰。调制器实际上就是低频放大器,它的作用是将话音或低频信号放大,供给幅度调制器进行调制所需的电压和功率。

图 9-85 中各处的信号波形反映了上述各部分的工作过程。

3.调幅接收机的组成

无线电信号的接收过程与发射过程相反,为了提高灵敏度和选择性,无线电接收设备目前都采用超外差式调幅接收机,其原理方框图如图 9-86 所示。

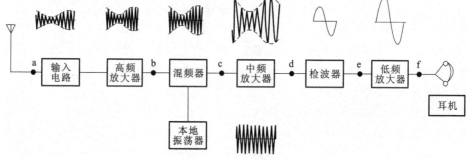

图 9-86　超外差式调幅接收机原理方框图

超外差接收机各级的作用和工作原理如下：

由耦合谐振回路构成的输入电路，依靠输入电路的选择性能把住接收机的"大门"，当各式各样的电磁波"敲"着接收机的大门时，接收机只选出它所需要的那一种电磁波，让它进来，而其他电磁波都被拒之门外，所以输入电路主要完成选择信号和传输信号的任务。

被输入电路选出的有用信号，馈送到高频放大器的输入端。高频放大器是由器件和谐振回路组成的，器件（如晶体管或电子管）具有放大信号的能力，而谐振回路具有进一步选择信号的能力，所以高频放大器同时担负着选择和放大信号的双重任务。

经过高频放大器放大了的信号，馈送给混频器，同时由一个专门设置的本机振荡器将高频能量馈送给混频器。按照需要，使信号频率始终和本机振荡器的频率相差一个固定的差值——中频，则经过混频器的非线性作用后就可产生一个新频率——中频。本来，高频放大器是波段工作的，例如，1.5～30MHz范围的不同频率经过混频器的频率变换之后就会变成频率固定不变且较低的中频频率，如465kHz。频率低而且固定，不仅能使谐振回路的选择性能变好，而且能使其放大能力大大提高，所以超外差接收机的性能很好。

中频放大器也叫频带放大器，它是由器件和耦合谐振电路共同组成的。它对接收机的主要性能起着很重要的作用。到此为止，接收机基本完成了对信号的选择作用。但是所收信号还是一些已调制的中频振荡信号，必须把"载"在中频振荡上面的反映原调制的音频成分取出来，并滤除中频载波成分，这个任务是由检波器来完成的。

最后，将检波器输出的音频信号放大，直到达到足够的输出功率以推动耳机或扬声器发出声音为止。

图9-86中各点的信号波形也反映了各部分的工作过程。

五、实 验 电 路

图9-87所示是调幅发射机联试实验连接图。

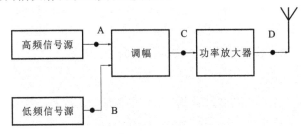

图9-87　调幅发射机联试实验连接图

图9-87中高频信号源相当于图9-85中的主振器，低频信号源相当于调制器，图9-85中的中间放大器，相当于功率模块中的第一级放大器，高频信号源的频率按功率放大器模块上标注的频率设置，作为发射机的载波。低频信号源可设置为1kHz，或音乐信号。经调幅后送入功率放大器，经功率放大器放大后通过天线发射出去。

图9-88所示是调幅接收机联试实验连接图。

图9-88中谐振放大器采用无线接收与小信号放大器模块，混频器采用晶体三极管混频器混频，LC振荡器可以用晶体振荡器，也可以用LC振荡器，但频率要调到8.8MHz。检波器、低频放大器和AGC在同一模块上，即中频放大器AGC与二极管检波模块。

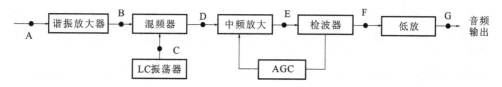

图 9-88 调幅接收机联试实验连接图

在做该实验时,我们先不用发射机发出的信号,而直接将集成乘法器幅度调制电路产生的调幅波送到谐振放大器输入端,将幅度调制模块上的载波频率设置为 6.3MHz,音频信号设置为 1kHz 的正弦波。输出的调幅波幅度为 100mV 左右。调幅波经谐振放大器放大后送入混频器,经混频输出 2.5MHz 的调幅波送入中放,中频放大后经检波得到与高频信号源中调制信号相一致的低频信号,将该低频信号送入底板上喇叭的输入端即可在扬声器中听到声音。

六、实验内容及步骤

1.调幅发射机联试实验

(1)按图 9-87 所示连接图插好所需模块,用铆孔线将各模块输入、输出连接好,接通各模块电源;

(2)将高频信号源频率设置为 6.3MHz,低频信号源频率设置为 1kHz;

(3)用示波器测试各模块输入、输出波形,并调整各模块可调元件,使输出达最佳状态;

(4)改变高频信号源输出幅度和低频信号源输出幅度,观看各测量波形的变化。

2.调幅接收机联试实验

(1)按图 9-88 连线,插好所需模块,用铆孔线将各模块输入、输出连接好,接通各模块电源。

(2)将幅度调制电路的载频设置为 6.3MHz,音频设置为 1kHz 正弦波,调幅波的幅度调整为 100mV 左右。

(3)LC 振荡器的频率设置为 8.8MHz。

(4)用示波器测试各模块输入、输出波形,并调整各模块可调元件,使输出达到最佳状态。

3.调幅发射与接收完整系统的联调

(1)收发系统各模块连接方案一。

图 9-89 所示为收发系统连接方案一。

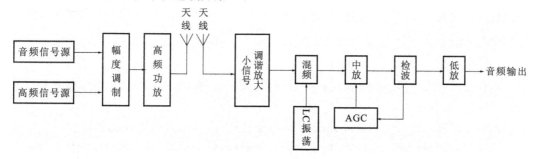

图 9-89 收发系统连接方案一

该方案为无线收发系统,收、发各为一个实验箱,相距 2m 左右。该实验在上述发射机和接收机调好的基础上进行,其连接与调整和上述步骤基本相同。所不同的是,接收机接收的信号为发射机发出的信号。

发射机:高频信号源作为载波,其频率被设置为 6.3MHz。音频信号源可以是语音,可以是音乐,也可以是固定的单音频。高频信号与音频信号经幅度调制后变为调幅波,然后送往高频功放(注意高频功放模块 3K2 跳线器要插上),经高频功放放大后,通过天线发射出去。

接收机:天线上接收到发方发出的信号,然后将其送往小信号调谐放大器(调谐回路谐振放大器模块),小信号调谐放大器的频率应与发方的频率一致,接收到的信号经放大后送往混频器,混频器采用晶体三极管混频,送往混频器的本振信号可以用 LC 振荡器,也可以采用晶体振荡器,其频率设置为 8.8MHz。经混频后输出约 2.5MHz 的调幅波。中放即中频放大器,其谐振频率为 2.5MHz。图 9-89 中检波、低放、AGC 为同一模块,即中放 AGC 与二极管检波模块。AGC 可接也可不接,需要时用连接线与中放(5P2)相连。接收机经检波后输出与发端音频信号源相一致的波形,低放输出的信号送往底板喇叭输入端,通过该部分的扬声器发出声音。

(2)收发系统各模块连接方案二。

图 9-90 所示为收发系统连接方案二。

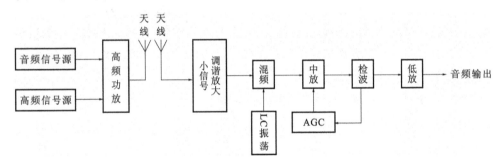

图 9-90　收发系统连接方案二

该方案同样为无线收发系统,但可在一个实验箱上进行,它与方案一基本相同,不同的是发射部分。高频信号源与音频信号源送入高频功放后,在高频功放上直接进行调幅,放大后通过天线发射出去。高频信号源的频率同样为 6.3MHz,音频信号源首先选择单音频正弦波(如 1kHz),待功放调整好后再选择音乐信号或语音信号。在调试时,需要改变高频信号源和音频信号源幅度,使高频功放获得较大的发射功率(注意高频功放模块上 3K2 跳线器要拔掉,使功放工作于丙类状态)和较好的输出波形(不失真)。接收部分与方案一完全相同,不再赘述。

4.调幅发射与接收完整系统的联调步骤

(1)按以上方案连接图插好所需模块,用铆孔线将各模块输入、输出连接好,接通各模块电源;

(2)将发方高频信号频率设置为 6.3MHz,低频信号源设置为 1kHz 正弦波;

(3)用示波器测试各模块输入、输出波形,并调整各模块可调元件,微调高频信号源的频率及幅度,使输出达最佳状态。

七、实验报告要求

(1)画出图 9-87 中 A、B、C、D 各点波形;

(2)画出图 9-88 中 A、B、C、D、E、F、G 各点波形;

(3)画出无线收发系统方案中各方框输入、输出波形,并标明其频率。

(4)记录实验数据,进行分析并写出实验心得体会。

实验 12　调频发射与接收系统实验

一、实验目的

(1)在调幅发射与调幅接收系统实验的基础上,掌握调频发射与调频接收系统的组成原理,建立调频通信系统的概念;

(2)掌握调频收发系统的联调方法,培养解决实际问题的能力。

二、实验仪器及器材

(1)低频信号源;

(2)高频信号源;

(3)晶体管毫伏表;

(4)频率计;

(5)扫频仪。

三、预习要求

(1)复习无线电收发系统的组成及各部分的作用;

(2)掌握无线电发射设备和接收设备的工作原理;

(3)掌握频率调制与鉴频在无线电发射设备和接收设备中的作用。

四、实验原理

图 9-91 所示为简易的调频无线收发系统。该收发系统可在一个实验箱上进行,也可在两个实验箱上进行。在两个实验箱上进行时,一方为发射,一方为接收,但距离应在 2m 以内。

图 9-91 中的音频信号源可由实验箱底板上的低频信号源提供,音频信号可以是语音,可以是音乐信号,也可以是函数发生器产生的低频信号。音频信号源输出的信号通过变容二极管调频器进行调频。变容二极管调频器的载频调至 6.3MHz 左右(调整变容二极管调频器实验电路图 9-74 中的 4W1)。高频功放即为高频功率放大与发射实验模块,其谐振频率约为 6.3MHz。变容二极管调频器输出的调频信号送入高频功率放大器,放大后通过天线发射出去。接收端的小信号调谐放大器采用无线接收与小信号模块,其谐振频率为

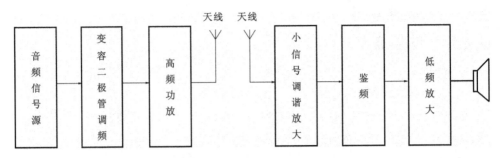

图 9-91　调频无线收发系统

6.3MHz 左右。收到的信号经调谐放大器放大后,直接送往鉴频器进行鉴频,鉴频器采用斜率鉴频或相位鉴频,经鉴频后得到与发端相一致的音频信号,然后送到底板喇叭输入端,最后通过扬声器发出声音。

五、实 验 电 路

按图 9-91 将各模块连接起来(不再赘述)。

六、实 验 内 容 及 步 骤

完成调频发射与调频接收机的整机联调。

(1)按图 9-91 所示插好所需模块,用铆孔线将各模块输入、输出连接好,接通各模块电源。

(2)将变容二极管调频器的载频调到 6.3MHz 左右,低频信号源设置为 1kHz 正弦波(也可设置为音乐信号)。

(3)将高频功率放大,无线发射模块中的开关 3K3 拨向左侧,3K4 与天线接通,并将天线拉好。

(4)将无线接收与小信号放大模块天线拉好,将斜率鉴频与相位鉴频模块中的开关 4K1 拨向相位鉴频或斜率鉴频。

(5)此时扬声器中应能听到音频信号的声音,如果听不到声音或者信号失真,可微调变容二极管调频器的频率,并调整调谐回路谐振放大器和鉴频器的电位器。

(6)用示波器测试各模块输入、输出波形,并调整各模块可调元件,使输出达最佳状态。

七、实 验 报 告 要 求

(1)画出图 9-91 中各方框的输入、输出波形,并标明其频率。

(2)记录实验数据,作出分析并写出实验心得体会。

第 6 篇　电路与电子技术仿真实验

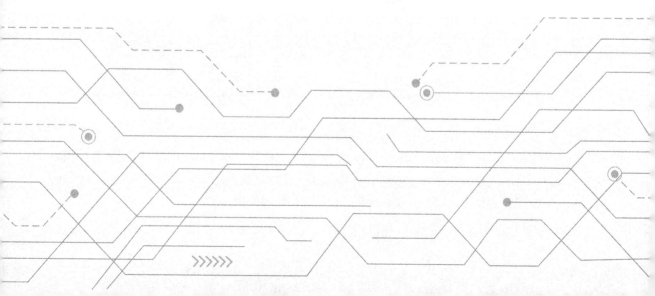

第 10 章　NI Multisim 简介

NI Multisim 是美国国家仪器有限公司推出的以 Windows 为基础的仿真工具,适用于板级的模拟/数字电路板的设计工作。它包含了电路原理图的图形输入、电路硬件描述语言输入方式,具有丰富的仿真分析能力。NI Multisim 计算机仿真与虚拟仪器技术可以很好地解决理论教学与实际动手实验相脱节这一问题。理论教学后,学生可以很方便地把刚刚学到的理论知识用计算机仿真真实地再现出来,并且可以用虚拟仪器技术创造真正属于自己的仪表。NI Multisim 软件已逐渐成为电子学教学的首选软件工具。

2015 年,NI Multisim 14.0 发布,它进一步增强了强大的仿真功能。新增的功能包括全新的参数分析、与新嵌入式硬件的集成以及通过用户可定义的模板简化设计,而且 NI Multisim 标准服务项目(SSP)客户还可参加在线自学培训课程。目前,NI Multisim 的国内最新版本为 NI Multisim 14.2。

第 1 节　NI Multisim 14.2 安装

NI Multisim 14.2 原版软件为英文版,可安装汉化补丁包进行操作界面汉化,但软件内核、主要器件仍用英文表述,文件命名、目录结构等依然推荐英文、字母、数字和常用符号组合。为保持与软件的一致性,本书仍以英文版软件为例进行说明,并提供常用元件、器件的中英文对照。

目前,市面上的主流计算机软硬件完全可以满足 NI Multisim 14.2 的运行需求,如表 10-1 所示。

表 10-1　　　　　　　　　　**NI Multisim 14.2 运行环境需求**

类别	最低需求	推荐需求
处理器	单核 3.0GHz	多核 Intel 或等效 AMD
内存	4GB	8GB 或以上
可用硬盘空间	2GB	8GB 或以上
显卡	主板集成	独显,16MB 以上显存
操作系统	Windows 7 SP1	Windows 10/Windows 8.1

NI Multisim 14.2 的安装与一般的 Windows 软件安装基本相同,下面简要介绍在 Windows 10 操作系统中安装 NI Multisim 14.2 软件的基本过程。

将安装光盘放入光驱,安装程序自动运行,如图 10-1 所示。

图 10-1　安装软件初始界面

单击"Install NI Circuit Design Suite 14.2",开始安装程序,如图 10-2 所示。如果光盘未自动运行,在光盘中双击运行"install.exe",开始安装程序。

图 10-2　安装选择与许可协议

接受许可协议后,进行安装、运行环境检查,如图 10-3 所示。

部分早期版本的操作系统可能会需要安装部分.NET 补丁,自动运行安装后单击"下一步",开始运行安装程序,如图 10-4 所示。

正在安装
选择
同意
检查
执行
请核对以下摘要信息，然后继续。
▼ 安装
Circuit Design Suite 14.2.0
LabVIEW运行引擎（32位） 2017 SP1 f3
LabVIEW运行引擎（32位） 2018 SP1 f3
LabVIEW运行引擎（32位） 2019
LabWindows/CVI共享运行引擎 2019
NI更新服务 19.0.0
NI许可证管理器 4.4.0
LabWindows/CVI .NET Library运行引擎 2019
LabWindows/CVI Analysis Library运行引擎 2019
LabWindows/CVI Network Streams Library运行引擎 2019
LabWindows/CVI Network Variable Library运行引擎 2019
LabWindows/CVI TDM Streaming Library运行引擎 2019
LabWindows/CVI基础版共享运行引擎 2019
上一步
下一步

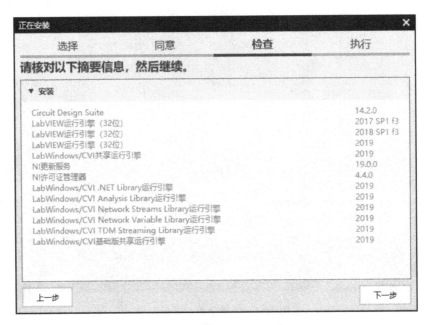

图 10-3　软件运行环境检查

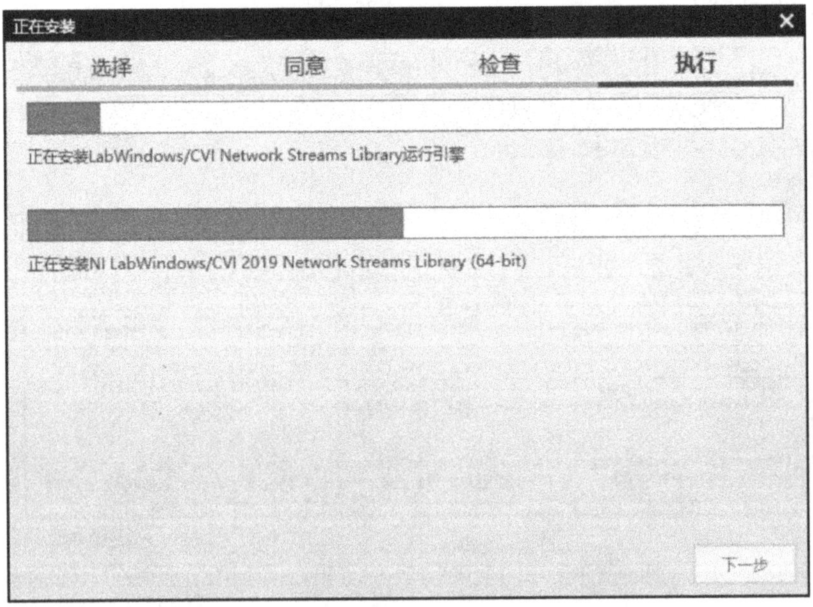

正在安装
选择
同意
检查
执行
正在安装LabWindows/CVI Network Streams Library运行引擎
正在安装NI LabWindows/CVI 2019 Network Streams Library (64-bit)
下一步

图 10-4　软件安装进度

完成安装以后，需要重启才能使用软件，如图 10-5 所示。

正常登录以后软件会显示版本号并进行初始化，如图 10-6 所示。

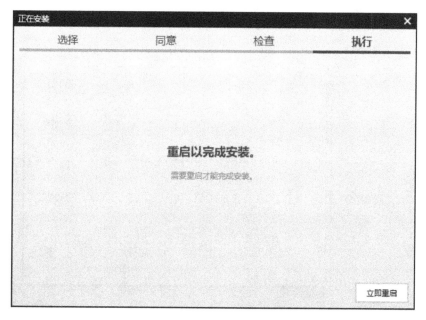

图 10-5　安装完成

图 10-6　软件启动初始化

软件首次启动界面如图 10-7 所示。

如需使用汉化包,可将汉化补丁直接复制到 string-files 文件夹,默认目录为 C:/Program Files(x86)/National Instruments/Circuit Design Suite14.2/stringfiles,界面如图 10-8 所示。

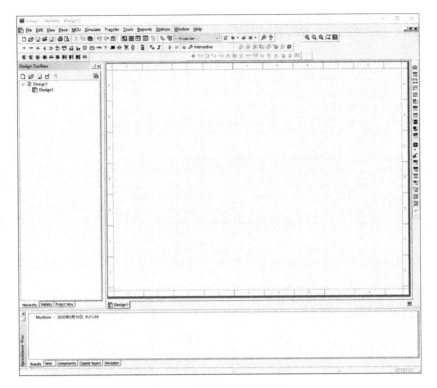

图 10-7　软件首次启动界面

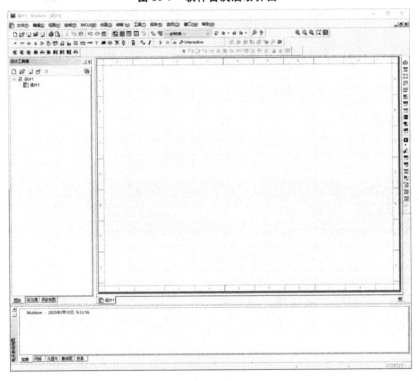

图 10-8　软件汉化版启动界面

第 2 节　NI Multisim 14.2 操作界面

启动 NI Multisim 14.2,便可进入软件主窗口。主窗口采用 Windows 应用软件界面风格,主要包括标题栏、菜单栏、工具栏、项目管理器、电路编辑窗口、仪器仪表栏、信息显示窗口等区域,如图 10-9 所示。

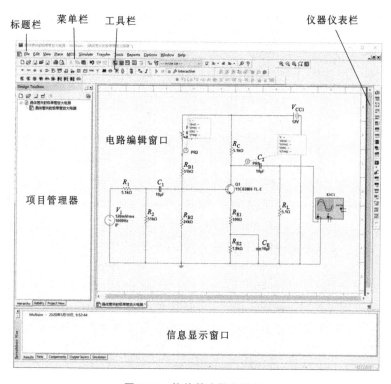

图 10-9　软件基本操作界面

1.菜单栏

NI Multisim 14.2 的菜单栏同常用的 Windows 系统软件类似,利用菜单栏可以完成软件的大部分操作,具体包括 File(文件)、Edit(编辑)、View(视图)、Place(绘制)、MCU(调试)、Simulate(仿真)、Transfer(输出)、Tools(工具)、Reports(报告)、Options(选项)、Window(窗口)和 Help(帮助)共计 12 个菜单项。每个菜单项又包括一系列命令。

(1)File(文件)菜单(如图 10-10 所示)。

"New..."：新建项目或者文件,软件首次启动,会自动新建一个名为 Design 1 的新文件。

"Open..."：打开已有文件。

"Open samples..."：打开软件自带案例。

"Close"：关闭当前文件。

"Close all"：关闭所有窗口。

"Save"：保存。

"Save as..."：另存为。

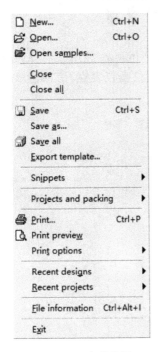

图 10-10　文件菜单

"Save all"：全部保存。

"Export template..."：导出模板。

"Snippets"：片段。

"Projects and packing"：项目与打包。

"Print..."：打印，打印常规设置。

"Print preview"：打印预览。

"Print options"：打印选项。

"Recent designs"：最近的设计文件。

"Recent projects"：最近的项目文件。

"File information"：显示版本信息。

"Exit"：退出当前软件。

文件菜单中大部分操作同常用的 Windows 系统软件操作类似，下面就 NI Multisim 14.2 特有功能进行详细说明。

"Snippets"：片段（针对某个对象或局部电路的操作），包括 4 个子菜单。"Save selection as snippet"，将所选对象保存为片段，无选择对象时不可操作；"Save active design as snippet"，将当前活动对象保存为片段；"Paste snippet"，粘贴某个片段；"Open snippet file"，打开某个片段文件。

"Projects and packing"：项目与打包，单击该菜单，会弹出如图 10-11 所示的子菜单。"New project..."：新建项目。"Open project..."：打开已有项目。"Save project"：保存当前项目。"Close project"：关闭当前项目。"Pack project..."：对当前项目进行打包。"Unpack project..."：对当前项目进行解包。"Upgrade project..."：对当前项目进行升级。"Version control"：项目版本控制。

图 10-11　项目与打包

（2）Edit（编辑）菜单（如图 10-12 所示）。

"Undo"：撤销当前操作。

"Redo"：恢复当前操作。

"Cut"：剪切。

"Copy"：复制。

"Paste"：粘贴。

"Paste special"：选择性粘贴，对子电路进行操作，包括 2 个子菜单。"Paste as subcircuit"，将复制内容粘贴为子电路；"Paste without renaming on-page connectors"，直接将复制内容粘贴为当前电路的一部分。

"Delete"：删除当前对象。

"Delete multi-page..."：删除多页。

"Select all"：全选。

"Replace"：替换。

"Find"：查找。

"Merge selected buses..."：合并所选总线。

"Graphic annotation"：图形注解，包括填充颜色、填充样式、线条颜色、线条样式和箭头类型 5 个子菜单。

"Order"：次序，包括置于顶层和置于底层 2 个子菜单。

"Assign to layer"：分配图层，包括 ERC 错误标志、仪表探针、注释和文本\图形 4 个子菜单。

"Layer settings"：图层属性设置。

"Orientation"：方向，包括水平翻转、竖直翻转、顺时针方向旋转 90°、逆时针方向旋转 90°等 4 个选项。

"Align"：对齐方式，包括 6 种对齐方式。

"Title block position"：标题框位置设置。

"Edit symbol/title block"：对所选原件/标题框进行编辑。选择某三极管元件，单击该菜单，弹出如图 10-13 所示对话框，可通过相关属性设置对元件进行个性化定制。

"Font"：字体编辑。

"Comment"：注释编辑。

"Properties"：属性编辑，默认为对电路图属性进行编辑（如图 10-14所示），当选中某个原件时，操作变更为对该原件属性进行编辑（如图 10-15 所示）。

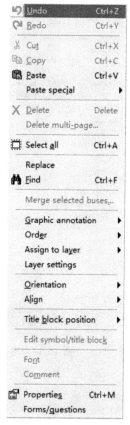

图 10-12　编辑菜单

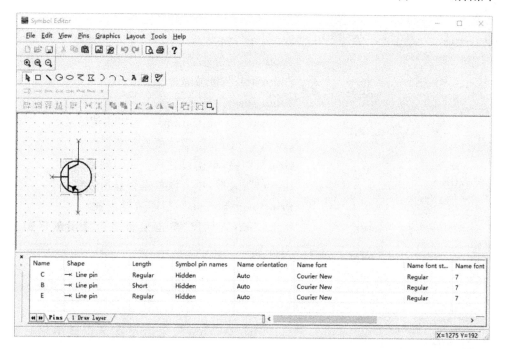

图 10-13　原件特征编辑对话框

图 10-14　电路图属性编辑

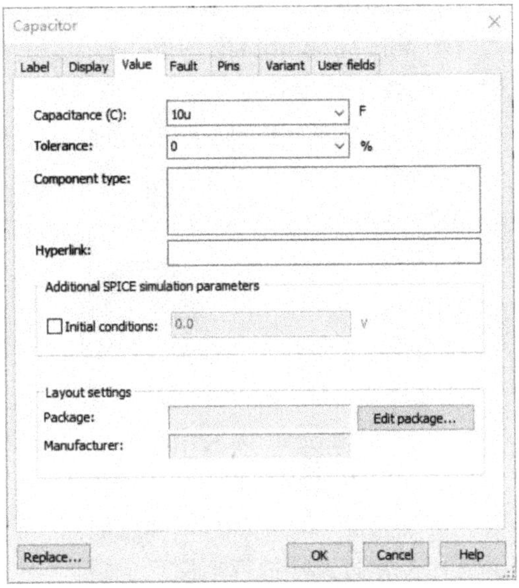

图 10-15　某原件(电容)属性编辑

"Forms/questions"：问题反馈，单击后弹出对话框，编辑相关问题描述，发送邮件地址等。

(3)View(视图)菜单(如图 10-16 所示)。

"Full screen"：全屏显示。

"Parent sheet"：返回全局视图。

"Zoom in"：放大。

"Zoom out"：缩小。

"Zoom area"：区域缩放。

"Zoom sheet"：页面缩放。

"Zoom to magnification..."：按比例缩放。

"Zoom selection"：缩放所选对象。

"Grid"：网格，单击设置是否显示网格。

"Border"：边框，单击设置是否显示边框。

"Print page bounds"：打印边界设置。

"Ruler bars"：标尺，单击设置是否显示编辑窗口的标尺。

"Status bar"：状态栏，设置是否显示状态栏。

"Design Toolbox"：项目管理器，单击设置是否显示项目管理器。

"Spreadsheet View"：单击设置是否显示信息显示窗口。

图 10-16　视图菜单

　　"SPICE Netlist Viewer"：单击设置是否显示 SPICE 网表浏览器（如图 10-17 所示）。

　　"LabVIEW Co-simulation Terminals"：单击设置是否显示 LabVIEW 协同仿真终端。

　　"Circuit Parameters"：点击设置是否显示电路参数表。

　　"Description Box"：单击设置是否显示电路描述框（在项目管理器和电路编辑窗口之间显示）。

　　"Toolbars"：设置显示工具栏选项，勾选对应工具栏则显示在软件窗口。

图 10-17　SPICE 网表浏览器

　　"Show comment/probe"：设置是否显示已选注释或者探针。

　　"Grapher"：设置是否显示仪表数据图像。

　　（4）Place（绘制）菜单（如图 10-18 所示）。

　　"Component..."：元件，单击后出现元件属性设置对话框，其功能同元件工具栏。

　　"Probe"：放置探针，其功能同探针工具栏。

　　"Junction"：绘制结点。

　　"Wire"：绘制通用导线。

　　"Bus"：绘制总线。

　　"Connectors"：绘制连接器。

　　"New hierarchical block..."：新建层电路。

　　"Hierarchical block from file..."：从已有文件中选择层电路。

　　"Replace by hierarchical block..."：用层电路替换当前电路。

　　"New subcircuit..."：绘制新的子电路。

　　"Replace by subcircuit..."：用子电路替换当前电路。

　　"Multi-page..."：多页、并行页。

　　"Bus vector connect..."：绘制矢量总线连接器。

　　"Comment"：添加注释。

　　"Text"：文本。

　　"Graphics"：图形，可以绘制不同样式的线型和图片。

　　"Circuit parameter legend"：电路参数图例。

　　"Title block..."：标题栏，对电路设计的相关参数进行标注。

　　其中，绘制连接器有多个子菜单，包括"On-page connector"（当前页面连接器）、"Global connector"（全局连接器）、"Hierarchical connector"（层次电路连接器）、"Input connector"（输入连接器）、"Output connector"（输出连接器）、"Bus hierarchical connector"（总线连接器）、"Off-page connector"（并行连接器）、"Bus off-page connector"（总线并行连接器）、"LabVIEW co-simulation terminals"（LabVIEW 协同仿真终端），如图 10-19 所示。

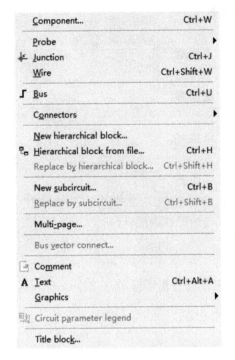

图 10-18　绘制菜单

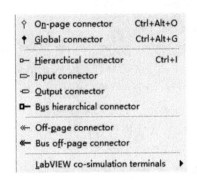

图 10-19　绘制连接器菜单

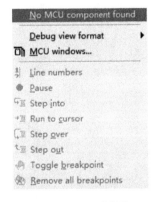

图 10-20　调试菜单

(5)MCU(调试)菜单(如图 10-20 所示)。

"No MCU component found":无 MCU 组件。当有 MCU 时,会用 MCU 型号名称及其子菜单替换该行。

"Debug view format":设置调试视图格式。

"MCU windows...":MCU 窗口。

"Line numbers":引脚标号。

"Pause":暂停。

"Step into":运行到当前步。

"Run to cursor":运行到光标。

"Step over":跳过当前步。

"Step out":跳出当前步。

"Toggle breakpoint":设置断点。

"Remove all breakpoints":取消所有断点。

(6)Simulate(仿真)菜单(如图 10-21 所示)。

"Run":运行。

"Pause":暂停。

"Stop":停止。

"Analyses and simulation":分析和仿真,可选择仿真分析方法。

"Instruments":仿真仪表,子菜单同仪器仪表栏。

"Analyses":包括直流分析、交流分析、瞬态分析等具体分析内容,根据实验内容选择。

"Mixed-mode simulation settings":混合仿真模式设置,用户可以选择进行理想仿真或者实际仿真,理想仿真为默认选项,可更改设置。

"Save simulation settings...":保存当前仿真设置。

"Load simulation settings...":加载仿真设置。

"Postprocessor...":后处理。

"Probe settings":探针设置。

"XSPICE command line interface...":打开 XSPICE 命令行窗口。

"Reverse probe direction":改变当前探针参考方向。

"Locate reference probe":固定参考探针。

"NI ELVIS Ⅱ simulation settings":NI ELVIS Ⅱ仿真环境设置。

"Automatic fault option":自动故障设置选项。

"Use tolerances":设置是否允许器件误差。

"Simulation error log/audit trail...":显示仿真的错误记录/检查仿真轨迹。

"Clear instrument data":清除仿真数据(仪表图形显示)。

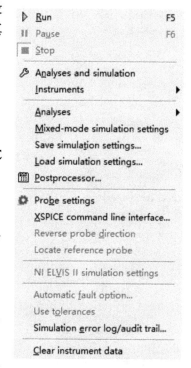

图 10-21　仿真菜单

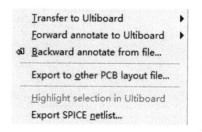

图 10-22　输出菜单

(7) Transfer(输出)菜单(如图 10-22 所示)。

"Transfer to Ultiboard":将电路图输出到 Ultiboard,包括输出到 Ultiboard 14.2 软件和输出到 Ultiboard 文件两个子菜单选项。

"Forward annotate to Ultiboard":正向注解到 Ultiboard,包括注解到 Ultiboard 14.2 软件和注解到 Ultiboard 文件两个子菜单选项。

"Backward annotate from file...":从文件反向注解到电路图。

"Export to other PCB layout file...":导出到第三方 PCB 设计文件。

"Highlight selection in Ultiboard":在 Ultiboard 中高亮显示电路图当前原件。

"Export SPICE netlist...":导出 SPICE 网格表。

(8) Tools(工具)菜单(如图 10-23 所示)。

"Component wizard":元件向导,打开创建新元件的向导。

"Database":数据库,包括四个子菜单。"Database Manager"数据库管理,包括增加、编辑等操作;"Save Component to DB"保存对当前原件改变到数据库;"Merge Database"合并数据库;"Convert Database"将其他数据库中的原件转换到当前数据库。

"SPICE netlist viewer":查看 SPICE 网络表。

"Set active variant...":设置活动变量。

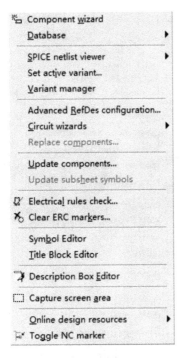

图 10-23　工具菜单

"Variant manager"：变量管理。

"Advanced RefDes configuration..."：对元件进行重命名或者重编号。

"Circuit wizards"：电路设计向导。

"Replace components..."：替换当前元件。

"Update components..."：更新当前元件。

"Update subsheet symbols"：更新 HB/HC 符号。

"Electrical rules check..."：电路合规性检查。

"Clear ERC markers..."：清除 ERC 标记。

"Symbol Editor"：符号编辑器。

"Title Block Editor"：标题栏编辑器。

"Description Box Editor"：描述框编辑器。

"Capture screen area"：捕获屏幕区，对屏幕选定区域进行图形捕捉。

"Online design resources"：在线设计资源获取。

"Toggle NC marker"：切换 NC 标记，防止导线误连接。

（9）Reports（报告）菜单（如图 10-24 所示）。

"Bill of Materials"：材料清单。

"Component detail report"：元件详情报告。

"Netlist report"：网络表报告，包括元件连通情况。

"Schematic statistics"：原理统计报告数据。

"Spare gates report"：冗余门电路报告。

"Cross reference report"：交叉引用报告。

（10）Options（选项）菜单（如图 10-25 所示）。

"Global options"：全局选项设置。

"Sheet properties"：电路图属性设置。

"Lock toolbars"：锁定工具栏。

"Customize interface"：自定义用户接口。

图 10-24　报告菜单

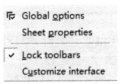

图 10-25　选项菜单

(11)Window(窗口)菜单(如图 10-26 所示)。

"New window":新建窗口。

"Close":关闭当前窗口。

"Close all":关闭所有窗口。

"Cascade":层叠显示窗口。

"Tile horizontally":横向平铺所有窗口。

"Tile vertically":纵向平铺所有窗口。

"Next window":下一个窗口。

"Previous window":上一个窗口。

"Windows...":打开窗口对话框,可以激活或关闭已有文件。

(12)Help(帮助)菜单(如图 10-27 所示)。

"Multisim help":打开 NI Multisim 自带帮助文档。

"NI ELVISmx help":打开 NI ELVISmx 帮助文档。

"Getting Started":打开 NI Multisim 入门指南。

"New Features and Improvements":打开新特点和提高方面的文档。

"Product tiers":产品版本。

"Patents":专利。

"Find examples...":查找范例。

"About Multisim":关于 NI Multisim。

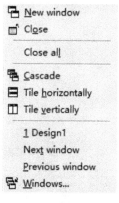

图 10-26　窗口菜单　　　　图 10-27　帮助菜单

2.工具栏

NI Multisim 14.2 的工具栏包括通用工具栏、视图工具栏和专用工具栏。通用工具栏包括 Windows 标准工具栏,提供新建、打开、打印、复制、粘贴等功能。视图工具栏提供放大、缩小、缩放区域、缩放页面、全屏等功能,使用方法简单,不再赘述。专用工具栏为元件、仪器仪表、探针等特定功能提供便捷的访问方式,其大部分功能可通过菜单栏实现,第 3 至第 5 节将结合应用场景和具体功能对其进行介绍。

3.项目管理器和电路编辑窗口

在常规电路编辑设计页面下,项目管理器显示设计的文件结构(如图 10-9 所示),通过变更下部标签页调整显示内容,"Hierarchy"显示文件结构,"Visibility"设置电路编辑窗口显示内容,"Project View"显示项目整体结构。

电路编辑窗口显示电路图,其中包括各类元件、电路连线关系、测量探针和测量仪表(如图 10-9 所示)。当点击项目管理器右上角"Recent designs view",选择最近设计浏览模式(图 10-28)时,电路编辑窗口提供创建新设计文件选项,且平铺显示最近打开的设计文件,同时除系统工具栏外,各类元件工具栏、仪器仪表工具栏、仿真测试工具栏均处于不可用状态。用户可以单击对应图标,打开最近设计文件进行设计修改或电路仿真。

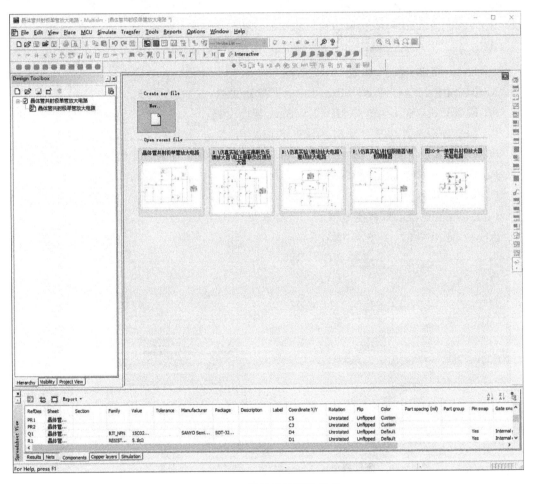

图 10-28　最近设计浏览模式

4. 信息显示窗口

信息显示窗口包括 5 个标签页,"Results"显示项目概要信息;"Nets"显示电路名称、电路颜色、印制线宽度及长度等信息;"Components"列表显示电路图中器件名称及详细属性,包括元件名称、所属系列、参数值、电路图上坐标、旋转反转、管脚交换等信息(如图 10-9 所示);"Copper layers"显示敷铜层设计、布线信息;"Simulation"显示仿真进度及主要节点结果。

第 3 节　NI Multisim 14.2 仿真实验操作

基于 NI Multisim 14.2 的仿真实验和实验室的操作类似,包括电路连接和测量调试两大部分,具体步骤如下。

1. 创建新电路图

创建新电路图的操作同常用 Windows 软件,打开 NI Multisim 14.2,系统将自动创建一个名为 Design1 的电路图,用户也可以直接点击工具栏中的"New"选项或通过"File"→"New"菜单项来创建一个新电路图。新电路图使用的是系统默认设置,用户可以根据需求进行相关设置,新的设置会和电路图一并保存。用户也可以通过"Options"→"Sheet properties"菜单,在弹出的"Sheet Properties"对话框"Sheet visibility"选项卡下,勾选"Save as default",将个性化设置保存为默认设置,省去每次新建电路图常用参数的设置过程。

(1)全局性参数设置。

选择"Options"→"Global options",弹出如图 10-29 所示的选项设置对话框,初学者可以采用默认设置。

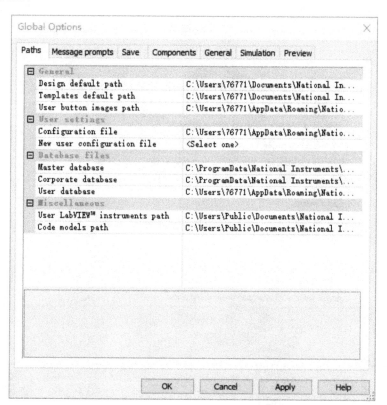

图 10-29　全局性参数设置

"Paths":路径设置选项卡,包括设计默认路径、配置文件路径、数据库文件路径、Lab-VIEW 仪器路径等项目。

"Message prompts"：消息提示选项卡，主要用来设置各类消息、提示的时机，包括"Snippets"（片段）、"Annotation and export"（注解和导出）、"wiring and components"（导线和元件）、"Exporting templates"（输出模板）、"NI Example Finder"（NI 范例查找）、"Project packing"（项目打包）、"SPICE Netlist Viewer"（SPICE 网络列表浏览）、"Analyses and Simulation"（分析和仿真）选项卡。

"Save"：保存选项卡，主要用来设置保存相关参数，包括"Create a security copy"（创建安全副本）、"Auto-backup"（自动保存）、"Save simulation data with instruments"（利用仪表保存仿真数据）、"Make forward annotation file names unique by appending a timestamp"（备注时间确保正向注解文件名唯一）和"Save .txt files as plain text"（保存.txt 文件为纯文本文件）复选框，按需勾选即可。自动保存复选框默认未选择，建议勾选的同时设置保存间隔。

"Components"：元件选项卡，主要用来设置元件在电路图中的显示情况，包括 2 组单选框和 3 个复选框，如图 10-30 所示。"Place component mode"选项组是关于元件放置方式的设置；"Symbol standard"是元件符号模式设置，其中"ANSI Y32.2"为美国标准，"IEC 60617"为欧洲标准，默认为美国标准；"View"选项组是线路移动显示设置，包括"Show line to component when moving its text"（移动文本时显示通往对应元件的线路）和"Show line to original location when moving parts"（移动组件时显示通往原位置的线路）2 个复选框。

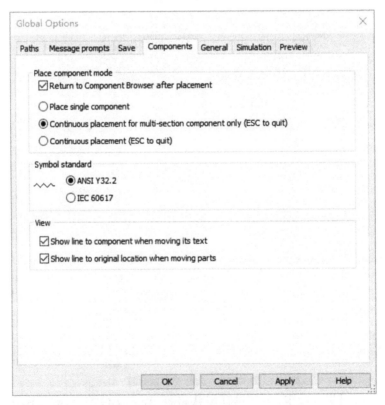

图 10-30　元件选项卡设置

"General"：常规选项卡，主要用来设置电路图中的常规选项，包括"Selection rectangle"（矩形选择框）、"Mouse wheel behavior"（鼠标滚轮操作）、"Wiring"（布线）3 个选项组和"Load last file on startup"（启动后加载最近文件）复选框和语言选择菜单。其中，布线选项组包括 4 个自动布线选项，建议全部勾选。

"Simulation"：仿真选项卡，包括 3 组选项，"Netlist errors"（网表错误）选项组设置发生错误和警告时软件的动作或提示；"Graphs"选项组设置仪器和波形图的背景色；"Positive phase shift direction"设置交流信号正相移方向。

"Preview"：预览选项卡，设置电路图在窗口中的预览方式。

（2）页面属性设置。

选择"Options"→"Sheet properties"或"Edit"→"Properties"，弹出的页面属性对话框如图 10-31 所示，可以在其中对电路图属性进行设置。

"Sheet visibility"：页面可视性设置选项卡，包括"Component"（元件）、"Net names"（网络名）、"Connectors"（连接器）和"Bus entry"（总线入口）共 4 个选项组，通过 15 个复选框和 1 组单选框进行参数设置，选中后即可在电路图中显示对应参数。

"Colors"：颜色选项卡，用于设置电路图背景和颜色。"Color scheme"（颜色方案）下拉菜单包括"Black background"（黑色背景）、"White background"（白色背景）、"White&Black"（白底黑图）、"Black&White"（黑底白图）和"Custom"（自定义）。选择自定义方案后，用户可以设置背景、器件、文本、连接线等 10 种对象的颜色，颜色选取操作通常用 Windows 应用完成。

"Workspace"：工作区选项卡，用于设置电路图显示特征和尺寸。"Show"（显示）选项组包括 3 个复选框，"show grid"（显示网格）、"show page bounds"（显示页边界）和"show border"（显示边框）；"Sheet size"（页面大小）包括 1 个下拉菜单选择大小，1 组单选框选择页面方向；"Custom size"（自定义大小）包括 1 组单选框设置尺寸单位，2 个可编辑文本框设置宽和高。

"Wiring"：布线选项卡，设置电路图中连接线宽度，包括 2 个可编辑文本框及对应效果显示框，分别设置"wire width"（连接线宽度）和"Bus width"（总线宽度）。

"Font"：字体选项卡，设置电路图中不同对象的字体。首先在"change all"复选框组中选择要设置字体的对象，然后分别设置"Font"（字体）、"Font style"（字形）、"Size"（大小）和"Alignment"（对齐方式），同步预览字体效果，最后确认应用范围是整个电路还是所选对象。

"PCB"：PCB 选项卡，设置 PCB 相关属性，包括"Ground option"（接地选项）、"Unit settings"（单位设置）、"Copper layers"（敷铜层）和"PCB settings"（PCB 设置）4 个选项组。接地选项通过复选框设置是否连接数字信号接地和模拟信号接地；单位设置下拉菜单包括 mil、nm、mm 和 μm；敷铜层通过可编辑文本框设置层对数量、单层顶高、单层底高、内层数目等；PCB 设置通过下拉菜单设置交换引脚和交换门。

"Layer settings"：图层设置选项卡，设置电路图图形信息，包括"Fixed layers"（固定图层）和"Custom layers"（自定义图层）2 个选项组，用户可以通过"add"（增加）、"delete"（删除）和"rename"（重命名）操作来维护自定义图层。

图 10-31　保存默认设置

2.绘制元件

创建新电路图后,就要向电路图中添加元件,并根据需要调整元件的外形和参数。

(1)添加元件。

添加元件最快捷的方式是使用元件工具栏(图 10-32)。

图 10-32　元件工具栏

单击元件工具栏分类图标,弹出元件选择对话框(图 10-33),也可以选择"Place"→"Component"弹出元件选择对话框,在"Group"下拉菜单中选择对应元件分类。

在"Family"(系列)中选择大类,"Component"(元件)中选择特定型号后,点击"OK"(确定)后所选元件图标随鼠标光标移动,在电路图上单击鼠标即在光标所在位置添加元件。元件分类说明在第 4 节介绍。

(2)复制、删除元件。

复制、删除元件操作同 Windows 文档操作,选中已有元件,右键弹出菜单栏,进行复制、

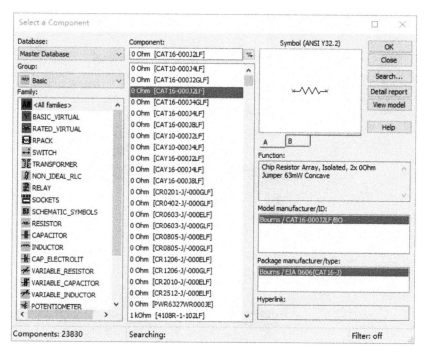

图 10-33　元件选择对话框

粘贴、删除操作即可。新复制的元件命名序号自动顺次加 1。

（3）移动元件。

单击鼠标选中元件，拖动元件到目标位置后放开鼠标即完成元件的移动操作，也可以利用键盘的上、下、左、右键进行元件的局部微调。

（4）调整元件外形。

单击鼠标选中元件，右键弹出菜单栏，可对元件进行水平反转、垂直反转、顺时针旋转90°、逆时针旋转 90°操作。

（5）修改元件参数。

双击元件图标，弹出属性设置对话框，可重新对相关属性进行设置。图 10-34 所示为对某电容进行参数设置。

3. 连接线路

元件绘制完成后，需要进行线路连接操作。

（1）线路连接。

将鼠标指向元件要连接的端点，鼠标出现十字形光标后单击鼠标，移动鼠标至连线的另一个目标端点，端点变红后再次单击鼠标，即完成两个元件端点的自动连线。自动连线一般取直线，两个端点不在同一水平面时取 90°折线，如要控制连线转折点，可在相应位置顺次单击鼠标，则连线在对应点位依次转折。

（2）线路删除。

删除连线操作同 Windows 文档删除操作，选中已有连线，右键弹出菜单栏，进行删除操作即可。删除元件时系统会自动删除与其相关的连线。

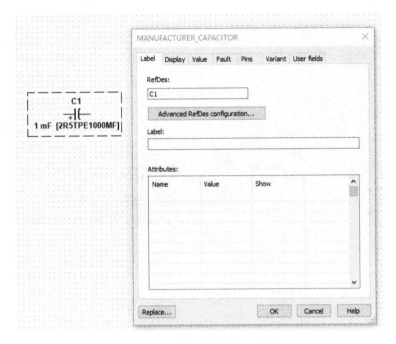

图 10-34　元件参数设置对话框

（3）导线交叉与插入。

电路图中的导线在连接过程中,发生交叉时默认相互不连接。如需要导线交叉连接,从元件端口移动到导线上单击,即完成交叉连接,交叉点本身是连线的一个端口,可根据需要终止或连接另一个元件端口。

要在两个元件的连线上插入新的元件,只需将待插入的元件直接拖放到连线上,释放即可。

4.测量电路

NI Multisim 14.2 软件的电路测量工具主要包括两大类:简易测量工具探针和模拟测量仪器仪表。

（1）探针测量。

从探针工具栏(图 10-35)单击选取所需探针,拖动探针到电路测量位置,单击鼠标后即放置探针。探针能够实时获得测量点的状态值,但不能获得历史数据和波形图。

图 10-35　探针工具栏

图 10-36 所示为简易电路中利用电流探针和电压探针测量电路中的支路电流和节点电压,测量结果分别为 6mA 和 6V。

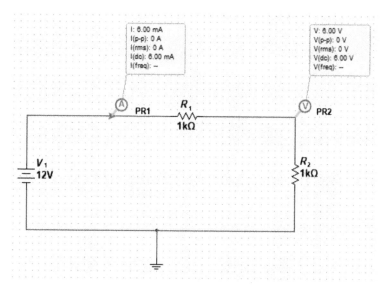

图 10-36　电压、电流探针工具示例

（2）模拟测量仪器仪表。

测量仪器仪表工具栏见图 10-9，从工具栏中选取测量仪器，在电路图中单击鼠标完成添加仪器仪表设置，正确连线后即可进行测量，其使用方法和实际测量仪器仪表类似。图 10-37 所示为用万用表测量电压。

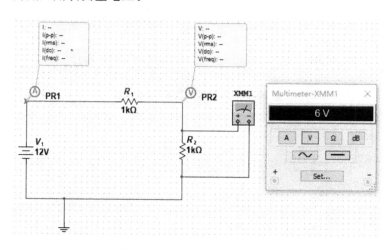

图 10-37　万用表电路测量示例

仪器仪表详细介绍见第 5 节。

5. 打印输出电路图

电路设计完成后，完善标题框即可保存并打印输出。

（1）完善标题框。

选择"Place"→"Title Block"菜单，弹出对话框，在"titleblocks"文件夹选择标题框模板，在电路编辑窗口显示浮动的标题框，将其拖动到指定位置或用"Title Block Position"对话框设置标题框位置。双击标题框，在弹出的"Title Block"对话框中输入标题名称、设计单位人员名称、文件号、日期等信息即完成编辑。

（2）打印输出。

选择"File"→"Print"菜单即可打印输出电路图和仿真结果。与常规打印不同的是打印内容包括两类，一是电路图本身，二是测试仪器仪表仿真图。

打印内容通过"File"→"Print options"设置，它包括 2 个子菜单。"Print Sheet Setup"：当前电路编辑窗口打印设置选项，如图 10-38 所示。"Print Instruments"：仪器仪表显示（仿真结果）打印选择设置，如图 10-39 所示。

图 10-38 电路图打印设置对话框

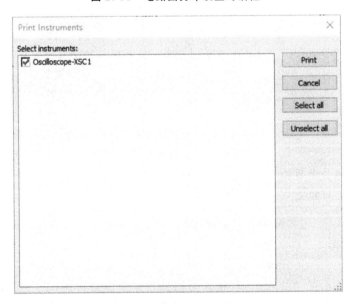

图 10-39 仿真结果打印选择对话框

第 4 节　NI Multisim 14.2 虚拟元件介绍

NI Multisim 14.2 提供实验所需的常用元件库,选择菜单中的"Place"→"Component"选项,弹出虚拟元件选择对话框(图 10-40)。在"Database"下拉菜单可以看到,NI Multisim 的元件分为 3 个数据库,分别是"Master Database""Corporate Database"和"User Database",默认选项为"Master Database",如图 10-41 所示,"Master Database"提供通用规格的实验元件,"Corporate Database"提供用户所在公司设计、保存的特定元件,"User Database"提供用户本人设计、保存的特定元件。所有数据库都可通过选择菜单中的"Tools"→"Database"子菜单进行修改和添加,如图 10-42 所示。

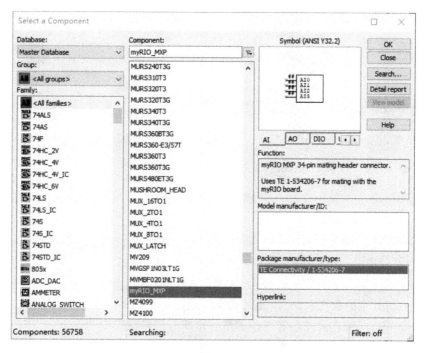

图 10-40　虚拟元件选择对话框

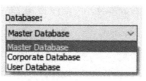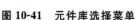

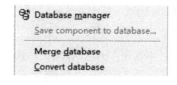

图 10-41　元件库选择菜单　　　图 10-42　元件库编辑菜单

"Master Database"共包括 18 个"Group"(分类),分别是"Sources"(信号源库)、"Basic"(基本元件库)、"Diodes"(二极管库)、"Transistors"(晶体管库)、"Analog"(模拟元件库)、"TTL"(数字集成逻辑器件库)、"CMOS"(CMOS 库)、"MCU"(微处理器库)、"Advanced_Peripherals"(高级外设库)、"Misc Digital"(数字元件库)、"Mixed"(混合库)、"Indicators"(显示元件库)、"Power"(功率元件库)、"Misc"(混合元件库)、"RF"(射频元件库)、"Electro

_Mechanical"(机电类元件库)、"Connectors"(连接器元件库)和"NI_Components"(NI元件库)。用户也可以直接从元件工具栏(图10-32)选择相应的元件分类。下面对大学本科实验常用分类做简要介绍。

1. Sources(信号源库)

单击元件工具栏的"Place Source"按钮,或选择"Place"→"Component"选项,在对话框"Group"下拉菜单中选择"Sources",进入信号源选择对话框,如图10-43所示。

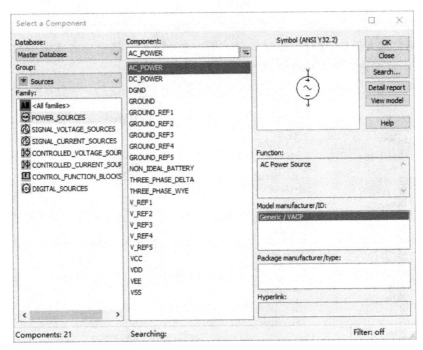

图10-43 信号源选择对话框

信号源共有8个分类选项,每个分类的常用元件如下:

(1)All families(所有元件):右侧显示栏列出所有信号源库中的元件。

(2)POWER_SOURCES(电源):包括实验中常用的各类电源,"AC_POWER"(交流电源)、"DC_POWER"(直流电源)、"GROUND"(接地)等属于这个分类。值得注意的是NI Multisim 14.2提供NON_IDEAL_BATTERY(非理想电源),其图标符号和直流电源相同,但增加了内阻参数设置,需要区分开来。

(3)SIGNAL_VOLTAGE_SOURCES(电压信号源):包括实验中常用的各类电压信号源,如"AC_VOLTAGE"(交流电压信号源)、"CLOCK_VOLTAGE"(时钟电压信号源)、"PULSE_VOLTAGE"(脉冲电压信号源)等。

(4)SIGNAL_CURRENT_SOURCES(电流信号源):包括实验中常用的各类电流信号源,如"AC_CURRENT"(交流电流信号源)、"CLOCK_CURRENT"(时钟电流信号源)、"PULSE_CURRENT"(脉冲电流信号源)等。

(5)CONTROLLED_VOLTAGE_SOURCES(受控电压源):包括各类受控电压源,如电压控制电压源、电流控制电压源、电压控制三角波信号源、电压控制方波信号源、电压控制正弦波信号源等。

(6)CONTROLLED_ CURRENT _SOURCES(受控电流源):包括 ABM 电流源、电压控制电流源和电流控制电流源 3 种信号源。

(7)CONTROL_ FUNCTION _BLOCKS(控制函数块):包括各类函数功能模块,如加法器、乘法器、除法器、延迟器、限位器等。

(8)DIGITAL_SOURCES(数字信号源):包括数字时钟、常量数字信号、交互式常量数字信号等 3 种信号源。

2. Basic(基本元件库)

单击元件工具栏的"Place Basic"按钮,或选择"Place"→"Component"选项,在对话框"Group"下拉菜单中选择"Basic",进入基本元件选择对话框,如图 10-44 所示。

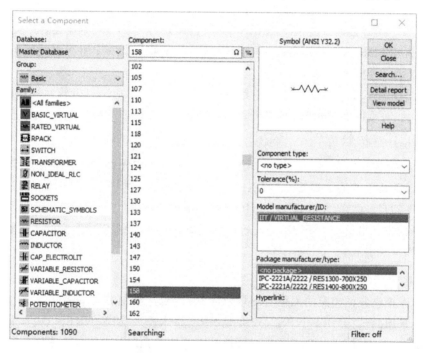

图 10-44 基本元件选择对话框

基本元件共有 21 个分类选项,电阻、电容、电感、开关等常用元件都属于基本元件库。基本元件选择对话框中部下拉菜单用于选择元件基本参数,如电阻值、电容值等;右侧"Component type"下拉菜单用于选择元件类型;"Tolerance(%)"下拉菜单用于选择元件允许误差;"Model manufacturer/ID"显示创建元件企业和名字;"Package manufacturer/type"显示封装类型信息。

下面仅介绍常用元件所属分类:

(1)RESISTOR(电阻):包括实验中常用的各类固定电阻,其阻值可以通过双击元件符号,在弹出的属性设置对话框"value"文本框中修改,但电路仿真运行过程中不可调整。需要注意的是电阻符号用折线表示,和传统理论教学中表示方法不同。

(2)VARIABLE_RESISTOR(可变电阻):其电阻阻值在电路运行中可调节,将光标移动到百分数上,出现滑动进度条,左右移动即可按比例调整电阻值。

(3)POTENTIOMETER(电位器):俗称抽头电阻,是常用的三端点电阻元件,接入电路后利用抽头控制电路分压。

(4)CAPACITOR(电容):包括实验中常用的各类固定电容,使用方法同固定电阻。需要区分的是,CAP_ELECTROLIT 是电解电容器,"+"极性端点必须接直流电源的高电位。

(5)VARIABLE_ CAPACITOR(可变电容):其电容值在电路运行中可调节,使用方法同可变电阻。

(6)INDUCTOR(电感):包括实验中常用的各类固定电感,使用方法同固定电阻。

(7)VARIABLE_ INDUCTOR(可变电感):其电感值在电路运行中可调节,使用方法同可变电阻。

(8)SWITCH(开关):包括实验中常用的各种开关,如 SPST(单刀单掷开关)、SPDT(单刀双掷开关)、TD_SW1(延时开关)、CURRENT_CONTROLLED_SPST(电流控制开关)等。

(9)TRANSFORMER(变压器):包括 1~5 组初级线圈、1~5 组次级线圈组合的单耦合变压器、双耦合变压器等各类变压器。

(10)SCHEMATIC_SYMBOLS(电路特征):包括 LED(发光二极管)、LAMP(灯泡)、各类受控开关、可变电容、可变电感等。

3. Diodes(二极管库)

二极管库提供各种类型二极管,其元件添加方法同基本元件,共有 15 个分类选项。常用的包括"DIODE"(普通二极管)、"ZENER"(稳压二极管)、"SWITCHING_DIODE"(开关二极管)、"LED"(发光二极管)、"PHOTODIODE"(光电二极管)、"PROTECTION_DIODE"(自保护二极管)、"FWB"(全波桥式整流器)、"VARACTOR"(变容二极管)和"PIN_DIODE"(PIN 二极管)。

4. Transistors(晶体管库)

晶体管库提供各种类型的晶体管和场效应管,其元件添加方法同基本元件,共有 22 个分类选项。常用的包括"BJT_NPN"(双极型 NPN 晶体管)、"BJT_NRES"(内部集成偏置电阻的双极型 NPN 晶体管)、"BJT_CRES"(双数字晶体管)、"MOS_ENH_P"(N 通道增强型场效应晶体管)、"JFET_N"(N 通道结型场效应晶体管)等。

5. Analog(模拟元件库)

模拟元件库提供各种型号的运算放大器、比较器,其元件添加方法同基本元件,共有 11 个分类选项。常用的包括"OPAMP"(运算放大器)、"COMPARATOR"(比较器)、"DIFFERENTIAL_AMPLIFIERS"(差动放大器)、"AUDIO_AMPLIFIER"(音频放大器)、"SPECIAL_FUNCTION"(乘法器、除法器等特殊函数放大器)。

6. TTL(数字集成逻辑器件库)

TTL 库提供 74 系列的数字集成逻辑器件,其元件添加方法同基本元件,共有 9 个分类选项,分别是 74STD、74STD_IC、74S、74S_IC、74LS、74LS_IC、74F、74ALS、74AS,基本涵盖了逻辑电路设计的常用集成器件。

7. CMOS(CMOS 库)

CMOS 库提供含有 CMOS 的数字集成逻辑器件,其元件添加方法同基本元件,共有 14 个分类选项,包括 4×××系列、74HC 系列和 NC7S 系列的 CMOS 数字集成逻辑器件。

8. MCU(微处理器库)

微处理器库提供各类处理器模块,其元件添加方法同基本元件,共有 4 个分类选项:"805×"包括 8051 和 8052 单片机,"PIC"包括 PIC16F84 和 PIC16F84A 单片机,"RAM"包括各类随机存取存储器,"ROM"包括各类只读存储器。

第 5 节　NI Multisim 14.2 虚拟仪器仪表简介

NI Multisim 14.2 提供多种虚拟仪器仪表,用虚拟仪器仪表测量仿真电路中的各种参数,和实际实验室中的效果完全一样,而且可以免去仪器调试过程,方便保存、分析、打印实验数据。

虚拟仪器仪表一般从仪器仪表工具栏拖动到电路中,也可以通过菜单中的"Simulate"→"Instruments"选择对应的仪器仪表。

1. Multimeter(万用表)

万用表是一种可以测量交直流电压、交直流电流、电阻及电路中两点之间分贝损耗的仪表,它可以自动调整量程。选择菜单中的"Simulate"→"Instruments"→"Multimeter"选项,或点击仪器仪表工具栏的"Multimeter"图标并拖动,在电路窗口的预定位置单击鼠标,在电路编辑窗口添加万用表。按照图标所示"＋""－"端进行电路连接即可使用万用表。

双击如图 10-45(a)所示的万用表图标,弹出万用表操作面板,如图 10-45(b)所示。

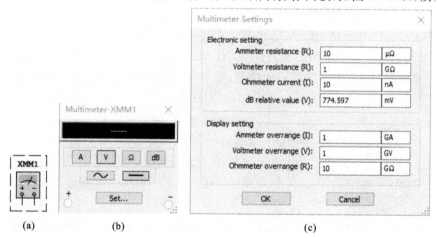

图 10-45　万用表图标、操作面板和属性设置
(a)图标;(b)操作面板;(c)属性设置

万用表操作面板自上到下依次为标题栏、显示栏、测量类型选择栏、测量对象选择栏和设置按钮。

(1)标题栏:显示万用表及其型号。

(2)显示栏：根据设置详细情况显示测试数据。

(3)测量类型选择栏："A"代表测量电流，"V"代表测量电压，"Ω"代表测量电阻，"dB"代表测量两点间分贝电压损耗。如图 10-45 所示，选择电阻测量模式后，测量对象选择栏将只显示直流。

(4)测量对象选择栏："～"代表测量对象为交流电，"——"代表测量对象为直流电。

(5)"+""—"分别代表万用表的正、负极，其电路连接方法同实际万用表，如图 10-46 所示。

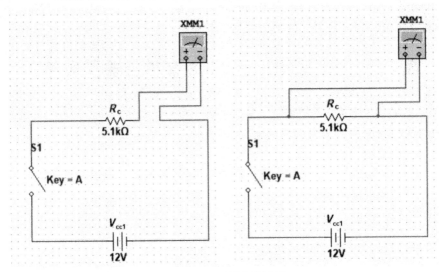

图 10-46　万用表连接图

(6)单击"set"将弹出属性设置对话框，设置内容包括两大类，如图 10-45(c)所示：一是电路设置，包括电流表内阻、电压表内阻、欧姆表电流和 dB 相对值；二是显示设置，包括电流表、电压表和欧姆表显示范围设置。

2．Function Generator(函数信号发生器)

信号发生器是实验室常用的实验仪器，NI Multisim 14.2 的函数信号发生器可以提供正弦波、三角波和方波 3 种不同波形的信号，图 10-47(a)为函数信号发生器图标，选择菜单中 的 "Simulate" → "Instruments" → "Function generator"选项，或点击仪器仪表工具栏的"Function generator"图标并拖动，在电路窗口的预定位置单击鼠标，在电路编辑窗口添加函数信号发生器。按照图标所示在"+""—"和"COM"端进行电路连接即可使用万用表。

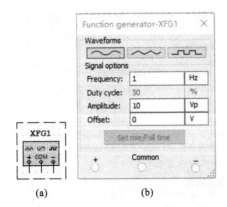

图 10-47　函数信号发生器图标、操作面板
(a)图标；(b)操作面板

双击如图 10-47(a)所示图标，弹出函数信号发生器操作面板，如图 10-47(b)所示。

函数信号发生器操作面板自上到下依次为标题栏、波形选择栏、信号选项和设置上升/下降时间(仅方波需要)。

(1)标题栏：显示函数信号发生器及其型号。

（2）波形选择栏：包括正弦波、三角波和方波，单击鼠标按下对应按钮，设置生效。

（3）信号选项：在频率、占空比、振幅和偏置后面输入数值和对应单位即完成设置，其中占空比仅对三角波和方波有效，频率设置范围 1Hz～999THz，占空比设置范围 1%～99%，振幅设置范围 1μV～999kV，偏置设置范围 -999～999kV。

（4）设置上升/下降时间：仅对方波有效，指上升沿与下降沿的时间。

面板中的"Common"和图标中的"COM"均指公共端子。

3. Wattmeter(功率表)

功率表用来测量电路的功率，包括交流功率和直流功率。选择菜单中的"Simulate"→"Instruments"→"Wattmeter"选项，或点击仪器仪表工具栏的"Wattmeter"图标并拖动，在电路窗口的预定位置单击鼠标，在电路编辑窗口添加功率表。功率表图标、操作面板如图 10-48 所示。

功率表操作面板自上到下依次为标题栏、显示栏、功率因数和接线显示。

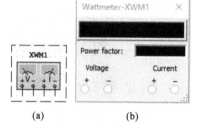

图 10-48　功率表图标、操作面板

(a)图标；(b)操作面板

（1）标题栏：显示功率表及其型号。

（2）显示栏：显示功率测量结果。

（3）功率因数：电压和电流相位差角度的余弦值。功率因数为 1，表示流过电阻的电流和电压没有相位差；功率因数为 0，表示流过电阻的电流和电压相位差为 90°。

（4）电压：电压从电压"＋""－"端点输入，与测量元件所在支路并联。

（5）电流：电流从电流"＋""－"端点输入，与测量元件所在支路串联。

4. Oscilloscope(双踪示波器)

双踪示波器是电路与电子技术实验最常用的测量仪器，它用于观察电压信号的波形、大小、频率等要素，并可以将两路信号对比显示。图 10-49(a)、(b)分别为双踪示波器图标和操作面板，选择菜单中的"Simulate"→"Instruments"→"Oscilloscope"选项，或点击仪器仪表工具栏的"Oscilloscope"图标并拖动，在电路窗口的预定位置单击鼠标，在电路编辑窗口添加双踪示波器。

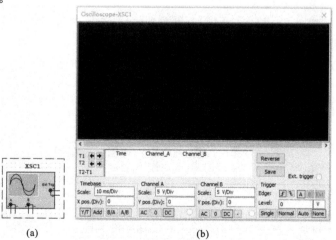

图 10-49　双踪示波器图标、操作面板

(a)图标；(b)操作面板

第11章　基于 NI Multisim 14.2 的电路仿真实验

实验 1　基尔霍夫定律与叠加原理的验证

一、实验目的

(1)熟悉利用 NI Multisim 14.2 软件进行电路仿真实验的基本操作。

(2)学会用探针、万用表进行电阻、电压、电流和功率的测量。

(3)验证基尔霍夫定律的正确性,加深对基尔霍夫定律的理解。

(4)验证线性电路叠加原理的正确性,加深对线性电路的叠加性和齐次性的认识和理解。

二、实验元件

(1)信号源库、基本库中的元件。

(2)探针工具。

(3)虚拟万用表。

三、预习要求

(1)提前安装 NI Multisim 14.2 电路仿真软件,熟悉电路编辑窗口的各项操作,熟练掌握常用仿真元件的使用方法。

(2)熟悉利用探针和万用表测量电阻、电压、电流和功率的方法,分析万用表内阻对测量结果的影响,掌握万用表常用参数设置。

(3)在叠加原理实验中,要令 U_1、U_2 分别单独作用,应如何操作? 可否直接将不作用的电源(电压源或电流源)短接置"0"?

(4)在实验电路中,若有一个电阻器改为二极管,试问叠加原理的叠加性与齐次性还成立吗? 为什么?

四、实验原理

基尔霍夫定律与叠加原理的验证仿真实验原理,与第 3 章"实验 1　基尔霍夫定律与叠加原理的验证"实际实验原理完全一样,此处不再赘述。

五、实验电路

根据基尔霍夫定律实际实验电路图 3-1 和叠加原理实际实验电路图 3-2,搭建的基尔霍夫定律与叠加原理的验证仿真实验电路图分别如图 11-1 和图 11-2 所示。

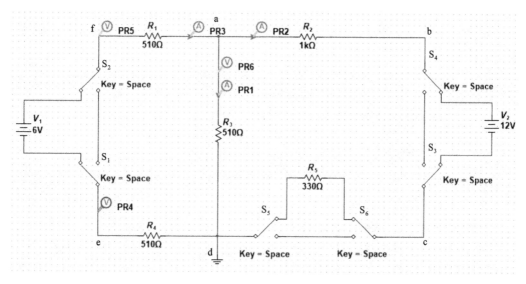

图 11-1　基尔霍夫定律仿真实验电路图一

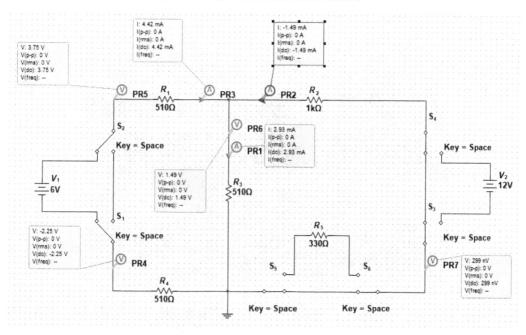

图 11-2　基尔霍夫定律仿真实验电路图二

六、实验内容及步骤

1.基尔霍夫定律实验验证

打开 NI Multisim 14.2,按照实验电路图在电路编辑窗口绘制仿真元件并连接线路,用电流、电压探针代替电路图中的电流表和电压表。

与实际电路相比,要注意以下几点:

(1)实验前先任意设定三条支路的电流参考方向,如图 3-1 中的 I_1、I_2、I_3,其中 I_2 与探针方向相反。

（2）设置直流电源属性，$V_1 = 6\,\text{V}$，$V_2 = 12\,\text{V}$，设置开关 $S_1 \sim S_4$ 将两路直流稳压电源接入电路。

（3）按"F5"键或单击工具栏"Run"，运行电路，记录 PR1～PR3 电流、PR4～PR6 电压值。

（4）将记录的各电流、电压值分别代入 $\sum i = 0$ 和 $\sum u = 0$，计算并验证基尔霍夫定律。

表 11-1   **基尔霍夫定律实验数据**

被测量	I_1	I_2	I_3	U_{S_1}	U_{S_2}	U_{fa}	U_{ab}	U_{ad}	U_{de}
计算值									

（5）任意变更电压源、电阻参数，重新记录表 11-1 并计算，验证基尔霍夫定律。

NI Multisim 14.2 仿真软件为用户提供便利的数据记录方法，单击"Run"按钮后，所有探针同步显示测量点数据。

选择 Simulate→Analyses→ DC Operating Point，设置探针所在的 3 个电流测量点和 4 个电压测量点为分析变量，运行仿真后可以列表形式实时获取测量数据（如图 11-3 所示）。

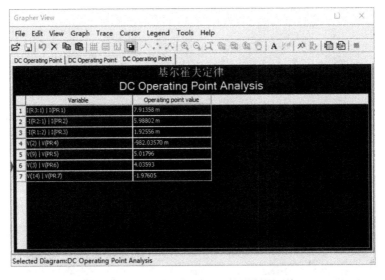

图 11-3   基尔霍夫定律实验验证数据列表

2．叠加原理验证

（1）保持电路图不变，改变元件参数，如图 3-2 所示。搭建的仿真电路如图 11-4 所示。

（2）令 V_1 电源单独作用（将开关 $S_1 \sim S_4$ 投向左侧），记录各支路电流及各电阻元件两端电压。将数据记入表 11-2 中。

（3）令 V_2 电源单独作用（将开关 $S_1 \sim S_4$ 投向右侧），记录各支路及各电阻元件两端电压。

（4）令 V_1 和 V_2 共同作用（将开关 $S_1 \sim S_2$ 均投向左侧，将开关 $S_3 \sim S_4$ 均投向右侧），重复实验步骤（2）。

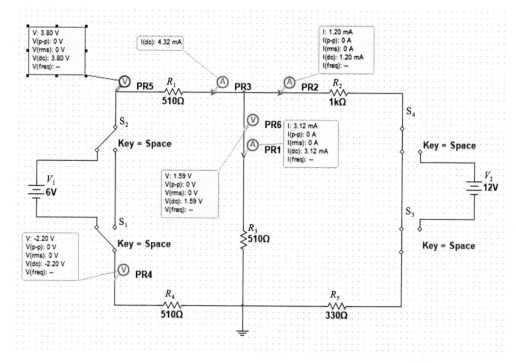

图 11-4　叠加原理仿真实验电路图

（5）将 V_2 调至 24V，即 $2V_2$ 电源单独作用（将开关 $S_1 \sim S_4$ 均投向右侧），重复上述实验步骤（3）。

（6）计算各电阻上的功率，验证其是否满足叠加原理。

（7）将电路中的 R_5 换为二极管（删除电阻，更换为二极管），其余实验步骤同上，验证非线性电路不满足叠加原理。将数据记入表 11-3 中。

表 11-2　　　　　　　　　　　　　　　　**叠加原理验证测量数据**

测量项目	U_{S_1}	U_{S_2}	I_1	I_2	I_3	U_{ab}	U_{cd}	U_{ad}	U_{de}	U_{fa}
U_{S_1} 单独作用										
U_{S_2} 单独作用										
U_{S_1}、U_{S_2} 共同作用										
$2U_{S_2}$ 单独作用										

表 11-3　　　　　　　　　　　　　　　　**非线性电路测量数据**

测量项目	U_{S_1}	U_{S_2}	I_1	I_2	I_3	U_{ab}	U_{cd}	U_{ad}	U_{de}	U_{fa}
U_{S_1} 单独作用										
U_{S_2} 单独作用										
U_{S_1}、U_{S_2} 共同作用										
$2U_{S_2}$ 单独作用										

七、实验报告要求

(1)根据实验数据,选定实验电路中的任意一个节点,验证基尔霍夫第一定律(KCL)的正确性。

(2)根据实验数据,选定实验电路中的任意一个闭合回路,验证基尔霍夫第二定律(KVL)的正确性。

(3)根据实验数据,验证线性电路的叠加性与齐次性。

八、实验注意事项

(1)电流探针自带默认参考方向,用户可以根据需要变更,如设置参考方向与探针参考方向不同,记录值取负值。

(2)仿真电流需要设置接地点,为电压探针提供参考依据。

(3)仿真软件探针包括功率测量,可一并分析。

实验 2　戴维南定理与诺顿定理的验证

一、实验目的

(1)通过验证戴维南定理与诺顿定理,加深对等效概念的理解。

(2)学习测量有源二端网络的开路电压和等效电阻的方法。

二、实验元件

(1)信号源库、基本库中的元件。

(2)虚拟万用表。

三、预习要求

(1)提前安装 NI Multisim 14.2 电路仿真软件,熟悉电路编辑窗口的各项操作,熟练掌握常用仿真元件的使用方法。

(2)熟悉利用探针和万用表测量电阻、电压、电流和功率的方法,分析万用表内阻对测量结果的影响,掌握万用表常用参数设置方法。

(3)说明测有源二端网络开路电压及等效内阻的几种方法,并比较其优缺点。

(4)在求有源二端网络等效电阻时,如何理解"原网络中所有独立电源为零值"?

四、实验原理

戴维南定理与诺顿定理的验证仿真实验原理,与第 3 章"实验 3　戴维南定理与诺顿定理的验证"实际实验原理完全一样,此处不再赘述。

五、实验电路

根据戴维南定理实际实验电路图 3-11，搭建的戴维南定理仿真实验电路如图 11-5 所示。

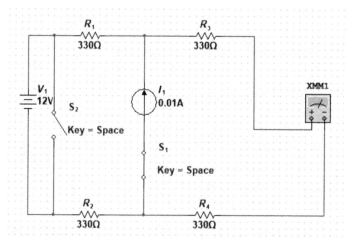

图 11-5　戴维南定理仿真实验电路图一

六、实验内容及步骤

1. 利用戴维南定理估算开路电压 U_{oc}'、等效电阻 R_o'、短路电流 I_{sc}'

按图 11-5 所示的实验电路接线，设 $V_1 = 12\text{V}$，$I_S = 10\text{mA}$，利用戴维南定理估算开路电压 U_{oc}'、等效电阻 R_o'、短路电流 I_{sc}'，将计算值填入表 11-4 中。使用仪表测量各量时，对合理选择量程要做到心中有数。

表 11-4　　　　　　　　　　**戴维南定理实验数据表一**

U_{oc}'	R_o'	I_{sc}'

2. 测量开路电压 U_{oc}

双击万用表图标，打开万用表面板，选择测量直流电压选项，单击"Run"开始电路仿真，显示数值即为开路电压 U_{oc}，填入表 11-5。

3. 测量短路电流 I_{sc} 和等效电阻 R_o

(1)选择万用表测量选项为直流电流，测量短路电流 I_{sc}，利用 $R_o = U_{oc}/I_{sc}$，可得等效电阻 R_o，填入表 11-5。

表 11-5　　　　　　　　　　**戴维南定理实验数据表二**

U_{oc}/V	I_{sc}/mA	R_o/Ω	
		U_{oc}/I_{sc}	测量值

(2)闭合开关 S2,打开 S1,选择万用表测量选项为电阻,将测得的等效电阻值填入表 11-5,如测量值和计算值有误差,请分析万用表参数设置影响。

4. 测量有源二端网络的外特性

将可变电阻 R_L(可调电阻箱)接入电路(图 11-6),增加电流探针进行负载电流测量,万用表选择电压测量选项,按表 11-6 所列电阻调节 R_L,记录电压、电流读数,填入表 11-6。

表 11-6   **有源二端网络外特性测量数据**

R_L/Ω	0	70	200	300	450	1000
U/V						
I/mA						

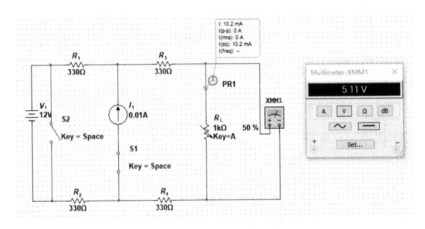

图 11-6 戴维南定理仿真实验电路图二

5. 测量等效电压源的外特性(验证戴维南定理)

变更电路,如图 11-7 所示,首先将直流电源电压参数调整为 $U_1 = U_{oc}$,R_1 调整为 R_0,按步骤 4 测量之,将测量结果填入表 11-7。

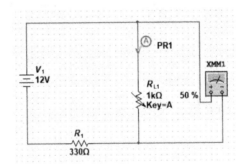

图 11-7 测量等效电压源的外特性

表 11-7　　　　　　　　　　　　等效电压源外特性测量数据

R_L/Ω	0	70	200	300	450	1000
U/V						
I/mA						

6. 测量等效电流源的外特性(验证诺顿定理)

变更电路,如图 11-8 所示,首先将直流电源电流参数调整为 $I_s = I_{sc}$, R_1 调整为 R_0,按步骤 4 测量之,将测量结果填入表 11-8。

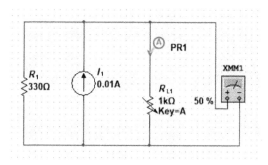

图 11-8　测量等效电流源外特性

表 11-8　　　　　　　　　　　　等效电流源外特性测量数据

R_L/Ω	0	70	200	300	450	1000
U/V						
I/mA						

七、实验报告要求

(1)根据测量数据,在同一坐标系中绘制等效前后 U-I 曲线。

(2)比较理论值与实验所测数据,分析误差产生的原因。

八、实验注意事项

(1)模拟元件电源分理想电源和带内阻电源,实验时应注意区分。

(2)万用表参数设置对测量结果误差有影响,内阻设置应适当加大。

(3)使用万用表测量空载电压、短路电流、等效内阻、负载电压、负载电阻时可直接改变测量设置,但测量电流时需改变接线方式,用探针较为方便。

实验 3　RC 一阶电路的响应测试

一、实验目的

（1）研究 RC 一阶电路的零输入响应、零状态响应和全响应的变化规律和特点。

（2）了解 RC 电路在零输入、阶跃激励和方波激励情况下，响应的基本规律和特点。

（3）测定 RC 一阶电路的时间常数 τ，了解电路参数对时间常数的影响。

（4）掌握积分电路和微分电路的基本概念。

（5）学习用模拟示波器观察和分析电路的响应。

二、实验仪器及器材

（1）信号源库、基本库中的元件。

（2）虚拟万用表。

（3）虚拟信号发生器。

（4）虚拟双踪示波器。

三、预习要求

（1）提前安装 NI Multisim 14.2 电路仿真软件，熟悉电路编辑窗口的各项操作，熟练掌握常用仿真元件的使用方法。

（2）熟悉模拟信号发生器和双踪示波器的参数设置和使用方法。

（3）掌握 RC 一阶电路零输入响应、零状态响应和全响应的相关计算，了解方波序列脉冲激励下，RC 一阶电路响应波形的变化规律。

（4）掌握积分电路和微分电路的原理。

四、实验原理

RC 一阶电路的响应测试仿真实验原理，与第 3 章"实验 6　RC 一阶电路的响应测试"实际实验原理完全一样，此处不再赘述。

五、实验电路

根据 RC 一阶电路的响应测试实际实验电路图 3-29，搭建的 RC 一阶电路的响应测试仿真实验电路分别如图 11-9 和图 11-10 所示。

六、实验内容及步骤

按图 11-9 所示，在电路编辑窗口完成 RC 一阶积分电路实验电路的绘制。输入信号由函数信号发生器提供，接入双踪示波器 A 端口；输出信号自电容两端取出，接入双踪示波器 B 端口。

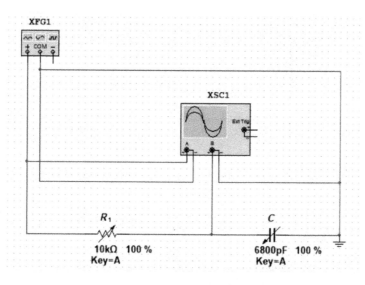

图 11-9　RC 一阶积分电路仿真实验电路图

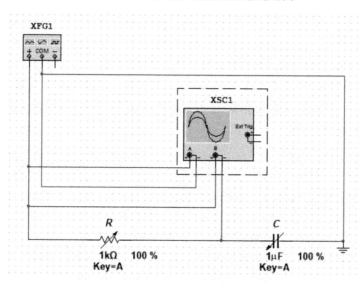

图 11-10　RC 微分电路仿真实验电路图

1. 观测 RC 一阶积分电路的响应

(1)调节可变电阻器、电容器(或用固定电阻、电容代替)，$R = 10\text{k}\Omega$，$C = 6800\text{pF}$，组成如图 11-9 所示的 RC 充放电电路，XFG1 为函数信号发生器输出，取 $U_{\max} = 3\text{V}$，$f = 1\text{kHz}$ 的方波电压信号(具体设置为矩形脉冲波，频率 1kHz，占空比 50%，幅度 1.5V_p，偏置 1.5V，见图 11-11)。运行仿真电路后，即可在示波器的屏幕上观察到激励与响应的变化规律。少量地改变电容值或电阻值，定性地观察其对响应的影响，记录观察到的现象，如图 11-12 所示。

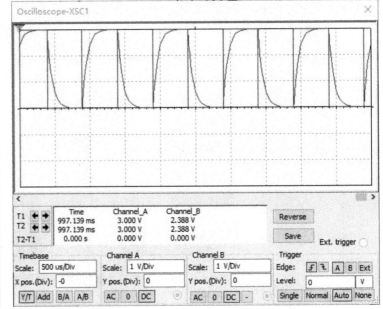

图 11-11 方波信号设置　　　　**图 11-12 RC 一阶积分电路响应输出波形图**

(2)令 $R=10\text{k}\Omega, C=0.01\mu\text{F}$,观察并描绘响应的波形,根据电路参数求出时间常数。少量地改变电容值或电阻值,定性地观察其对响应的影响,记录观察到的现象。

(3)增大 R、C 之值,使之满足积分电路的条件 $\tau=RC\gg t_\text{p}$,t_p 为输入矩形方波 u_i 的 1/2 周期,观察其对响应的影响。

2．观测 RC 微分电路的响应

(1)变更电路为 RC 微分电路,组成如图 11-10 所示的微分电路,令 $C=1\mu\text{F}$,$R=1\text{k}\Omega$,在同样的方波激励($U_\text{max}=3\text{V}$,$f=1\text{kHz}$)作用下,观测并描绘激励与响应的波形。

(2)少量地增减 R 之值,定性地观测其对响应的影响,并做记录,描绘响应的波形。

(3)令 $C=0.01\mu\text{F}$,$R=100\text{k}\Omega$,计算 τ 值。在同样的方波激励($U_\text{max}=3\text{V}$,$f=1\text{kHz}$)作用下,观测并描绘激励与响应的波形。分析并观察当 R 增至 $1\text{M}\Omega$ 时,输入、输出波形有何本质上的区别。

七、实 验 报 告 要 求

(1)根据实验观测结果,比较示波器读取数值与参数计算结果,分析误差产生的原因。

(2)根据实验观测结果,归纳、总结积分电路和微分电路的形成条件,阐明波形变换的特征。

八、实 验 注 意 事 项

(1)电路仿真前应先计算时间常数,以选取合适的器件参数。

(2)示波器应选取合适的显示区间,以便对比波形,读取数值。

实验 4　RLC 串联谐振电路的研究

一、实验目的

(1)观察谐振现象,加深对串联谐振电路特性的理解。

(2)学习测定 RLC 串联谐振电路频率特性曲线的方法。

(3)测量电路的谐振频率,研究电路参数对谐振特性的影响。

二、实验仪器及器材

(1)信号源库、基本库中的元件。

(2)虚拟万用表。

(3)虚拟函数信号发生器。

(4)虚拟双踪示波器。

(5)虚拟频率计。

三、预习要求

(1)提前安装 NI Multisim 14.2 电路仿真软件,熟悉电路编辑窗口的各项操作,熟练掌握常用仿真元件的使用方法。

(2)熟悉模拟信号发生器和双踪示波器的参数设置和使用方法。

(3)掌握 RLC 串联谐振电路谐振频率的计算方法,能够根据元件参数熟练计算谐振频率。

(4)改变电路的哪些参数可以使电路发生谐振?电路中 R 的数值是否影响谐振频率值?

(5)如何判别电路是否发生了谐振?测试谐振点的方案有哪些?

(6)要提高 RLC 串联谐振电路的品质因数,电路参数应如何改变?

(7)电路谐振时,电感和电容的端电压比信号源的输出电压要高,为什么?

四、实验原理

谐振电路是指在具有电阻 R、电感 L 和电容 C 元件的交流电路中,通过调节电路元件(L 或 C)的参数或电源频率,使电路两端的电压与流过电路的电流相同,且呈现纯电阻性的电路。在谐振状态下,电路的总阻抗达到极值或近似达到极值。谐振电路可分为串联谐振和并联谐振两种。

RLC 串联谐振电路中,电容和电感串联,可能出现在某个很小的时间段内电容的电压逐渐升高,而电流却逐渐减小的情况;与此同时,电感的电流逐渐增加,电感的电压却逐渐降低。而在另一个很小的时间段内,电容的电压逐渐降低,而电流却逐渐增加;与此同时,电感的电流却逐渐减少,电感的电压逐渐升高。电压的增加可以达到一个正的最大值,电压的降低也可达到一个负的最大值,同样电流的方向在这个过程中也会发生正、负方向的变化,此时我们称电路发生了电路振荡。电路振荡现象可能逐渐消失,也可能持续不变地维持下去。当震荡持续时,我们称其为等幅振荡,也称谐振。

电容或电感两端电压变化一个周期的时间称为谐振周期,谐振周期的倒数称为谐振频率。所谓谐振频率就是这样定义的。它与电容 C 和电感 L 的参数有关,公式为

$$f_0 = \frac{1}{2\pi\sqrt{LC}}$$

由上式可见,电路谐振频率与电阻阻值无关。

谐振时,电感电压 U_L 或电容电压 U_C 与电源电压 U 的比值称为电路的品质因数,用 Q 表示

$$Q = \frac{U_L}{U} = \frac{U_C}{U} = \frac{\omega_0 L}{R} = \frac{1}{\omega_0 CR}$$

串联谐振电路的主要特点如下:

(1)电路的阻抗最小,总阻抗等于电路的电阻;

(2)由于电源电压与电流同相,电路呈纯电阻性,因此电源供给电路的能量全部被电阻消耗,电源与电路之间不发生能量交换,能量的交换只发生在电容器与电感线圈之间;

(3)电感两端的电压与电容两端的电压大小相等、相位相反、相互抵消,对整个电路不起作用,故电源电压等于电阻两端的电压。

五、实验电路

按图 11-13 所示,在电路编辑窗口完成 RLC 串联谐振电路的绘制。输入信号由函数信号发生器提供,接入双踪示波器 A 端口;输出信号自电阻两端取出,接入双踪示波器 B 端口,输出信号同时接入频率计和万用表。

信号发生器输出信号为 160kHz,幅值 2V,电感 L 取 100mH、100%,电容 C 取 10pF、100%。用频率计测量信号频率,频率计 RMS 值设置为 1mV(根据实际情况调整),万用表选择交流电压测量选项。

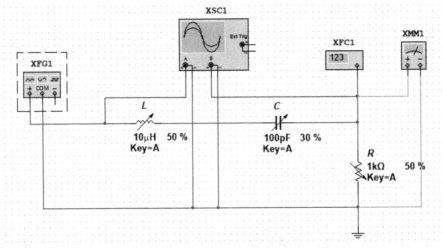

图 11-13 RLC 串联谐振电路仿真实验电路图

六、实验内容及步骤

(1)令信号源输出电压 $U_i=4V_{P-P}$(Amplitude 设置 2V),利用示波器监视输出信号波形(图 11-14),万用表测量输出电压有效值,频率计测量信号频率(图 11-15)。

(2)找出电路的谐振频率 f_0。其方法是,令信号源的频率由小逐渐变大(注意要维持信号源的输出幅度不变),当示波器 A 端口和 B 端口波形幅值近似相等时,频率计测量频率值即为电路的谐振频率 f_0。万用表测量数值近似等于输入信号有效值,变换万用表接线位置,测量 U_C(图 11-16)与 U_L 之值(注意及时更换毫伏表的量限)。

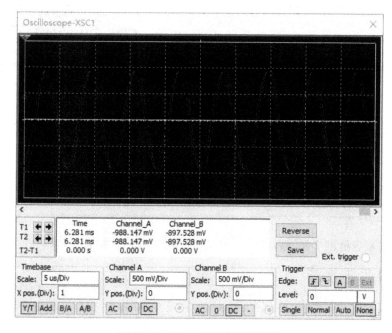

图 11-14　RLC 串联谐振波形图

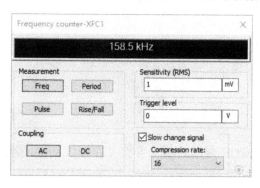

图 11-15　频率计测量值

图 11-16　电容两端电压值

(3)在谐振点两侧,按频率递增或递减 $500Hz$ 或 $1kHz$,依次各取 8 个测量点,逐点测出 U_o、U_L、U_C 之值,记入表 11-9。

表 11-9   **RLC 串联谐振电路实验数据**

f/kHz											
U_o/V											
U_L/V											
U_C/V											

$U_\text{i}=4V_{\text{P-P}}, C=0.01\mu\text{F}, R=510\Omega, f_0=$, $f_2-f_1=$, $Q=$

(4)调整电阻 R,重复步骤(2)、步骤(3)的测量过程,将数据记入表 11-10。

表 11-10   **调整电阻 R 后的 RLC 串联谐振电路实验数据**

f/kHz											
U_o/V											
U_L/V											
U_C/V											

$U_\text{i}=4V_{\text{P-P}}, C=0.01\mu\text{F}, R=1\text{k}\Omega, f_0=$, $f_2-f_1=$, $Q=$

(5)重新选取合适的 L、C 值,重复步骤(2)至步骤(4)。自制表格,录入相关测量数据。

七、实验报告要求

(1)根据测量数据,绘出不同 Q 值时的三条幅频特性曲线,即 $U_\text{o}=f(f)$,$U_L=f(f)$,$U_C=f(f)$。

(2)计算通频带与 Q 值,说明不同 R 值对电路通频带与品质因数的影响。

(3)对两种不同测 Q 值的方法进行比较,分析误差产生的原因。

(4)谐振时,比较输出电压 U_o 与输入电压 U_i 是否相等,试分析原因。

(5)通过本次实验,总结、归纳 RLC 串联谐振电路的特性。

(6)写出心得体会及其他。

八、实验注意事项

(1)函数信号发生器提供的信号和电阻 R 两端的信号可能存在较大衰减,需要灵活调整双踪示波器显示参数。

(2)频率计 RMS 值设置必须合理,如果设置过高,可能无法测量频率。

(3)测试频率点时应在谐振频率附近多取几点。在变换频率测试前,应调整信号输出幅度(用示波器监视输出幅度),使其维持在 3V。

实验 5　晶体管共射极单管放大电路

一、实验目的

（1）学会设置放大电路静态工作点及其调试方法，分析静态工作点对放大电路性能的影响。

（2）学习测量放大电路 Q 点、A_u、R_i、R_o 的方法，了解共射极电路特性。

（3）学习放大电路的动态性能。

（4）掌握放大器非线性失真的原理。

二、实验仪器及器材

（1）信号源库、基本库中的元件。

（2）虚拟万用表。

（3）虚拟信号发生器。

（4）虚拟双踪示波器。

三、预习要求

（1）提前安装 NI Multisim 14.2 电路仿真软件，熟悉电路编辑窗口的各项操作，熟练掌握常用仿真元件的使用方法。

（2）熟悉模拟信号发生器和双踪示波器的参数设置和使用方法。

（3）掌握晶体管伏安特性及共发射极单管放大电路工作原理。

（4）掌握放大电路静态参数和动态参数的测量方法。

（5）熟悉实验内容，进行相应理论估算并填写放大器的交流参数和频率响应测量数据表。

（6）实验过程中应仔细观察实验现象，认真记录实验结果（数据波形、现象）。所记录的实验结果应以屏幕截图或拍照方式展示出来。

四、实验原理

晶体管共射极单管放大电路仿真实验原理，与第 5 章"实验 1　晶体管共射极单管放大电路"实际实验原理完全一样，此处不再赘述。

五、实验电路

根据晶体管共射极单管放大电路实际实验电路图 5-4，搭建的晶体管共射极单管放大电路仿真实验电路如图 11-17 所示。

信号发生器输出信号为 1kHz，幅值 10mV，初相为 0，晶体管选用 2N2102NPN 晶体管。R_P 初始设定 50%（实际实验要求可变电阻通电前取大值，模拟实验无安全性限制）。

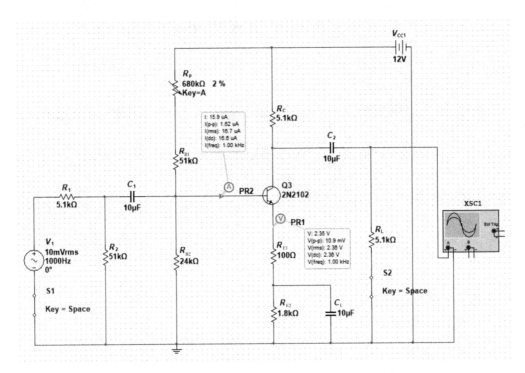

图 11-17 晶体管共射极单管放大电路仿真实验电路

六、实验内容及步骤

1.调整静态工作点

(1)打开 S1 和 S2,断开输入信号和负载,运行电路。

(2)调节电位器 R_P,使 $U_E=2.2V$,然后按表 11-11 所示内容测量静态工作点,对所测数据与理论估算值进行比较。

表 11-11   **放大器静态工作点**

测量项目	U_B/V	U_{BE}/V	U_{CE}/V	$R_{B1}/k\Omega$	$I_B/\mu A$	I_C/mA	β
理论估算值							
实际测量值							

2.测量放大器交流参数

(1)闭合 S1,接入输入信号,观察示波器输出波形,如图 11-18 所示。

用电压探针分别测量 u_S、u_i、u_o 的值,将数据填写在表 11-12 中,并计算电压放大倍数 A_u、输入电阻 R_i 和输出电阻 R_o。

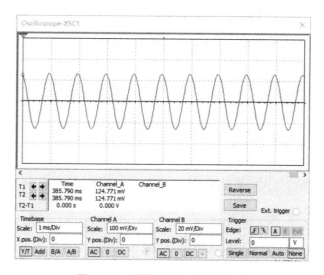

图 11-18　单管放大电路输出波形

表 11-12   **放大器的交流参数测量数据**

类型	实测数据			计算			
	u_S/mV	u_i/mV	u_o/mV		A_u	$R_i/k\Omega$	$R_o/k\Omega$
空载	10		$u_o=$	理论			
				实测			
接负载 $(R_L=5.1k\Omega)$	10		$u_L=$	理论			
				实测			

（2）测量频率响应。

保持静态工作点不变，接负载电阻 R_L，调节信号源频率，逐点进行测量，测试时要保持输入信号幅值固定，因此每次改变信号频率后，都要用电压探针检查 u_i 的值（$u_S=10mV$），同时用虚拟示波器观察，u_o 的波形始终不产生失真。将测量值填入表 11-13。

表 11-13   **放大器频率响应测量数据**

f/Hz										
u_o/mV										

3. 观察静态工作点对动态性能的影响

（1）按图 11-18 接线，当 $u_i=10mV$，$f=1kHz$ 时，断开 R_L，改变静态工作点，即调整 R_P 的值。

（2）将 R_P 值逐渐调小，用虚拟示波器观察 u_o 的波形变化，直至 u_o 的负半周出现失真（饱和失真）。

（3）将 R_P 值逐渐调大，用虚拟示波器观察 u_o 的波形变化，可以看到 u_o 幅值逐渐减小（$R_P\uparrow$，$I_E\downarrow$，$r_{BE}\uparrow$，$A_u\downarrow$），并有非线性失真（波形正、负半周不完全对称，这是晶体管输入特性的非线性所致,不可调)。直到 u_o 幅值减小到 20mV 左右,u_o 的正半周出现明显的失真为止(截止失真)。如果截止失真不明显,可适当加大输入信号,使 u_i 为 15～20mV。

七、实验报告要求

(1)整理实验结果(包括静态工作点、电压放大倍数 A_u、输入电阻 R_i、输出电阻 R_o、波形图);

(2)通过实验,说明放大器静态工作点设置的不同对放大器工作有何影响;

(3)通过实验,估算出单管放大器的上、下截止频率 f_H 和 f_L;

(4)用实验结果说明放大器负载 R_L 对放大器放大倍数 A_u 的影响。

八、实验注意事项

(1)模拟可变电阻只能以 1% 的比例调整,静态工作点附近电路的响应相当灵敏,学生可灵活调整元件参数。

(2)探针测量到的电压包括直流电压和交流电压,应注意区分。

(3)晶体管的选择应与电阻参数相匹配,学生可事先查阅晶体管参数,合理选择替代方案。

实验 6 射极跟随器

一、实验目的

(1)掌握射极跟随器的原理。

(2)进一步巩固晶体管放大电路参数测量方法。

二、实验仪器及器材

(1)信号源库、基本库中的元件。

(2)虚拟万用表。

(3)虚拟信号发生器。

(4)虚拟双踪示波器。

三、预习要求

(1)提前安装 NI Multisim 14.2 电路仿真软件,熟悉电路编辑窗口的各项操作,熟练掌握常用仿真元件的使用方法。

(2)熟悉模拟信号发生器和双踪示波器的参数设置和使用方法。

(3)复习射极跟随器的工作原理及其特点。

(4)根据图 11-22 中元件的参数值估算静态工作点,并画出交、直流负载线。

四、实验原理

射极跟随器仿真实验原理,与第 5 章"实验 2　射极跟随器"实际实验原理完全一样,此处不再赘述。

五、实 验 电 路

根据射极跟随器实际实验电路图 5-6,搭建的射极跟随器仿真实验电路图如图 11-19 所示。

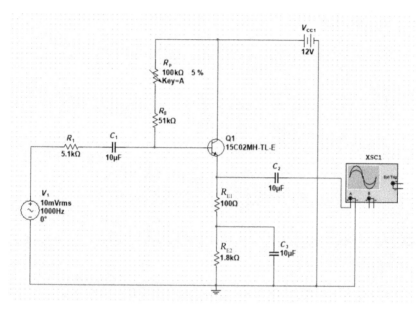

图 11-19　射极跟随器仿真实验电路图

六、实 验 内 容 及 步 骤

(1)按图 11-19 连接电路,从晶体管发射极取输出信号接入模拟示波器 A 端口,其余元件参数如图 11-19 所示。

(2)静态工作点的调整。

运行电路仿真,用模拟示波器观察输入信号,首先调整信号源输入强度,待输出出现单侧非线性失真时,调整 R_P,在模拟示波器的屏幕上得到一个最大不失真输出波形(图 11-20 所示为输入信号为 500mV 时的最大不失真波形)。

断开信号源,用直流电压表测量晶体管各极对地电位,将测得数据记入表 11-14。

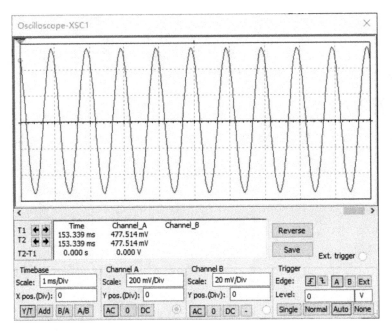

图 11-20　调整静态工作点输出波形图

表 11-14　　　　　　　　　　　调整静态工作点测量数据

U_E/V	U_B/V	U_C/V	$I_C = \dfrac{U_E}{R_E}/mA$

在整个测试过程中应保持 R_P 值不变(即 I_E 不变)。

(3)测量电压放大倍数 A_u。

在电容 C_2 和地线之间接入负载 $R_L = 5.1k\Omega$,加 $f = 1kHz$ 的正弦信号 U_i,调节输入信号幅度。用示波器观察输出波形 U_o,在输出最大不失真情况下,用电压探针测量 U_i、U_L 值。记入表 11-15。

表 11-15　　　　　　　　　**计算电压放大倍数 A_u 测量数据**

U_i/V	U_L/V	$A_u = \dfrac{U_L}{U_i}$

(4)测量输出电阻 R_o。

接入负载 $R_L = 5.1k\Omega$,加 $f = 1kHz$ 的正弦信号 U_i,用模拟示波器监视输出波形,接入模拟万用表测空载输出电压 U_o、有负载时输出电压 U_L。记入表 11-16。

表 11-16　　　　　　　　　**计算输出电阻 R_o 测量数据**

U_o/V	U_L/V	$R_o = (U_o/U_L - 1)R_L/k\Omega$

（5）测量输入电阻 R_i。

加 $f=1\text{kHz}$ 的正弦信号 U_i，用示波器监视输出波形，用电压探针分别测出 A、B 点对地的电位 U_s、U_i，记入表 11-17。

表 11-17　　　　　　　　　　　　**计算输入电阻 R_i 测量数据**

U_s/V	U_i/V	$R_i=\dfrac{R}{U_s/U_i-1}$/kΩ

（6）测试跟随特性。

接入负载 $R_L=5.1\text{kΩ}$，加 $f=1\text{kHz}$ 的正弦信号 U_i，并保持不变，逐渐增大信号 U_i 的幅度，用模拟示波器监视输出波形直至输出波形达最大不失真，测量对应的 U_L 值，记入表 11-18。

表 11-18　　　　　　　　　　　　**跟随特性实验数据**

U_i/V										
U_L/V										

（7）测试频率响应特性。

保持输入信号 U_i 幅度不变，改变信号源频率，用示波器监视输出波形，用电压探针测量不同频率下的输出电压 U_L 值，记入表 11-19。

表 11-19　　　　　　　　　　　　**频率响应特性实验数据**

f/Hz										
U_L/mV										

七、实验报告要求

（1）整理实验数据，并画出 $U_L=f(U_i)$ 及 $U_L=f(f)$ 曲线；

（2）分析射极跟随器的性能和特点。

八、实验注意事项

（1）信号源不是可变电源，调整输入大小前应先停止仿真，变更数据后重新运行；学有余力的学生可以利用理想信号源和可变电阻搭配可变信号源。

（2）探针和万用表都可以测量电压，可根据应用场景灵活选择。

（3）晶体管的选择应与电阻参数相匹配，学生可事先查阅晶体管参数，合理选择替代方案。

实验 7　比例运算电路

一、实验目的

（1）掌握集成运算放大器的主要指标和运用方法；

(2)掌握运算放大器组成的比例、求和运算电路的结构特点；

(3)掌握运算电路的输入与输出电压特性及输入电阻的测试方法。

二、实验仪器及器材

(1)信号源库、基本库、运算放大器库中的元件。

(2)虚拟信号发生器。

(3)虚拟双踪示波器。

三、预习要求

(1)掌握集成运算放大器的基本原理、主要指标和运用方法；

(2)熟悉741型集成运算放大器的管脚设定，掌握补偿电阻的计算方法；

(3)掌握集成运算放大器比例电路、求和电路的计算方法。

四、实验原理

比例运算电路仿真实验原理，与第5章"实验5　比例运算电路"实际实验原理完全一样，此处不再赘述。

五、实验电路

根据反相比例运算实际实验电路图5-11、同相比例运算电路图5-12、反相求和运算电路图5-13，搭建的反相比例运算电路仿真实验电路、同相比例运算电路仿真实验电路、反相求和运算电路仿真实验电路如图11-21～图11-23所示。

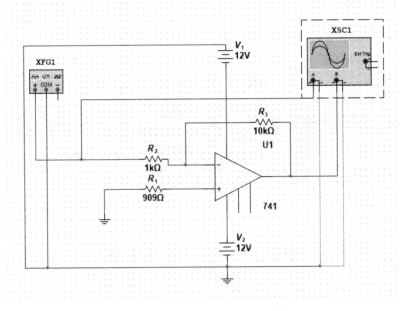

图11-21　反相比例运算电路仿真实验电路

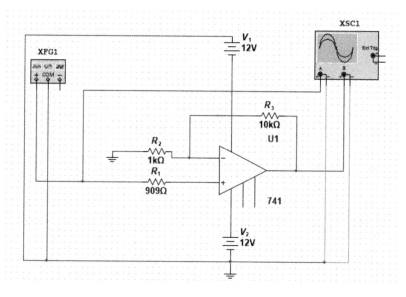

图 11-22　同相比例运算电路仿真实验电路

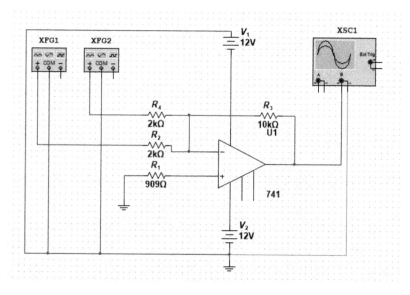

图 11-23　反相求和运算电路仿真实验电路

六、实验内容及步骤

1. 反相比例运算电路

（1）按图 11-21 在电路编辑窗口连接电路，输入信号为 1V、1Hz 正弦交流电信号，确认无误后运行仿真，输出波形如图 11-24 所示。

（2）按表 11-20 中给定的值，验证 $U_+ \approx U_-$，$R_i = R_L$，将测量数据记录在表 11-20 中。

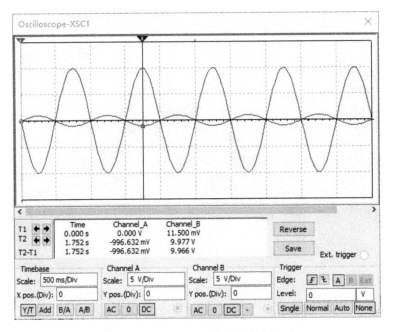

图 11-24 反相比例运算电路输出波形

表 11-20 运算放大器"虚断和虚短"及 R_i 验证实验数据

电路形式	U_i/V	U_+	U_-	R_i
反相比例	1			
同相比例	1			

（3）按表 11-21 中给定的输入电压值，验证反相比例运算电路的传输特性，测量 U_i 和 U_o。将数据记录在表 11-21 中，并计算理论值与实测值之间的误差。

表 11-21 反相比例运算实验数据

输入电压 U_i		0	+1V	+2V	−1V	−2V	−4V
输出电压 U_o/V	理论值						
	实测值						
	计算误差						

2. 同相比例运算电路

（1）按图 11-22 在电路编辑窗口连接电路，输入信号为 1V、1Hz 正弦交流电信号，确认无误后运行仿真，输出波形如图 11-25 所示。

（2）按表 11-20 给定的值，验证 $U_+ \approx U_-$，$R_i = \infty$，将测量数据记录在表 11-20 中。

（3）按表 11-22 给定的值，测量 U_i 和 U_o。将数据记录在表 11-22 中，并计算理论值与实测值之间的误差。

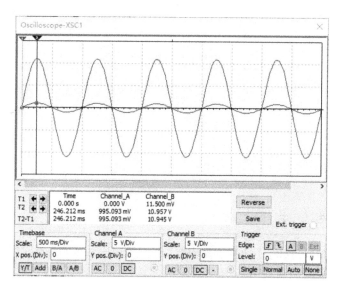

图 11-25　同相比例运算电路输出波形

表 11-22　　　　　　　　　　　　**同相比例运算实验数据**

输入电压 U_i		0	+1V	+2V	−1V	−2V	−4V
输出电压 U_o/V	理论值						
	实测值						
	计算误差						

3. 反相求和运算电路

(1)按图 11-23 在电路编辑窗口连接电路,输入信号为 1V、1Hz 正弦交流电信号,确认无误后运行仿真,输出波形如图 11-26 所示。

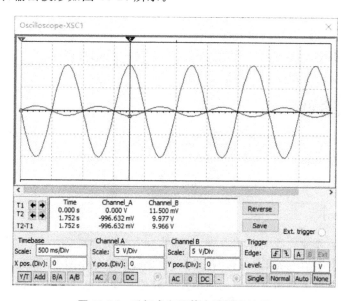

图 11-26　反相求和运算电路输出波形

(2)按表 11-23 中给定的值,测量 U_{i1}、U_{i2} 和 U_o,将数据记录在表 11-23 中,并计算理论值与实测值之间的误差。

表 11-23 反相求和运算实验数据

输入电压	U_{i1}/V	+1	+2
	U_{i2}/V	−1	−2
输出电压 U_o/V	理论值		
	实测值		
	计算误差		

七、实验报告要求

(1)通过实验总结、比较比例、求和电路的特点。总结使用运算放大器时应注意的主要问题。

(2)整理、分析实验数据表格。

八、实验注意事项

(1)实验选用 741 型集成运算放大器,默认同相输入端在上方,搭接电路时注意区分,可垂直翻转将其转变为习惯形式。

(2)合理选择输入信号大小,避免发生非线性失真。

(3)各电阻阻值应满足从运算放大器两输入端向外看等效电阻相等的条件。

实验 8 电压比较电路

一、实验目的

(1)掌握集成运算放大器的主要指标和运用方法。

(2)掌握单门限电压比较器、滞回电压比较器的电路组成特点。

(3)了解比较器的应用及测试方法。

二、实验仪器及器材

(1)信号源库、基本库、运算放大器库中的元件。

(2)虚拟信号发生器。

(3)虚拟双踪示波器。

三、预习要求

(1)掌握集成运算放大器的基本原理、主要指标和运用方法。

(2)熟悉 741 型集成运算放大器管脚设定,掌握补偿电阻的计算方法。

(3)掌握由运算放大器组成的单门限电压比较器和滞回电压比较器的工作原理。

(4)掌握电压比较电路门限电压的计算方法。

四、实　验　原　理

电压比较电路仿真实验原理,与第 5 章"实验 3　电压比较电路"实际实验原理完全一样,此处不再赘述。

五、实　验　电　路

根据反相输入单门限电压比较器实际实验电路图 5-17 和滞回电压比较器电路实际实验电路图 5-18,搭建的反相输入单门限电压比较器仿真实验电路和滞回电压比较器仿真实验电路分别如图 11-27 和图 11-28 所示。

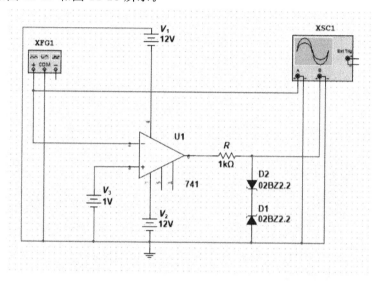

图 11-27　反相输入单门限电压比较器仿真实验电路

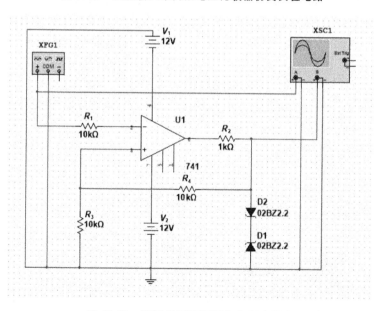

图 11-28　滞回电压比较器仿真实验电路

六、实验内容及步骤

1.单门限电压比较器

(1)反相输入单门限电压比较器。

按电路图 11-27 在电路编辑窗口连接电路,输入信号为 2V、1Hz 正弦交流电信号,参考电压为 1V 直流电压,确认无误后运行仿真,输出波形如图 11-29 所示。

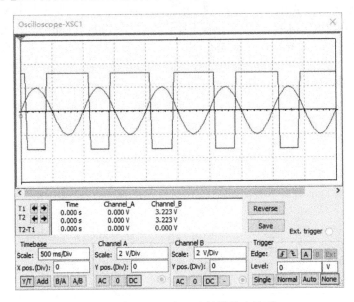

图 11-29 单门限电压比较器输出波形

(2)反相输入过零比较器。

将参考电压取消,同相输入端直接接地,重新运行仿真,输出波形如图 11-30 所示。

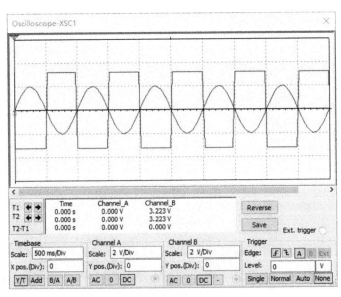

图 11-30 过零电压比较器输出波形

2. 滞回电压比较器

按电路图 11-28 在电路编辑窗口连接电路,输入信号为 2V、1Hz 正弦交流电信号,参考电压为 1V 直流电压,确认无误后运行仿真,输出波形如图 11-31 所示。

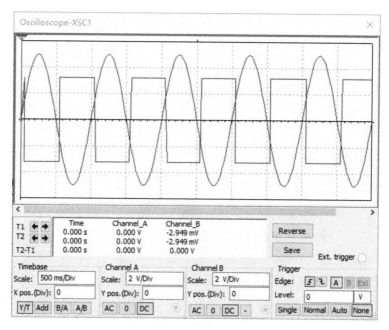

图 11-31　滞回电压比较器输出波形

七、实验报告要求

(1)通过实验总结电压比较器的工作原理;

(2)整理实验数据,在坐标纸上画出有关的波形图。对迟滞比较器的门限电压的理论值和实测值进行比较。

八、实验注意事项

(1)实验选用 741 型集成运算放大器,默认同相输入端在上方,搭接电路时注意区分,可垂直翻转将其变为习惯形式。

(2)合理选择电阻参数,使得输出波形滞回明显。

实验 9　TTL 集成逻辑门的逻辑功能测试

一、实验目的

(1)熟悉逻辑转换仪的使用方法。

(2)掌握 TTL 集成与非门的逻辑功能测试方法。

(3)掌握 TTL 器件的使用规则。

二、实验仪器及器材

(1)信号源库、基本库、TTL库中的元件。

(2)逻辑转换仪。

三、预习要求

(1)掌握逻辑转换器的使用方法。

(2)熟悉常见TTL基础逻辑门的逻辑功能以及引脚排列。

四、实验原理

TTL集成逻辑门的逻辑功能测试仿真实验原理,与第7章"实验1　TTL集成逻辑门的逻辑功能测试"实际实验原理完全一样,此处不再赘述。

五、实验电路

NI Multisim 14.2提供逻辑转换仪,可以很方便地分析电路的逻辑功能,进行真值表、逻辑函数、逻辑电路的相互转换。用逻辑转换仪进行集成逻辑门电路逻辑功能分析时,将逻辑电路输入依次接入逻辑转换仪的前8个变量,输出接入最后一个变量。

图11-32所示为对TTL集成与非门74LS20N的A部分进行逻辑功能测试的电路,B部分测试电路完全一样。

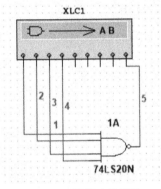

**图 11-32　逻辑功能测试
仿真实验电路**

六、实验内容及步骤

(1)验证TTL集成与非门74LS20N的逻辑功能。

按图11-32在电路编辑窗口编辑逻辑功能测试电路,双击逻辑转换仪XLC1图标,弹出操作窗口,如图11-33所示,点击"电路转换真值表"按钮,将逻辑电路对应的真值表实时显示在操作窗口,再点击"真值表转换逻辑表达式"按钮,输出逻辑电路对应的逻辑表达式,点击"真值表转化最简逻辑表达式"按钮,输出最简逻辑表达式。

(2)验证TTL集成与非门74LS00的逻辑功能。

(3)验证TTL集成与非门74LS04的逻辑功能。

(4)验证TTL集成与非门74LS86的逻辑功能。

七、实验报告要求

(1)记录、整理实验结果,并对结果进行分析。

(2)首先通过真值表进行逻辑表达式化简,再对其与逻辑转换仪输出结果进行比较。

(3)总结集成逻辑门使用的注意事项。

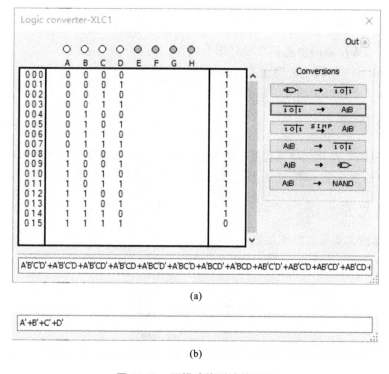

(a)

A'+B'+C'+D'

(b)

图 11-33　逻辑功能测试结果图

(a)逻辑电路转换真值表、逻辑表达式；(b)逻辑电路转换最简逻辑表达式

八、实验注意事项

(1)74LS20N 为二 4 输入与非门，添加 TTL 器件的时候分 A、B 两个部分，一次添加一个部分，74LS00 为四 2 输入与非门，添加 TTL 器件的时候分 A、B、C、D 四个部分，一次添加一个部分，其余器件类推。

(2)注意模拟 TTL 引脚与实际集成逻辑门电路的对应关系。

实 验 10　组 合 逻 辑 电 路 的 设 计 与 测 试

一、实 验 目 的

(1)掌握 NI Multisim 14.2 软件逻辑电路的设计方法。

(2)掌握组合逻辑电路的设计与测试方法。

二、实 验 仪 器 及 器 材

(1)信号源库、基本库、TTL 库中的元件。

(2)模拟双踪示波器。

(3)逻辑转换仪。

三、预习要求

(1)根据 4 人表决器的功能要求设计组合电路。

(2)根据 74LS20 引脚功能画出 4 人表决器的逻辑图。

(3)复习逻辑电路功能测试方法。

四、实验原理

组合逻辑电路的设计与测试仿真实验原理,与第 7 章"实验 2 组合逻辑电路的设计与测试"实际实验原理完全一样,此处不再赘述。

五、实验电路

4 人表决器仿真实验电路图如图 11-34 所示。

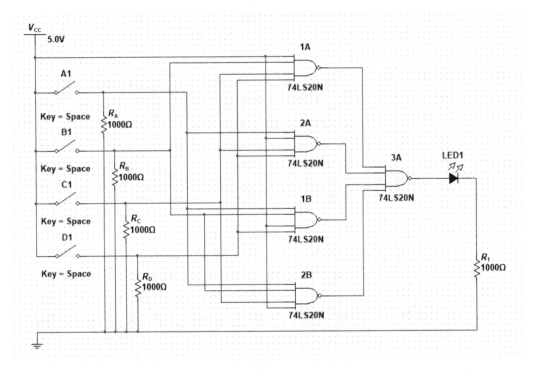

图 11-34 4 人表决器仿真实验电路图

六、实验内容及步骤

(1)依据 4 人表决器的逻辑功能,列出真值表,通过逻辑转换仪获得逻辑表达式,如图 11-35 所示。

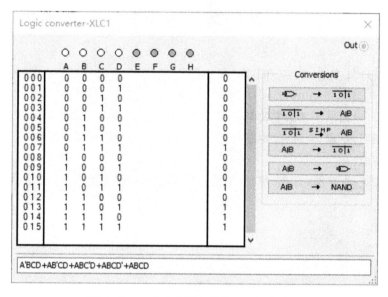

图 11-35　4 人表决器真值表和逻辑表达式

(2)将逻辑表达式变换成 74LS20N 可实现二 4 输入与非门的形式。

(3)按电路图 11-35 在电路编辑窗口编辑 4 人表决器模拟电路。检查无误后,开始运行,测试其功能。开关闭合代表表决"是",开关打开代表表决"否",发光二极管亮代表"通过",即 3 人及以上表决"是"时发光二极管发光,否则发光二极管不发光。

七、实验报告要求

(1)写出实验任务的设计过程,画出设计的电路图。

(2)对所设计的电路进行实验测试,记录测试结果。

(3)写出组合电路设计体会。

八、实验注意事项

(1)74LS20 为二 4 与非门,实际电路的 1 个集成块代表模拟电路图中的 2 次与非运算,图 11-31 所示电路实际用 3 个 74LS20 即可实现。

(2)发光二极管需要根据保护电阻设置门限电流。

参 考 文 献

[1]　李心广,王金矿,张晶,等.电路与电子技术基础[M].北京:机械工业出版社,2016.

[2]　付扬.电路电子技术实验与课程设计[M].北京:机械工业出版社,2015.

[3]　李淑明,严俊,刘贤锋.电路与电子技术基础实验教程[M].西安:西安电子科技大学出版社,2017.

[4]　龙胜春,孙惠英,肖杰.电路与电子技术基础实验指导[M].北京:清华大学出版社,2015.